JN139731

検証 キノコ新図鑑

城川四郎【著】
神奈川キノコの会【編】

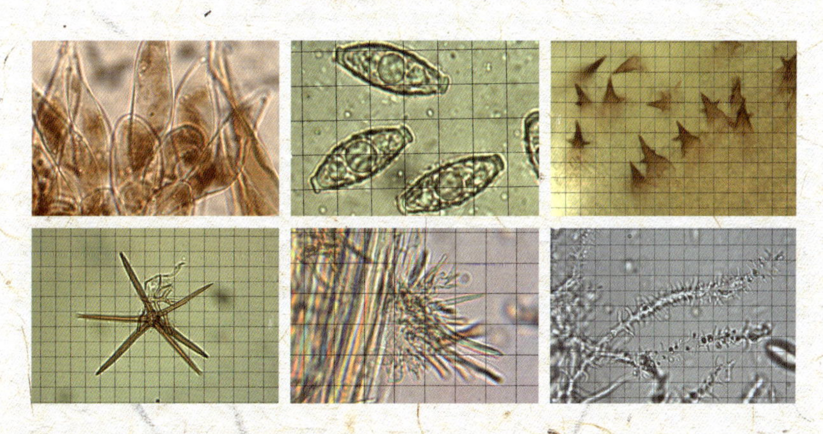

筑波書房

凡　例

1．本書の掲載種は221種（担子菌類198種、子嚢菌類23種）で、これらを担子菌類、子嚢菌類の順に掲載した。

2．本書の高次分類体系（門、綱、目）は分子系統解析結果を利用した新分類体系を採用した。この分類は日本産菌類集覧（勝本謙著2010）に準拠した。

なお、この新分類体系には依然分類学的位置が定められていない菌類も残されており、常に新知見を反映させて流動的であることに注意が必要である。

本書で扱う担子菌類の目は担子菌門ハラタケ亜門ハラタケ綱ハラタケ亜綱ハラタケ目、イグチ目、スッポンタケ亜綱ヒメツチグリ目、亜綱未確定アンズタケ目、コウヤクタケ目、タマチョレイタケ目、タバコウロコタケ目、ベニタケ目、アカキクラゲ綱アカキクラゲ目、子嚢菌類の目はチャワンタケ亜門ズキンタケ綱ビョウタケ目、リチスマ目、チャワンタケ綱チャワンタケ目、チャシブゴケ綱チャシブゴケ亜綱チャシブゴケ目である。

3．これらの本書での掲載順序は次の７区分とした。

（1）ハラタケ類　ハラタケ目（担子菌門ハラタケ亜門ハラタケ綱ハラタケ亜綱）

（2）イグチ類　イグチ目（担子菌門ハラタケ亜門ハラタケ綱ハラタケ亜綱）

（3）ラッパタケ・スッポンタケ類　ヒメツチグリ目（担子菌門ハラタケ亜門ハラタケ綱スッポンタケ亜綱）

（4）硬質菌類、その他　アンズタケ目・コウヤクタケ目・タマチョレイタケ目・タバコウロコタケ目（担子菌門ハラタケ亜門ハラタケ綱亜綱未確定）

（5）ベニタケ類　ベニタケ目（担子菌門ハラタケ亜門ハラタケ綱亜綱未確定）

（6）キクラゲ類　アカキクラゲ目（担子菌門ハラタケ亜門アカキクラゲ綱）

（7）子嚢菌類　ビョウタケ目・リチスマ目（子嚢菌門チャワンタケ亜門ズキンタケ綱）
チャワンタケ目（子嚢菌門チャワンタケ亜門チャワンタケ綱）
チャシブゴケ目（子嚢菌門チャワンタケ亜門チャシブゴケ綱チャシブゴケ亜綱）

4．それぞれの目の科、属、種の配列は原色日本新菌類図鑑（今関・本郷編 1987）を参考にした。

5．学名は Index Fungorum(http://www.indexfungorum.org/Names/Names.asp)に和名は日本産菌類集覧（勝本謙著2010）および原色日本新菌類図鑑（今関・本郷編1987）に準拠した。なお、重要な異名と判断されるものは表記学名の下に併記している。

はじめに

1. 神奈川キノコの会 25 週年（2003）に、当時会長の城川が 30 周年（2008）までに図鑑を作ると表明したにもかかわらずその後「丹沢学術調査」などの大型プロジェクトへの参加などに忙殺されて計画は頓挫し、ようやく 2017 年に実現の運びとなりました。
2. この図鑑は神奈川キノコの会会報「くさびら」に城川が連載した「今シーズン印象に残ったキノコたち」に取り上げた種類を中心としてまとめたものです。神奈川キノコの会の野外勉強会や会員の自主活動で採集されたもののうち、分からなかったキノコや分かりにくいキノコに取り組み、その実態が理解できたと思うものを紹介しています。したがって一般のキノコ図鑑に紹介されていないか、紹介されていても問題があると考えられる種が主な対象になっています。そのため仮称としたものや新称としたものが多数あります。手許の文献で見出し得ないものや紹介されているが正式に記載されていないものは仮称で、記載されているが和名を与えられていないものは新称として記述してあります。和名は勝本　謙著、日本産菌類集覧（2010）に、学名は Index　Fungorum の current name(2016.12.30 現在)に準拠し、重要な異名 synonym と判断されるものは標記学名の下に併記しました。
3. この図鑑原稿はワードで著者が作成しました。原則として 1 種 1 頁とし（7 種については 2 頁）、その紙面配分（レイアウト）はそれぞれのキノコが分かりやすいことを目指して写真・線画（すべて著者原図）・解説を配置するよう心掛けました。資料標本は神奈川キノコの会野外勉強会の採集品、会員の自主活動の採集品を主とし、一部に北海道上川キノコの会会長佐藤清吉氏と秦野市くずはの家所長高橋孝洋氏提供標本があります。これらの資料標本は原則として「平塚市博物館」または「神奈川県立生命の星・地球博物館」に収納してあります。残念ながらカビ・虫害など標本保存管理に失敗して参考標本を残すことが出来なかったものもあります。写真は会員の飯田佳津子・飯田　強・石山金次郎（故人）・井上幸子・宇都宮正治・小倉辰彦・黒谷秀夫・滝田睦夫・竹しんじ・武田敏夫・中島　稔・野中義弘・平野達也・山口義夫（故人）の皆さん、会員外の佐藤清吉・高橋孝洋両氏のご提供を頂き、それらの写真にはそれぞれお名前が記入してあります。氏名記入のない写真は著者撮影です。
4. この図鑑は一般のきのこ図鑑でキノコを調べた経験のある方を読者層として想定し、キノコを調べる手助けになることを願って作成されています。解説は肉眼形質（肉眼で認識できる形態や性質）、顕微鏡形質（顕微鏡で観察できる形態や性質）、分布、生態（分布地域・生活環境）、メモ（付言）で構成されています。写真で認識できる肉眼形質は簡略化してあり、線画は原則として子実体図を省き、検鏡図のみになっています。長い年月にわたって描いたものなので表現に不統一の部分があります。
5. 写真提供者、研究者の氏名について、すべて敬称を省略させていただきました。
6. ご指導頂いた各位、標本提供者、写真提供者の皆様に厚く御礼申し上げます。

目 次

用語解説（五十音順）

アミロイド：メルツァー液の項参照。

外皮：殻皮の項参照。

外皮膜：皮膜の項参照。

殻皮 crust：サルノコシカケ、マンネンタケ類の傘の表面の硬化している構造物で肉層から明らかに区別される部分をいう。コフキサルノコシカケ(p.166)など顕著である。子実体が若くて表面に毛被層があり、その下に硬い層がある場合はそれを下殻と呼ぶ。やがて毛被層が脱落し下殻が露出する。カラマツカタハタケ(p.186)やウツギノサルノコシカケ(p.190)などに見られる。 腹菌類では子実体を覆う構造物を殻皮と呼び、直接グレバを包む内皮と、その外側の外皮とで構成される。ヒメツチグリ類の裂開する部分、ネッタイツブホコリタケ(p.117)表面の小さいとげなどは外皮である。

褐色腐れ：木材の成分は主にセルローズ、ヘミセルローズ、リグニンで構成されている。木材腐朽菌はそれらを分解して吸収するが菌の種類によってリグニンを分解できないものがある。その場合はリグニンだけが残り材が褐色になるので褐色腐れという。褐色腐れをおこす菌を褐色腐朽菌という。リグニンも分解できる菌の場合は腐朽材が白っぽくなるので白腐れといい、その菌を白色腐朽菌という。タバコウロコタケ科の菌はすべて白色腐朽菌であるなど木材の腐朽型は菌の種類によって決まっているのでそれを確かめることが種類を識別する重要な要素になることもある。本書で紹介したエブリコ(p.165)、コカンバタケ(p.164)は褐色腐朽菌である。着生材の腐朽を見て、容易に腐朽型が判断できる場合もあるが、判断困難な場合も多く、着生材を伴わない標本では肉眼的には不可能である。新鮮な標本であれば試薬（95%エタノール 30cc+グアヤク脂 0.5 g）を滴下し青反応なら白腐れ、無反応なら褐色腐れという判断ができる。この試薬の調製後の有効期間が比較的短い（2 か月くらい）のでアマチュアは常備し難い難点もある。一般的には白色腐朽菌は広葉樹を、褐色腐朽菌は針葉樹を分解する傾向のあることが知られている。

環溝：傘表面の同心円状の溝。タチカタウロコタケ(新称)(p.196)、サルノコシカケ類などに見られる。

環紋：傘表面の同心円状の紋様。エゾシハイタケ(p.160)などに見られる。

菌糸構成：キノコの子実体は菌糸で構成されている。その菌糸には基本的な 3 型がある。原菌糸（生殖菌糸）generative hypha は細胞質があり、普通薄壁で、隔壁がある。クランプを形成する種類ではクランプがある。担子器を作る菌糸は原菌糸に限られる。したがってすべてのキノコに原菌糸は存在する。骨格菌糸 skeletal hypha はほとんど分岐せずよく伸長し、厚壁で、細胞質が無く、普通隔壁は無いがときにコガネカワラタケ（p.154）などのように二次隔壁と呼ばれる隔壁が存在する場合もある。結合菌糸 binding hypha は樹枝状などでよく分岐し厚壁で隔壁は無く、伸長せず短い。以上 3 型の菌糸のうち原菌糸だけで構成されるものは 1 菌糸型 monomitic、3 種類の菌糸で構成されるものは 3 菌糸型 trimitic、原菌糸と骨格菌糸の 2 種類の菌糸で構成されるものは 2 菌糸型 dimitic という。しかし、種類によっては骨格菌糸のように厚壁でよく伸長するが、よく分岐して結合菌糸のような機能もある菌糸が存在する。この菌糸を骨格菌糸的結合菌糸 skeletal-binding hypha と呼び、原菌糸と骨格菌糸的結合菌糸の 2 菌糸で構成されるものは amphimitic と言い、2 種類の菌糸で構成されるから 2 菌糸型ではあるが、原菌糸と骨

格菌糸で構成される2菌糸型と区別する。例キアシグロタケ(p.147)など。

ハラタケ類や軟質のヒダナシタケ類はほとんど1菌糸型であるが、サルノコシカケ類など硬質のヒダナシタケ類には色々な菌糸型があるので、キノコの実体を知ろうとするときは必ず菌糸構成を調べなければならない。各菌糸型は上記のような典型的なものばかりではなく、判断に迷うものも多い。文献にもウスバタケ *Irpex lacteus* の菌糸型は mono-dimitic と記載されているなどの例があり、また同一著者の文献で旧著と新著で、同一種の菌糸型が変更されている例があるなど、菌糸型の判断には困難なものがあることを示している。

偽アミロイド：メルツァー液の項参照。

偽柔組織：薄壁の類球形や短楕円形の細胞で構成される組織。例：ウロイボセイヨウショウロ(p.235)。

襟帯：ホウライタケ属ヒメホウライタケ *Marasmius curreyi* などの子実体に見られる構造物。傘下面の柄頂部を囲む円形の付属物で、ひだは柄に達せず、この襟帯と呼ぶ付属物に着く。

クランプ：clamp connection(かすがい連結)の略語。担子菌類の複相菌糸（普通、キノコの子実体は1核のある単相菌糸が2個結合して2核のある菌糸…複相菌糸で構成される）が細胞分裂して隔壁ができるとき、核分裂をした1核の通路になる部分が広がる。このため菌糸の隔壁の部分が膨れている部分ができる。このような隔壁をクランプがあるという。子嚢菌にはクランプがない、また担子菌でもキノコの種類によって、クランプが全くないもの、少数あるもの、頻繁にあるものなど様々である。そのため、クランプの存在の状況がキノコの種類を識別するときの重要なカギになる場合もある。

グレバ（基本体）gleba：腹菌類の子実層形成部をいう。胞子生産組織である。ホコリタケ *Lycoperdon perlatum* などの子実体内部上半が真正のグレバで胞子を生産するのに対し、基部には胞子を生産しないスポンジ状の無性基部 subgleba がある。例：ネッタイツブホコリタケ(p.117)。

グロエオ～gloeo~・グレオ～gleo~：薬品染色性の、または明瞭不定形粒状物を持つ～　この性質を持つシスチジア、菌糸、糸状体はそれぞれ gloeocystidia（グロエオシスチジア、粘のう体、粘性嚢状体）、gloeohyhpae（粘質原菌糸）、gloeohyphidia（粘質糸状体）という。

孔縁盤：ヒメツチグリ類の子実体で内皮の頂部に丸い円座が示されることが多い。その円座内部を孔縁盤という。普通、放射状繊維や放射状ひだのあるものが多いが円座がなくて不明瞭なものもある。モルガンツチガキ(p.127)など。

溝線：ハラタケ類の傘に見られる放射状のすじで明らかに溝を形成しているもの、例トガリヒメフクロタケ（仮称）(p.66)。溝を形成しているかどうか不明瞭な場合は条線、例チャムクエタケモドキ(p.102)。

厚壁菌糸体　sclerid：エブリコ(p.165)の肉に散在する遊離厚壁細胞に当てた著者造語。sclerid は梨の果肉では石細胞と呼ばれる。

剛毛体状菌糸 setal hyphae：シスチジアの剛毛体の項参照。

剛毛体 setae：シスチジアの項参照。

柵状：菌糸末端の細胞が縦に長い長方形～紡錘形の細胞で構成され、横に密に並んでいる状態。ビロードウラベニタケ（青木仮称）(p.112)やキヒダタケ(p.119)などの表皮の構造に見られる。植物で柵状組織といえば葉の特定の組織をいう。

子実層状：子実層で担子器が１列に並ぶように薄壁の類球形〜棍棒状細胞がほぼ 1 列に並ぶ状態をいう。ホウライタケ属 *Marasmius* やウラベニガサ属 *Pluteus* ヒメベニヒダタケ節の傘の上表皮層などにしばしば見られる。各細胞は菌糸の末端細胞が分化したものなのでシスチジアとみなすことができる。

子実層托：子実層を形成する部分を子実層托という。ハラタケ類では主にひだの部分、サルノコシカケ類では管孔の部分、ハリタケ類では針の部分である。子嚢菌類では子実層を支える構造物である。その子実層托の外側の皮層を托外皮、内部の組織を托髄層と呼ぶ。

糸状体：シスチジアの項参照。

シスチジア cystidia：子実体を作る菌糸の末端細胞が分化したものをいう。

１、その存在位置による類別：縁シスチジア（ひだ縁部）、側シスチジア（ひだ側面）、傘シスチジア（傘表面）、柄シスチジア（柄表面）

２、形態、機能による類別：

①**薄壁シスチジア（レプトシスチジア leptocystidia）**：細胞壁が薄い。

②**厚壁シスチジア（ランプロシスチジア lamprocystidia）**：細胞壁が厚い、…コウヤクタケ類、サルノコシカケ類など硬質菌類文献ではこの用語が用いられている

Ⓐ**メチュロイド・冠石灰嚢体 metuloid**：厚壁シスチジアの 1 型……ハラタケ類文献ではこの用語が用いられている。アセタケ属 *Inocybe*、ヒメムキタケ属 *Hohenbuehelia* などの例では結晶質の被覆物を被っているものが多い。しかしウラベニガサ *Pluteus cervinus* などの厚壁シスチジアに被覆物はないが metuloid という。

Ⓑ**剛毛体 setae**：タバコウロコタケ科特有、子実層に生じ、褐色（KOH で濃色）、先端尖る。実質に生じ、菌糸状のものは剛毛体状菌糸 setal hyphae と言い、剛毛体と区別する。例：サビアナタケ(p.177)。それらの有無、形態、分布度は種識別のカギになることが多い。

Ⓒ**剛毛状シスチジア（造語）**：サビハチノスタケ(p.153)に見られる厚壁、褐色、錨状突起のあるシスチジアである。サビハチノスタケを日本で初めて紹介した青島・阿部らはこの構造物を剛毛状組織と記している。

③**グロエオシスチジア（粘のう体・粘性嚢状体）gloeocystidia=gleocystidia**：薬品染色性または不定粒状物含有のシスチジアである。アルカリ水溶液で黄色に染まるものは特にクリソシスチジア chrysocystidia と言い（例：クリイロツムタケ(青木仮称)(p.100))、実質由来で組織内の導管や乳管などに連結するものは偽シスチジア pseudocystidia という（例：キヒダコゲチャウラベニタケ(仮称)(p108))。

④ **糸状体（菌糸状シスチジア）hyphidia**：しばしば複雑な分岐や複雑な形態をとるシスチジア。通常内容物はない。

Ⓐ**樹枝状糸状体 dendrophysis**：樹の枝のように分岐する糸状体。シロペンキタケ(p.135)、ヤナギノアカコウヤクタケ(p.134)などに見られる。

Ⓑ**すりこぎ状糸状体（本書ではとげ糸状体という造語も用いた）acanthophysis**：刺

状突起がある糸状体。チウロコタケモドキ(p.195)やタチカタウロコタケ（新称）(p.196)などに見られる。ニクコウヤクタケ(p.194)などの場合は「すりこぎ」という形容が似つかわしくないので「とげ糸状体」とした。

ⓒ二叉状糸状体 dichophysis：末端が二分岐する。ラクノクラジュウム属 *Lachnocladium* フタマタホウキタケ（新称）(p.204)、ウスキサンゴタケ（仮称）(p.203)などに顕著に見られる。

ⓓ星形糸状体 asterophysis、asterosetae：星状である。ホシゲタケ属 *Asterostroma* に顕著に見られる。ホシゲコウヤクタケ（新称）(p.201)。

⑤びん型シスチジア lagenocystidia：上半部が細くなり、頂部に結晶を着ける。ヘラバタケモドキなどに特有のシスチジア。

⑥骨格菌糸状シスチジア skeletocystidia ：フサツキコメバタケなどニクハリタケ属 *Steccherinum* などに見られる骨格菌糸由来のシスチジア状菌糸末端を示す。正確には菌糸末端細胞の分化というシスチジアの定義に該当しないが、単にシスチジアと表現されていることが多い。

※アカコウヤクタケモドキ（新称）(p.193)の子実層にある数珠玉状構造物を本書ではシスチジア状の hyphidia (糸状体)と記したが文献によってシスチジア cystidia(のう状体)と記すものもある。

※オキナツエタケ (p.31)の解説で本書では、傘表皮組織についてその構成要素を傘上表皮細胞と傘シスチジアとした。この場合の傘シスチジアは傘に生える毛状菌糸を意味する。しかし、Petersen & 長沢論文 (2005) では傘上表皮細胞をシスチジアとし毛状菌糸は傘の毛と表現されている。子実層状を示す上表皮細胞は菌糸末端の分化したものなのでシスチジアであるが、毛状菌糸もシスチジアの一型と考えることができるので Petersen & 長沢論文の表現形式に従わなかった。文献でシスチジア、糸状体などの用語を見るときは注意が必要である。

実質 trama：子実体の子実層や外皮と区別され、外皮に包まれた部分をいう。子実層托実質、傘実質。柄実質があるが、普通傘実質や柄実質は傘肉、柄肉と呼び肉 context という用語を使う。単に実質というときは子実層托実質 trama を指すことが多い。

子嚢盤：子嚢菌類で、上部表面に露出する子実層面がある子実体をいう。椀形、皿状、鞍形など形態は様々である。フクロシトネタケ(p.223)、アラゲコベニチャワンタケ類(p.226~)など。

小柄：担子器の先端で胞子を支える小突起、普通 4 個。

白腐れ：褐色腐れの項参照。

垂糸：ハラタケ類の子実体で垂生及び湾生の場合、ひだが垂下して柄上部に明らかな延長線を示す場合がある。その垂下線を示す造語。シロカレバシメジ（青木仮称）(p.29)、フチドリツエタケ(p.35)など。

すりこぎ状糸状体：シスチジアの内、糸状体の項参照。

托外皮：子実層の項参照。

暖温帯：水平的には本州関東地方以西、垂直的には関東地方で標高ほぼ 700m以下の範囲。植生的にはヤブツバキ、タブノキ、スダジイなどが分布する地域。

弾糸（細毛体）capillitium： ホコリタケ類など腹菌類のグレバ（基本体）に存在する特殊

な無性菌糸で多くは厚壁、隔壁のないものが多い。チクビホコリタケ(p.115)など。しかし、クロゲチャブクロ(p.116)などでは真正の弾糸が存在せず、薄壁で隔壁のある paracapillitium（偽弾糸・細毛様体）がある。capillitium に弾糸という用語を当てるのは腹菌類特有で、弾糸はふつう elater の訳語であり、植物ではスギナの弾糸がよく知られている。

内皮膜：皮膜の項参照。

内皮：殻皮の項参照。

肉 context：実質の項参照。

背着：子実体が傘を作らず、子実層托が平坦に基物に接着する型をいう。和名でクロガネアナタケ(p.176)など「～アナタケ」と呼ばれる菌やコウヤクタケ類に多く見られる。

半背着：子実体に傘が形成され、子実層托は傘の裏側から基物表面にまで広がり、平坦な背着部分もある型をいう。例；ウツギノサルノコシカケ(p.190)、キイロダンアミタケ(p.152)など。

皮膜：ハラタケ類で発生初期に子実体を包んでいた膜をいう。子実体全体を包んでいた膜が外皮膜、ひだを覆っていた膜が内皮膜である。子実体が成長後柄の基部に残る外皮膜はつぼと言い、傘上面に付着して残るものをイボという。ひだを覆っていた内皮膜が柄上部に膜状に残るものがつばである。フウセンタケ属 *Cortinarius* の多くのものでは明瞭な膜状にならずクモの巣膜 cortina と表現される。

複合種 complex：遺伝的に異なる系統と認められる分類群を含むが別種として分けるほどの明らかな相違は見つからない場合、一つの種 species として扱うものをいう。キコブタケ(p.187)などが該当する。

無性基部：グレバの項参照。

メルツァー液 Melzer 液----略語 MLZ：MLZ 処理はメルツァー液で処理したの意。
菌類を調べるのに重要な試薬で、ヨウ化カリ 1.5 g、ヨード 0.5 g、水 20 g、抱水クロラール 22g の混合液。主として呈色反応により胞子のアミロイド（青色反応）、偽アミロイド---デキストリノイドともいう（赤褐色反応）、非アミロイド（淡黄色～無反応）を調べる。また子嚢菌の子嚢の頂部の呈色反応を調べ、青色反応であれば陽性、反応がなければ陰性という。ときに胞子や子嚢だけでなく子実体の各部の呈色反応を調べる。強い反応の場合は迷うことはないが、弱い反応の場合は判断に迷うことも少なくない。例えばミヤマシメジ（p.57)の胞子は文献でアミロイドとされているが、反応は弱くて判断が難しい。本郷論文選集（1989）では胞子は非アミロイド扱いでシメジ属 *Lyophyllum* とされていたことなどからも困難さが窺える。

鱗片 scale：子実体表面に存在する小形の組織（菌糸の集合体）の総称。形態は様々であるが普通、ウロコ状の場合をいう。しかし状態によって繊維状鱗片、刺状鱗片などがある。

冷温帯：水平的には本州東北地方以北、垂直的には関東地方で標高 700m 以上、植生的にはミズナラ、ブナが分布する地域。

ハラタケ類

ハラタケ目

担子菌門
ハラタケ亜門
ハラタケ綱
ハラタケ亜綱

オオヒラタケ（アワビタケ）　*Pleurotus cystidiosus* O.K.Mill.

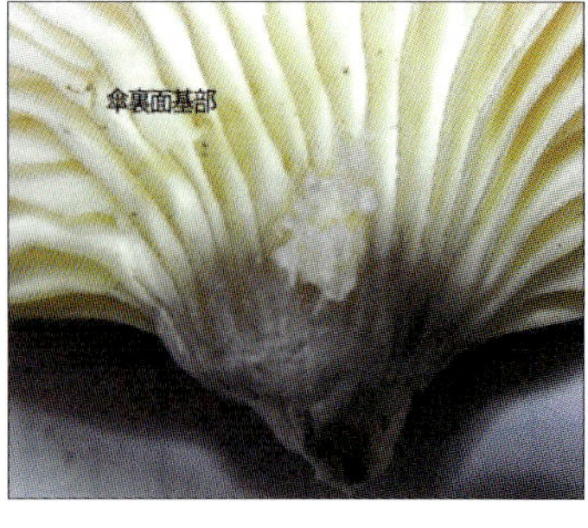

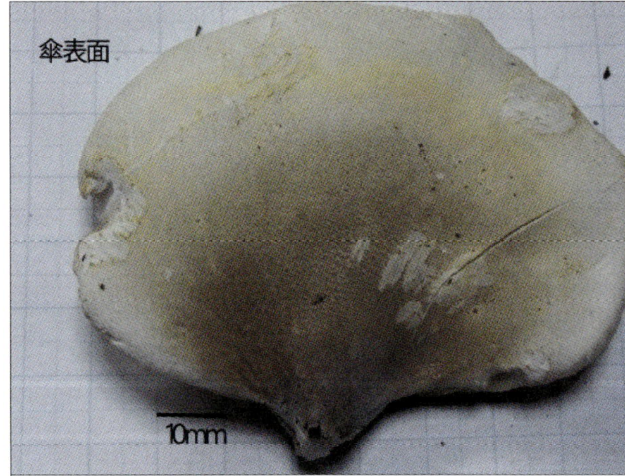

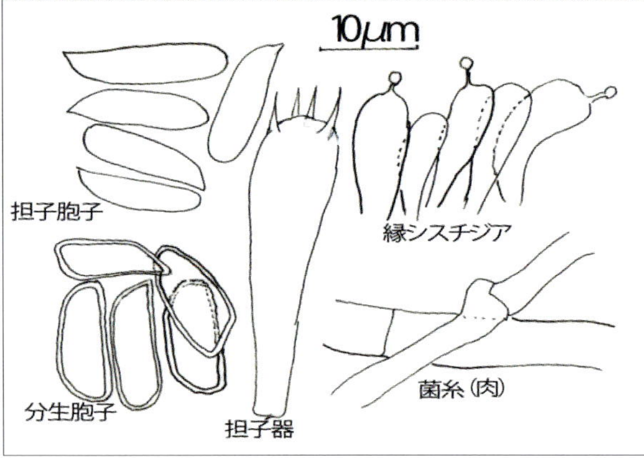

肉眼形質　ヒラタケに似て貝殻形～偏円形、径 10cm 以下、初め暗褐色、特に基部が濃色、のち退色し汚白色、ほぼ平滑であるが細鱗片状。ひだはクリーム色を帯びた類白色、やや疎、基部の柄に続く部分は暗褐色。柄は側生しごく短い。**顕微鏡形質**　担子胞子は円柱形、11~15×4~6μm、無色。担子器はほぼ 50×8μm、4 胞子を着ける。縁シスチジアは棍棒形～円柱形、しばしば頂部に留め針状突起がある。実質は 2 菌糸型であるが肉は原菌糸のみ、原菌糸にはクランプがある。ひだ基部および柄には分生胞子をつくる。分生胞子はやや不定の円柱形、12~19×5~7μm、暗褐色、厚壁である。柄基部および発生材上に分生子柄束を生ずるという。**分布・生態**　北アメリカ。日本、台湾に分布し、栽培もされる。普通広葉樹生木損傷部に生えるがときに針葉樹にも生える（左上写真はスギ立木に発生）。本資料は神奈川県高麗山でスギ立木に発生、2009.08.20、採取。参考標本は真鶴で、スダジイ立木に着生、2011.06.26、採取。**メモ**　日本きのこ図版№1226 に青木実がクロヒラタケとして記載しているのは本種である。文献：⑩,84

アミメヒメムキタケ（仮称）*Hohenbuehelia* sp.

Pleurotus sp.

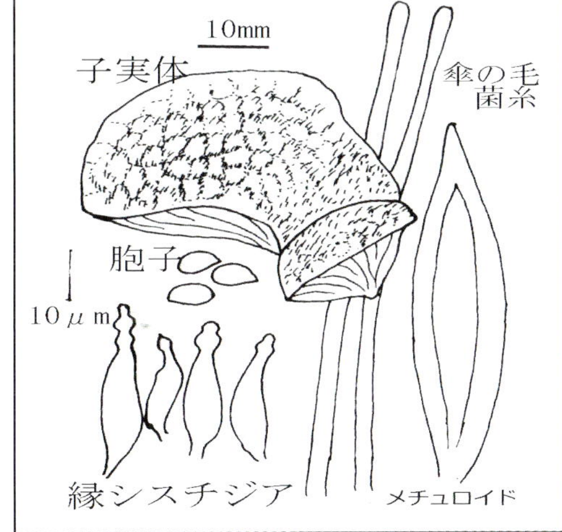

肉眼形質　傘は扇形、基部で癒着して不規則な形が多く、径 20~30mm、全体黄土褐色、上面は不規則で微細な網目状に隆起し、隆起脈上に白毛が多い。肉は厚みがあり全層ゼラチン化している。ひだは小ひだが多く、やや疎。**顕微鏡形質**　胞子は楕円形、7~8×3.5~4μm。縁シスチジアは薄壁で頂部が伸びた紡錘形、25~30×5~6μm、密生。メチュロイド（厚壁シスチジア）は紡錘形、60~70×15~17μm 淡黄褐色、ひだ縁部、側面全面に多数散在、分泌物を被ったものは１個も観察されなかった。傘の毛の菌糸は糸状、300×2.5μm。

分布・生態　本資料は神奈川県逗子市神武寺、林縁、広葉樹倒木、2000.07.09、発生。

メモ　ヒメムキタケ属としては比較的大型で、厚みのあるゼラチン質という特徴はニカワシジミタケ *H.mastrucata* に近いが本資料は子実体が黄土褐色で、特に網目状隆起がある特異性で識別は容易である。文献：57

キリフリクロヒメムキタケ（仮称）　*Hohenbuehelia* sp.

Pleurotus sp.

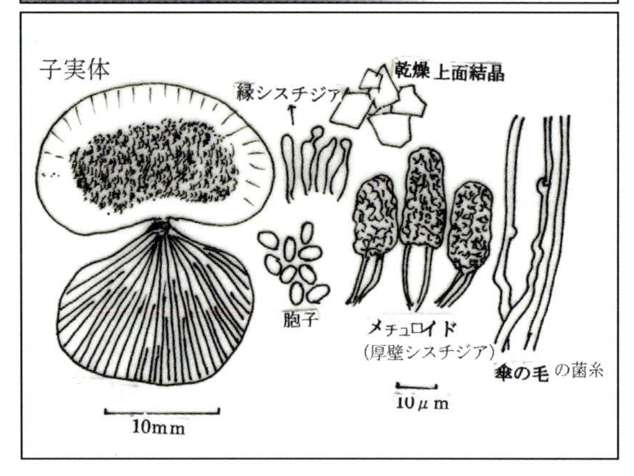

肉眼形質

傘は幅 5~15mm の扇形、ほとんど無柄、側着、乾燥した状態では上面粉白黒灰色で溝線明瞭。湿った状態では基部 1/3～2/3 は褐色の綿毛に覆われ、無毛部は黒灰色、乾燥に伴い周辺から粉白を帯びる。ひだは褐黒色、大ひだ 15、小ひだ 2~3。

顕微鏡形質

胞子は楕円形、4.5~5.5×3~3.5μm、非アミロイド。縁シスチジアは薄壁、細い棒状で頂部が微妙に変化し多形でしばしば小球状、15~20×4~5μm。メチュロイド（厚壁シスチジア）は円筒状～紡錘形、30~45×10~15μm、厚く被覆物に覆われ、ひだ全面に多数散在する。傘の毛は多少屈折のある糸状で開出し、100~300×2.5~3μm、束状にはならない。菌糸にはクランプがある。採取時、乾燥状態の傘上面に不定形の結晶構造物が観察された。粉白色に見えるのはこの結晶の存在によるものと思われ、表皮から分泌、結晶するものと考えられる。

分布・生態　本資料は神奈川県平塚市霧降の滝付近、立枯れ広葉樹の樹幹に群生、2008.10.16 採取。**メモ**　子実体が、乾燥状態か半湿潤状態か湿潤状態かによって色調や毛の状態は著しく変化し、傘上面の毛の状態は子実体によってもかなり違うので肉眼的に本種を認識するのも容易ではない。他の黒いヒメムキタケ類との肉眼識別は無理である。仮称は「霧降黒ヒメムキタケ」で、平塚市の霧降の滝付近に発生した黒いヒメムキタケ類であることを示した。文献：57

ケナシウスチャヒメムキタケ（仮称）***Hohenbuehelia*** **sp.**

Pleurotus sp.

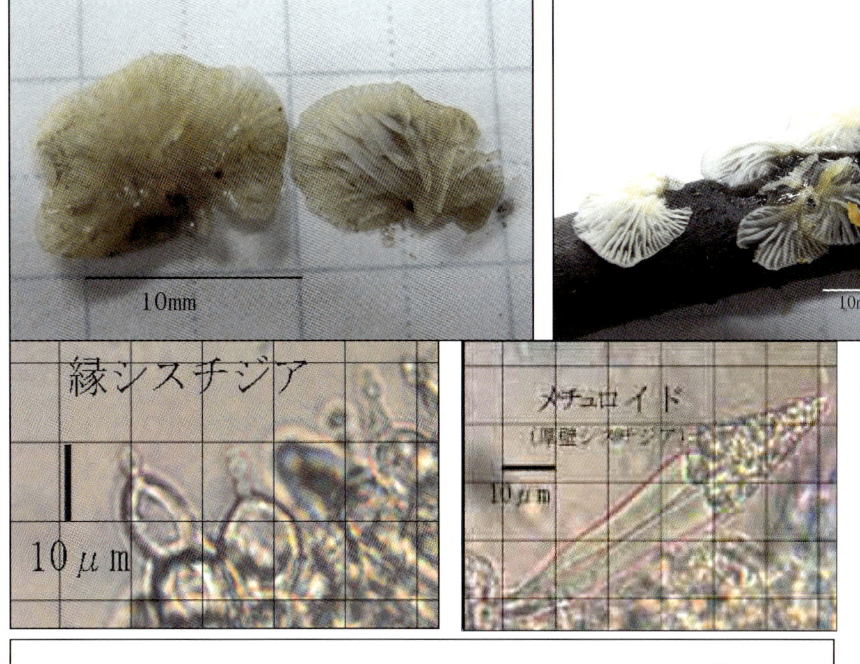

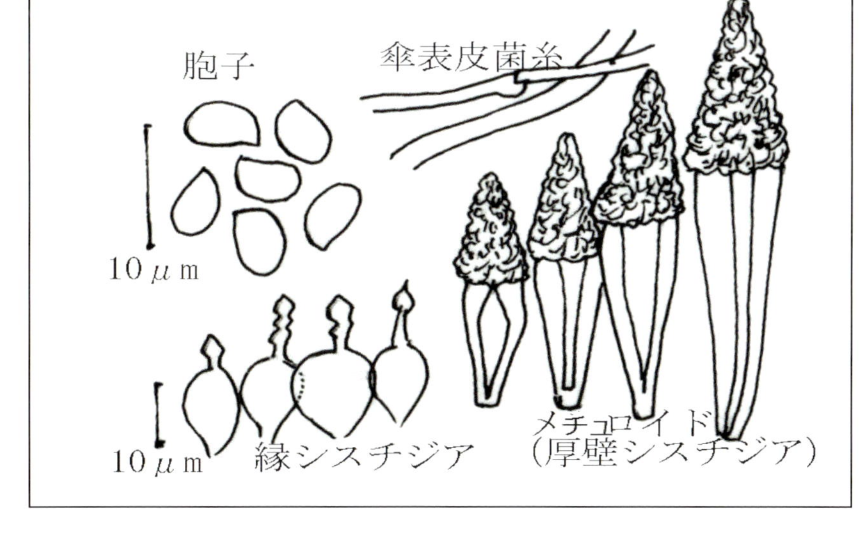

肉眼形質 傘は貝殻形で、径 10mm 程度、淡褐色を帯び、無毛。肉は薄い。柄はごく短く、明らかでない。ひだは白色、基部に達するひだは 5~6、小ひだが多い。

顕微鏡形質 胞子は楕円形、5.5~6.5×3.5~4μm。縁シスチジア（薄壁）は頂部の尖る細い頸部を持つびん形で腹部は広楕円形～狭楕円形、密生。メチュロイド（厚壁シスチジア）はひだ全面に多数分布し、縁部にも散在、紡錘形、40~80×12~18μm、頂部 1/3 に被覆物を厚く被る。傘表皮菌糸は幅 2.5~3.5μm。菌糸にはクランプがある。

分布・生態 本資料は相模原市緑区青野原で広葉樹の小枝に発生、2011.06.22、採取。

メモ 本種は傘上面が無毛で、縁シスチジア（薄壁）の腹部の幅が広く、丸みのあるものが多い点で他種と識別できる。ヒメムキタケ類には傘上面に毛のあるものが多いので仮称は傘が無毛であることを強調し、毛無薄茶ヒメムキタケとした。文献：57

コミノヒメムキタケ（仮称）*Hohenbuehelia* sp.

Pleurotus sp.

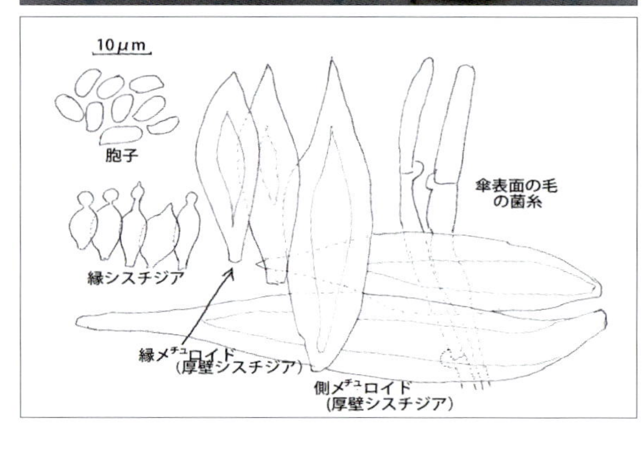

肉眼形質 小形の貝殻状で径20mm以下、ごく短い柄があるか、無柄で傘背面基部で基物に着生する。傘上面は基部に近いほど毛が多く、周辺は無毛となる。初め白色であるが次第に淡灰褐色を帯びる。ひだは基部に達するもの 5~7 であるが、分岐もあり、小ひだは 5~9 もあるのでやや密に見える。**顕微鏡形質** 胞子は楕円形で5~6.5(7)×2.5~3μm、非アミロイド。縁シスチジアは薄壁、こけし人形型、10~20×4~8μm、密生。縁部のメチュロイド（厚壁シスチジア）は 30~50×10~13μm、側部の厚壁シスチジアは 50~90×13~17μm で散在する。普通、厚壁シスチジアは頂部に厚く結晶を被るが、本資料では無結晶である。側部に薄壁シスチジアはない。傘基部の毛は 1mm に達し、束状になる場合が多い。毛の菌糸は頻繁にクランプあり、径 3~4μm。傘表皮層にメチュロイドはない。**分布・生態** 神奈川県内ではしばしば観察されるので分布は広いと考えられる。広葉樹の倒木などに少数群生する。**メモ** ヒメムキタケ *H.reniformis* は傘にメチュロイドがある稀な種類のようで、胞子は 7.5~9μm という。それに比べ本資料は胞子が小さいので標記の仮称とした。文献：⑩,57,66

スガダイラヒメムキタケ（仮称）*Hohenbuehelia* sp.

Pleurotus sp.

肉眼形質

子実体は貝殻形、幅 20mm、表面基部半分は灰紫色、他は白い。全面に白色のゆるい束毛を密生する。ひだはクリーム色。無柄で傘の背面基部で基物に着生する。

顕微鏡形質

胞子は楕円形、8~10 × 4~5μm。子実体の断面では毛被が 200μm、表皮が 25μm、肉はゼラチン層が 160μm、ゼラチン化しない部分が 100μm 程度である。縁シスチジアは被結晶厚壁、15~35 × 8~10μm の小形メチュロイドが密生。まれに薄壁で頂部に小球をつけたこけし型、15~7μm のシスチジアが混じる。側シスチジアはより大型のメチュロイド（厚壁シスチジア）、30~75 × 8~18μm、多数。傘の菌糸は径 3~6μm、隔壁にはクランプがある。

分布・生態

本資料は長野県菅平の広葉樹枯枝で 2015.07.05、採取。

メモ

ヒメムキタケ類のひだ縁部に薄壁シスチジアがほとんど見られず、小型のメチュロイドが密生しているものは他に例がない。仮称は発生地の地名を冠した。

文献：57

チチブクロヒメムキタケ（仮称）*Hohenbuehelia* sp.

Pleurotus sp.

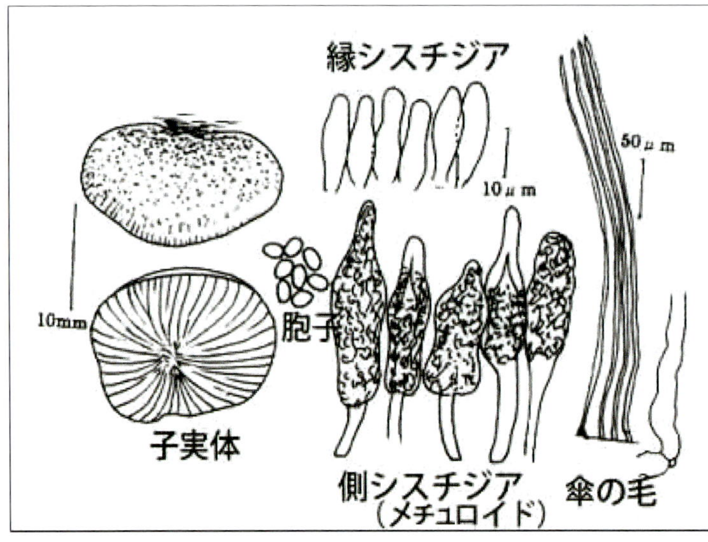

肉眼形質　全体に黒灰色、貝殻形、径ほぼ20mm、傘上面には微毛がある。傘周辺では放射状条線が観察される。肉は薄く、ゼラチン層がある。ひだは傘と同色。無柄で、傘の中心付近の背部の一端で基物に着生する。

顕微鏡形質　胞子は楕円形、4.5~6×3~4μm、縁シスチジアは薄壁、紡錘形～円筒形、20×5~8μm。密生。側シスチジアは特殊な形態のメチュロイド（厚壁シスチジア）で頂部が伸びる類紡錘形が多く、40~55×10~14μm、頭部は被覆物を被る。ひだ側面全体に散在する。多くのヒメムキタケ類では、メチュロイドを縁部にも見るが本資料は見ない。傘表面の毛は開出し、基部に多く、長さ300μm以下で、ほぼ径4μmの菌糸からなり、クランプがある。分布・生態　本資料は埼玉県奥秩父不動滝方面の広葉樹枯れ枝に7月発生。

メモ　ヒメムキタケ類には本種を含め灰黒色のものが複数種あり、肉眼的に識別するのは困難で、検鏡しなければ識別できない。神奈川県内で灰黒色のヒメムキタケ類を少なくとも2種は見ているが本標本と同種と判断できるものには出会っていない。縁シスチジア、側シスチジア（メチュロイド）の形態が特徴的なので類似種との識別は困難ではない。文献：57

ツチヒメムキタケ（仮称）*Hohenbuehelia* sp.

Pleurotus sp.

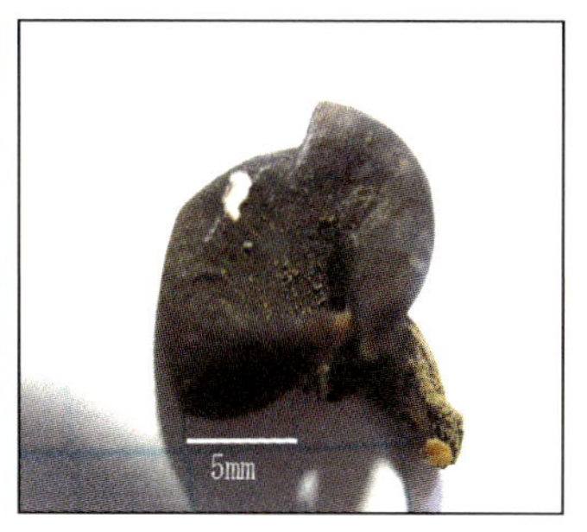

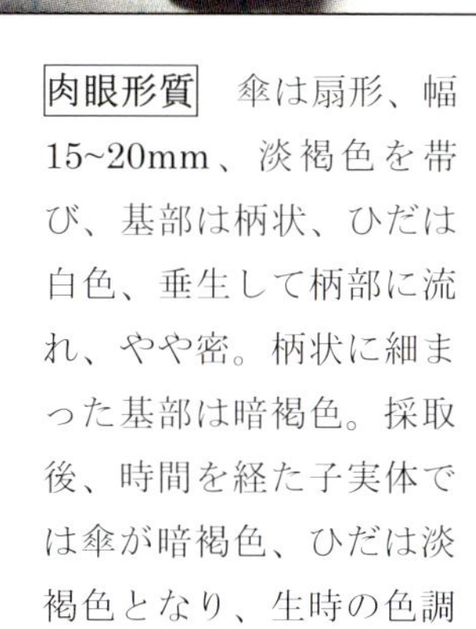

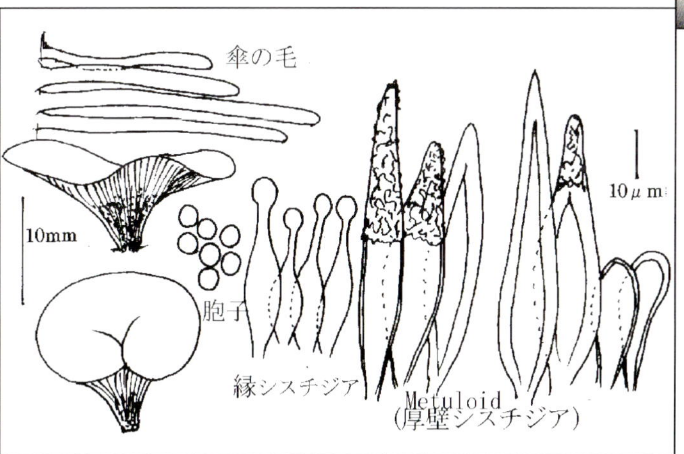

肉眼形質　傘は扇形、幅15~20mm、淡褐色を帯び、基部は柄状、ひだは白色、垂生して柄部に流れ、やや密。柄状に細まった基部は暗褐色。採取後、時間を経た子実体では傘が暗褐色、ひだは淡褐色となり、生時の色調を失う（上右の写真）。

顕微鏡形質　胞子は広楕円形～類球形、5~6×4.5~5μm、非アミロイド。縁シスチジアは細紡錘形で頚部は細く伸び、頂部は小球状、密生。メチュロイド（厚壁シスチジア）は紡錘形、50~70×10~15μm、普通厚く分泌物を被り、ひだ全面に散在するが、定型的なメチュロイドの他に棍棒形、25~30×9~10μmの小形のものも少数混じる。傘上面基部の毛は、ほぼ65×4μmの菌糸で構成される。

分布・生態　本資料は東京都渋谷区広尾の団地小公園のつつじ植え込みの地上に生える。採取は2006.05.22。

メモ　ヒメムキタケ属 *Hohenbuehelia* で地上生の種類は少なく、さらに胞子が類球形の種類は青木仮称のマルミノヒメムキタケ（日本きのこ図版№329）の他に記録を見ない。縁シスチジアも多形で頂部が微妙に複雑なものが多いから本種のように地上生で胞子が類球形、縁シスチジア頂部がほぼ小球形でそろっているという特徴は他種との識別に良い手がかりになる。恐らく稀な種類と思われる。文献：57

ハイクロヒメムキタケ（仮称）*Hohenbuehelia* sp.

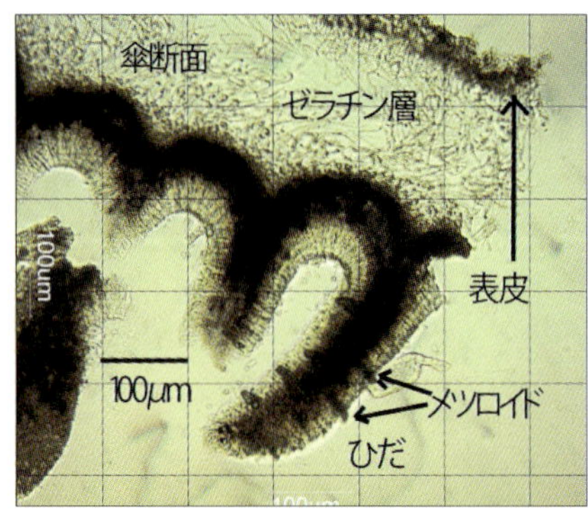

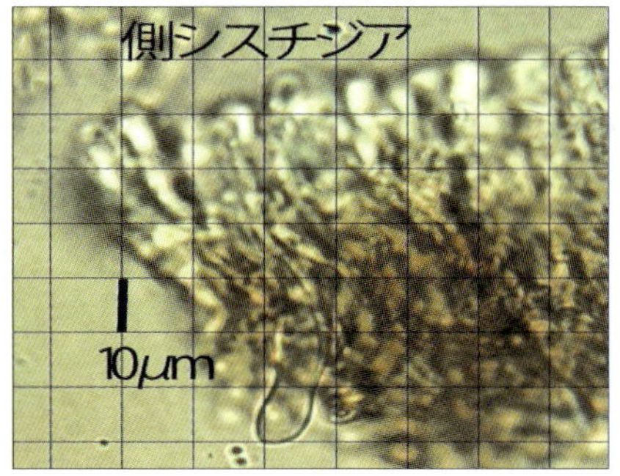

肉眼形質　傘は黒灰色、径 10mm 以下の貝殻形で無柄、傘の中心を外れた 1 点で基物に着生、新鮮な乾燥状態では黒の地色を白い毛が覆って、白っぽく見える。特に基部付近の毛は密生して目立つ。周辺には放射状条線がある。ひだは傘上面と同色、基部近くまで達する大ひだ約 15、小ひだ 2~3。

顕微鏡形質　胞子は楕円形、5~6×3~4μm。縁シスチジアは薄壁で、円柱状、紡錘形など 15~20×5~7μm。メチュロイド（厚壁シスチジア）はほぼ 30×10μm、頭部に厚く被覆物を被り、縁部にも出るが側面に多く分布する。その他に基部が厚壁で太く、頭部が薄壁で細くなる類円筒形~類フラスコ形、40~65×10~15μm の特異なシスチジアが多数存在する。

分布・生態　本資料は平塚市霧降の滝付近の腐木に 10 月群生。同種と判断されるものが鎌倉中央公園で 6 月、枯れ枝に群生。**メモ**　本種はヒメムキタケ類共通の特徴として傘肉層にゼラチン層があり、子実層にメチュロイドがある。加えて本種には基部厚壁、頭部薄壁の特殊なシスチジアがあるので、類似種との識別は容易である。仮称は灰色がかった黒いヒメムキタケの意である。文献：57

ハヤマクロヒメムキタケ（仮称）*Hohenbuehelia* sp.

Pleurotus sp.

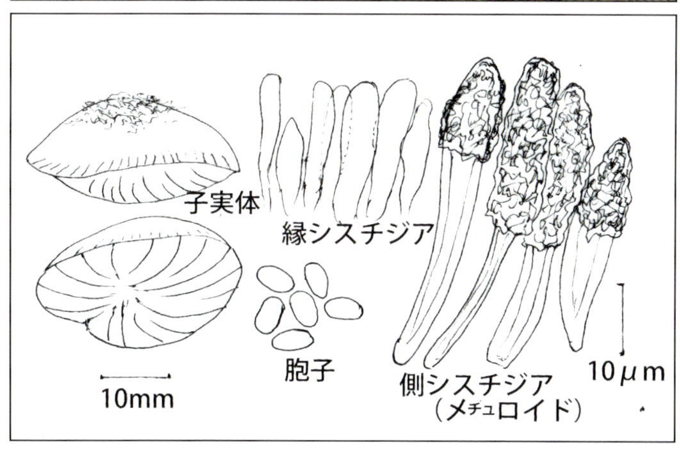

肉眼形質

傘は黒灰色、貝殻状、径 3mm 程度、傘上面は繊維毛状、特に基部は厚く綿毛を被る。無柄で基部背面の中心を外れた一点で基質に着生する。傘縁部には不明瞭な放射状溝線がある。ひだは灰色、疎。

顕微鏡形質

胞子は楕円形、4.5~5×3μm、非アミロイド。縁シスチジア（薄壁）は円筒状、15~20×4~6μm、密生。メチュロイド（厚壁シスチジア）は 30~50×8~10μm、側部に多数あるが、縁部に突出するものもある。頭部には厚く被覆物を被る。傘表面の綿毛は幅 3~5μm の菌糸で構成される。菌糸にはクランプがある。

分布・生態

本資料は神奈川県葉山町で腐食の進んだ広葉樹倒木に 10 月、散生。

メモ

数種確認された黒いヒメムキタケ類の中の 1 種である。外見的にはシジミタケ類とも類似し、肉眼的にそれらを識別するのは無理である。ヒメムキタケ類のほとんどの種類で縁シスチジアの頂部は不定に変化するが、本種の縁シスチジア（薄壁）はほぼ円筒形で、頂部の微妙な変化はない。また類似種に較べひだが粗であることなど識別の手がかりになる。仮称は葉山町で採集された黒いヒメムキタケであることを示した。文献：57

マンナワヒメムキタケ（仮称）　*Hohenbuehelia* sp.

Pleurotus sp.

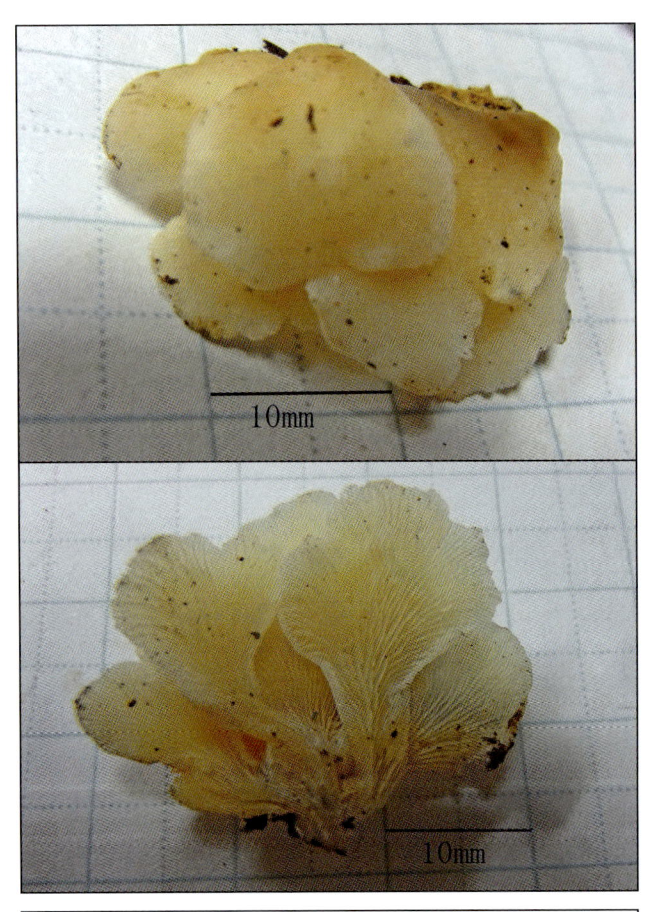

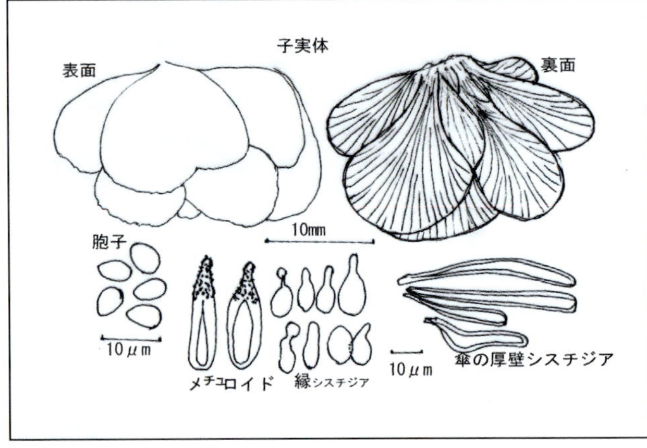

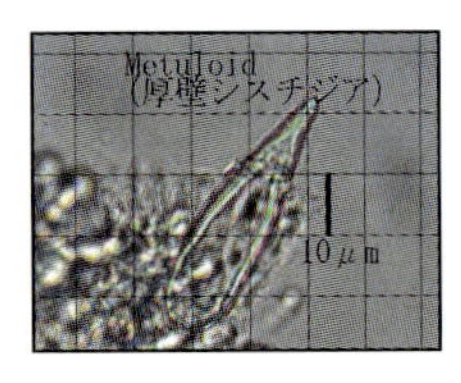

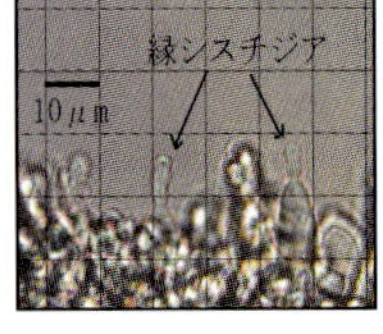

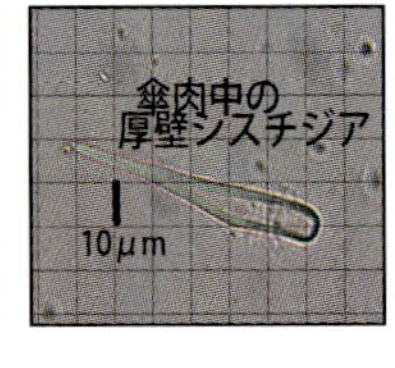

肉眼形質　傘は短柄のある貝殻状、径 10~20mm、淡黄色〜クリーム色、数枚が同一基部から重生する。表面平滑、無毛。肉には厚いゼラチン層がある。ひだは基部に達するものは少ない。

顕微鏡形質　胞子は広楕円形〜水滴状、5~6×3~4μm。縁シスチジアは細首のとっくり形、頂部小球のこけし形、紡錘形など多形、10~20×5~7μm。メチュロイド（厚壁シスチジア）は先の尖るびん形、上部に被覆物を被り、35~55×8~15μm、ひだ全面に多数散在。傘肉にはバット形、厚壁、30~70×6~8μm のシスチジア状構造物が散在し、傘表皮には末端が厚壁の菌糸が少数分布する。菌糸にはクランプがある。

分布・生態　本資料は平塚市万縄の森の広葉樹立ち枯れに発生、2010.07.15。採取。

メモ　肉にゼラチン層があり、縁シスチジア頂部が微妙に多形で、紡錘形のメチュロイドがひだ全面にあるのはヒメムキタケ類の一般的な形質であるが、厚いゼラチン質で重生し、傘上面無毛で、特に傘肉中に厚壁シスチジア状構造物があるという特徴は本種に限られる。仮称は平塚市の万縄の森に発生したのでその地名を冠した。文献：57

ツチヒラタケ　***Hohenbuehelia petaloides*** (Bull.)Schulzer

Pleurotus petaloides (Bull.) Quél.

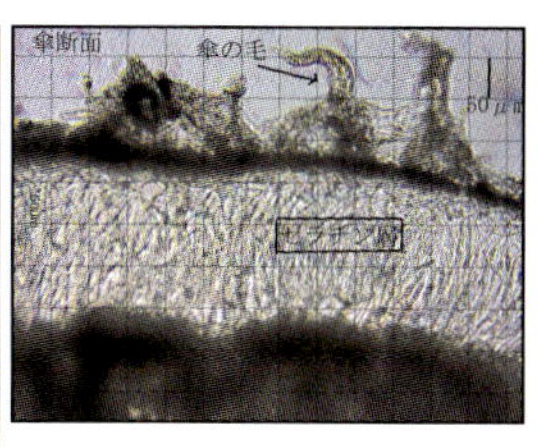

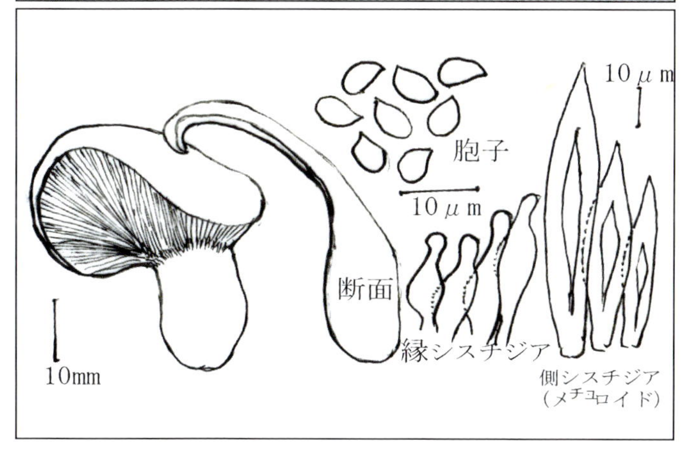

肉眼形質

傘はヒラタケ状で偏心生、貝殻形、茶褐色～灰褐色、径 80mm 以下、傘表面には微毛があり、基部では白く目立つ、肉は白く、ゼラチン層がある。ひだは白色、垂生、分岐、小ひだが多く密。柄は円柱形、中実、25×13mm 以下、表面は白色、粉毛状、基部では土粒、材小片を絡めて固着する。

顕微鏡形　胞子は楕円形、6~8×4~4.5μm、非アミロイド。縁シスチジアは薄壁でフラスコ形ほか多形、10~25×5~8μm、密生。メチュロイド(厚壁シスチジア)がひだ全面に多数分布、ひだ縁部にも散在、突出する。長紡錘形、40~80×8~15μm、しばしば頂部に被覆物を着ける。菌糸にクランプがある。

分布・生態

ヨーロッパ・日本に分布があり、国内に広く分布するが比較的まれである。地上や鋸屑の古い堆積部などに生える。本資料は人為管理下のチップの混じる林床に発生。

メモ

文献によっては傘表皮にメチュロイドがあるというが本資料では確認していない。青木（きのこ図版No.892）は薄壁側シスチジアの存在を示しているが、これも未確認である。日本産菌類集覧（勝本）では *Hohenbuehelia* を *Pleurotus* に移しているが、Index Fungorum では属を変更せず *Hohenbuehelia* として扱っているのでそれに従った。科は Pleurotaceae に移されている。文献：④,57,66,82

ヒシミノシメジ（新称）*Lyophyllum infumatum* (Bres.) Kühner

Lyophyllum deliberatum (Britzelm.)Kreisel？

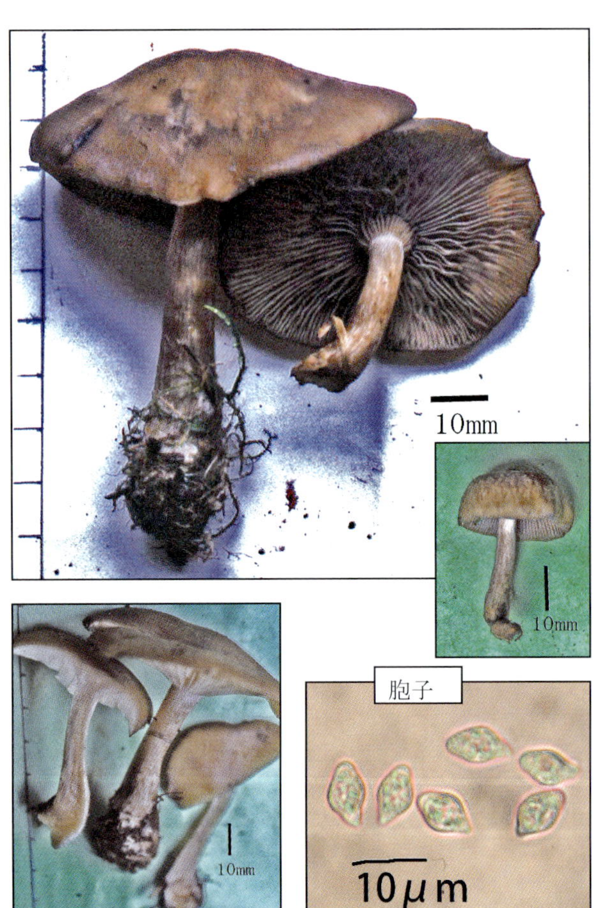

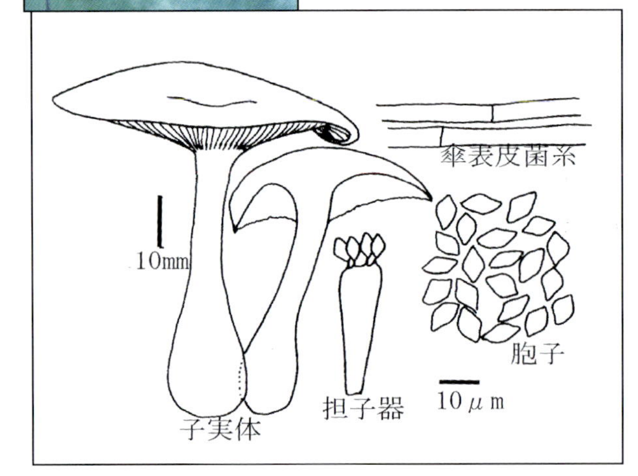

肉眼形質 傘は初め丸山形、のちほぼ平らに開き、暗褐色で平坦、径60mm以下。ひだはやや密、直生、初め白色～淡灰色、次第に黒ずみ、暗灰黒色となる。柄は円柱形、長さ65mm以下、上下同大のものも下部が太くなるものもあり、内部は髄化～中実、触れると次第に黒ずむ。

顕微鏡形質 胞子は無色、菱形、8~10×4.5~6μm。シスチジアは縁、側ともに無い。傘表皮は並列菌糸、幅は3~5μm。すべての菌糸にクランプはない。

分布・生態 ヨーロッパ、日本に分布する。国内では富士山菌類目録（日菌報24:1983）に記録がある。本資料は富士山麓創造の森2003.07.14、採取。西臼塚、精進湖でも確認、何れも林縁地上に生える。寒冷地に分布する比較的稀なキノコである。

メモ 形態的変異も多く、肉眼的に他種と識別するのは困難である。しかし、シメジ属 *Lyophyllum* に多く見られる黒変性があるので生品であれば所属の見当はつけられる。検鏡すれば胞子が菱形という極めて特異的なものなので同定は容易である。胞子の形を強調した標記和名を提唱する。本種の学名について日菌報24:235-245: 1983では標記の *L.infumatum* で記録されているが日本産菌類集覧では *L.deliberatum* を用い、*L.infumatum* はシノニムとして記載されている。しかし、Index Fungorumでは別種扱いにしているので、ここではそれに従った。文献：66

シロゲカヤタケ（長沢仮称）・シロケシメジモドキ（青木仮称）*Clitocybe* sp.

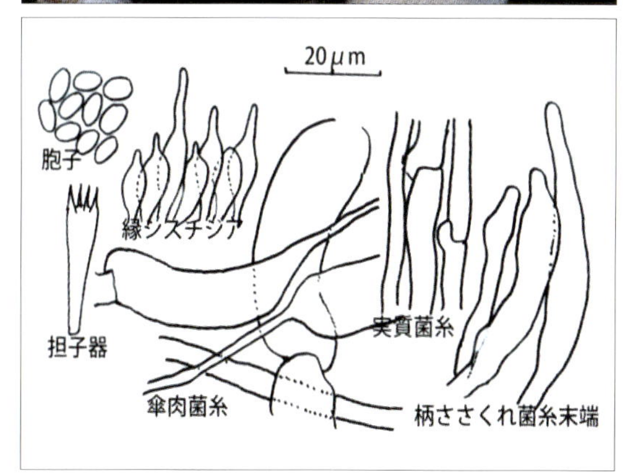

肉眼形質　傘は径 10cm 以下、白色、初め全面に毛があるが、後には目立たなくなり、傘周辺でようやく確認できる程度になる。肉は白色、柔軟、無味。ひだは白色ときに淡褐色を帯び、垂生。密、幅 5mm 以下。柄は白色、長さ 50mm 以下、幅 40mm 以下、初め中実、後髄化、空洞を生ずる。柄表面は繊維条があり、微細なささくれがある。基部は綿毛状菌糸束に覆われる。

顕微鏡形質　胞子は楕円形、無色、平滑、5~6×2.5~3.5μm、非アミロイド。担子器は棍棒状、ほぼ 25×6μm、4 胞子を着ける。縁シスチジアは頸部が細く突出した紡錘形、15~25×4~7μm、密生。実質菌糸は並列型、径 2~5μm。肉は広狭の変化が著しい径 1.5~15μm の錯綜菌糸からなる。傘表皮は径 2~4μm の並列菌糸からなり、束状に立ち上がって高さ 800μm に達する毛状鱗片を形成するが、古くなるとこの鱗片の多くは剥落する。柄表面のささくれ菌糸の末端は狭紡錘形で変化が多い。すべての菌糸にクランプがある。

分布・生態　全国各地の冷温帯〜暖温帯の広葉樹林林床落葉に群生する普通種である。本資料は神奈川県愛川町八菅山産。メモ　本種は日本きのこ図版No.330 で青木実がシロケシメジモドキの名で紹介し、後No.887 でムレシメジの名に改めていたものが同種と判断され、神奈川キノコの会では長らくシロケシメジモドキの名で記録してきた。しかし、本種をシロゲカヤタケ（長沢仮称）とする情報があり、仮称として最も適切と思われるので標記冒頭にその名を挙げた。青木実の記載では縁シスチジアを欠くとしているが資料標本では存在を認めた。

ユキラッパタケ *Singerocybe alboinfundibuliformis* (Seok, Yang S. Kim, K.M. Park, W.G. Kim, K.H. Yoo & I.C. Park) Zhu L. Yang, J. Qin & Har. Takah.

Clitocybe trogioides var. *odorifera* Har. Takah.,

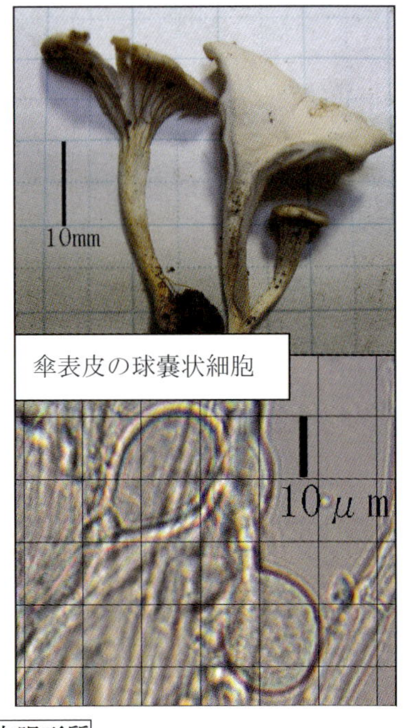

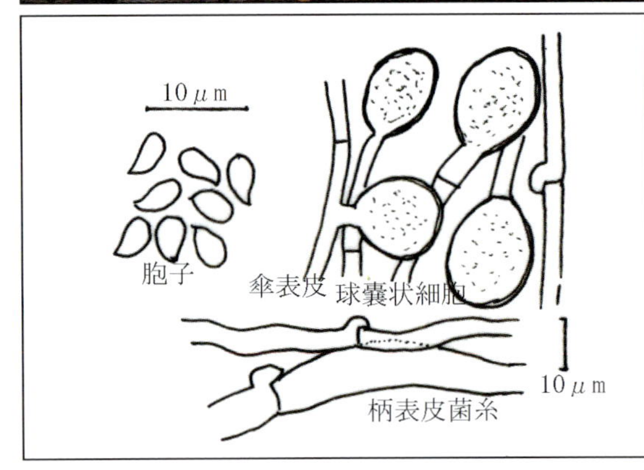

肉眼形質
全体白色で漏斗形、傘は径 50mm 以下、吸水性、平滑。ひだは強く垂生、大ひだ 20、小ひだ 5~7、幅は狭い。柄は中心生、中空、表面平滑、基部には菌糸叢がある。

顕微鏡形質 胞子は楕円形、5~6×3~4μm、無色、非アミロイド。傘表皮の菌糸末端にしばしば径ほぼ 20μm ほどでやや厚壁の球嚢状細胞が見られる。細胞内には不明の無色内容物がある。この球嚢状細胞は実質にも、柄表皮にも存在する。傘菌糸の幅は 2.5~5μm。柄表皮菌糸の幅は 2.5~7μm。クランプがある。

分布・生態 国内では南関東～関西地方に記録があるが恐らくもっと広く分布していると思われる。少なくとも南関東では頻繁に見られる普通種である。広葉樹林の林床落葉に生える。

メモ 本種は青木実が日本きのこ図版№476 にシロサカズキタケとして紹介し、後でウツロシロサカズキタケの名に訂正したものが同種である。類似種に子実体が漏斗型ではなく、盃型で傘表皮菌糸の膨大部が菌糸走行途中にあるものがある。文献：㉓

ウスイロコブミノカヤタケ（新称）*Lepista densifolia*

(J. Favre) Singer & Clémençon

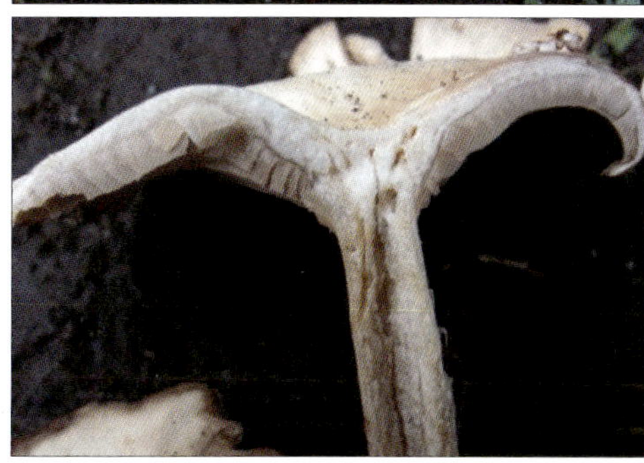

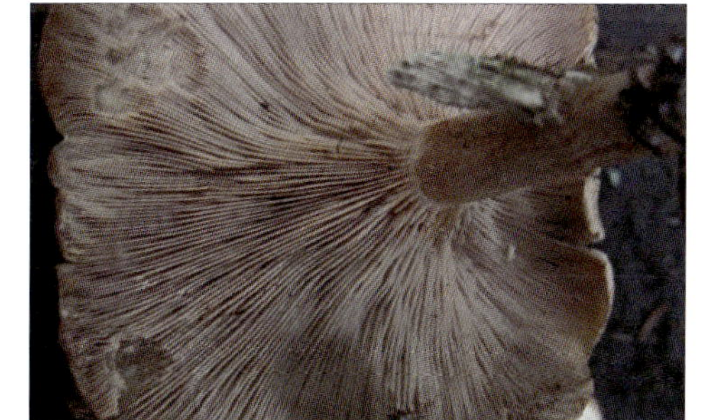

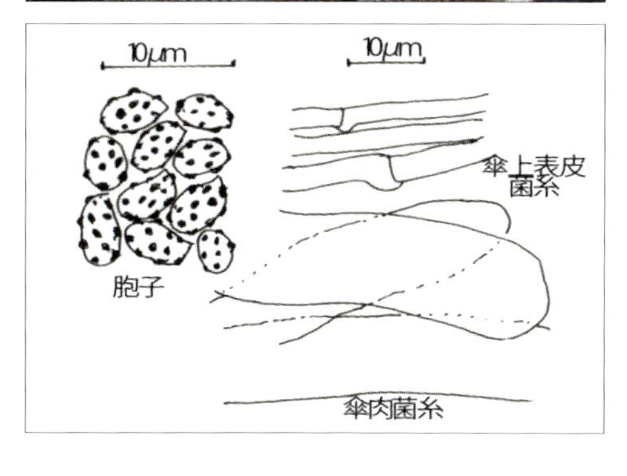

肉眼形質

傘は径 15cm 以下、汚白色～帯褐白色、平滑、成熟子実体では中央がやや凹む。肉はほぼ白色。ひだは垂生し、小ひだが多く、極めて密、淡紫褐色を帯びる。柄は円筒状、80×15mm 以下、ほぼ傘と同色、頂部に垂糸があり、繊維条が明瞭、肉は髄化して中空。基部には綿状菌糸がある。

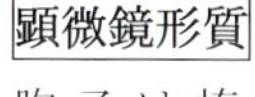

顕微鏡形質

胞子は楕円形、4~5.5 × 3~3.5μm、Q=1.4~1.8、微疣に覆われ、非アミロイド。胞子紋は淡肉褐色。担子器は 25~30 × 7~8μm、4 胞子を着ける。傘上表皮は並列する径 2.5~5μm の菌糸からなり、傘肉菌糸は径 10~18μm の菌糸からなる。菌糸にはクランプがある。

分布・生態

ヨーロッパ、アメリカ、日本に分布し、冷温帯～暖温帯のカバノキ属などの広葉樹林林縁に少数群生する。本資料は相模原市雑木林林縁に発生、2012.10.13、採取。

メモ

日本きのこ図版記載のウスバムラサキシメジ（青木仮称）＝ザラミノシロシメジ（青木仮称）に似るが、ひだの幅が傘肉の幅より広い点で異なる。コブミノカヤタケ *L.inversa* は胞子が Q=1.3 以下のほぼ類球形で、子実体は褐色なので識別できる。

文献：38,66,82

ヤブアカゲシメジ *Tricholomopsis bambusina* Hongo

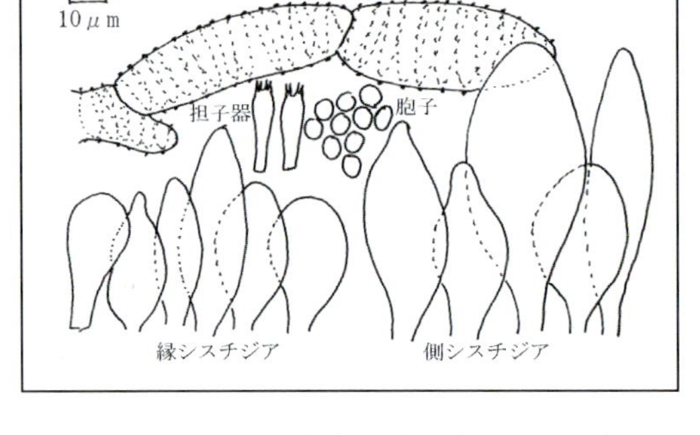

肉眼形質
傘は丸山形から平らに開き、径50mm以下、ささくれ状赤褐色鱗片を密布。肉は淡黄色。ひだは湾生～直生、淡黄色で縁部付近はやや淡赤褐色を帯び、柄に達するひだはほぼ35。柄は円筒状、中空、50×7mm以下、黄色地に赤褐色繊維状鱗片を着ける。

顕微鏡形質　胞子は類球形～短楕円形、4~5×4μm、無色。担子器はほぼ25×8μm。縁シスチジアは円頭状～紡錘形など、40~60×15~20μm、薄壁、密生。側シスチジアは円頭状～紡錘形など縁シスチジアと同形でやや大形のものが多く、40~80×20~30μm、薄壁、散生。傘鱗片菌糸はほぼ80×20μmの細胞の連鎖で、細胞壁に色素粒を着ける。**分布・生態**　分布は日本（本州）。資料の生態写真は大阪府、その他は神奈川県葉山町。比較的まれ。タケの切り株や腐竹に単生または少数群生。

メモ　タケ材に発生するという特性と赤褐色の顕著なささくれ状鱗片に覆われる傘の特徴から肉眼的に同定できるが、出会いの機会は少ない。文献：⑩

キアカゲシメジ（青木仮称）　*Tricholomopsis* sp.

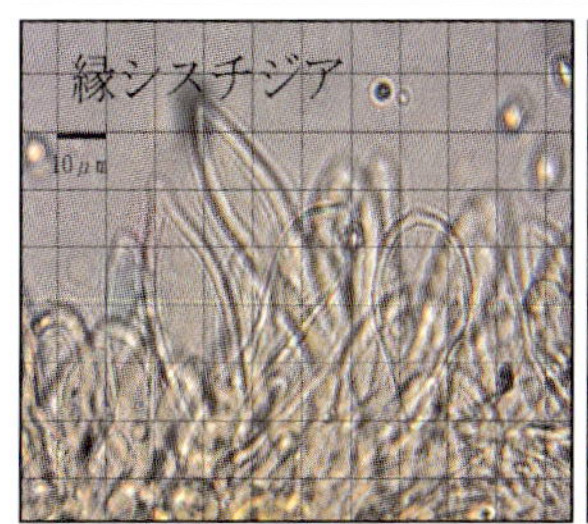

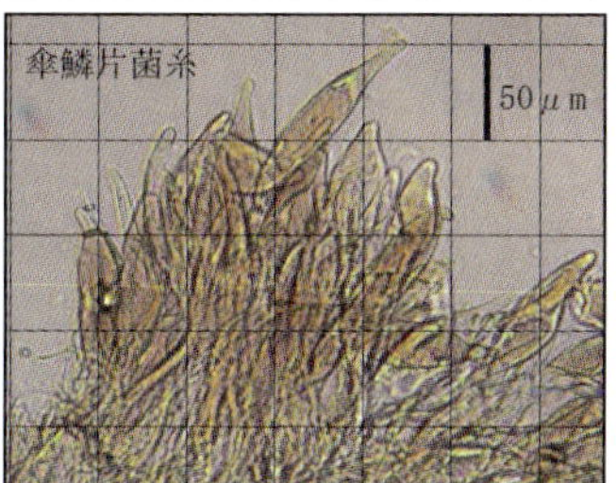

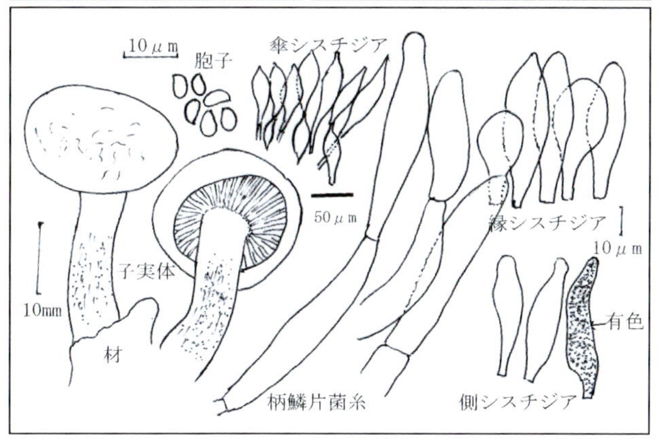

肉眼形質　傘は径 25mm 以下、まんじゅう形からほぼ平開、帯紫赤色～暗赤褐色の表皮がひび割れ、鱗片状、割れ目には黄色の肉の地色が見える。ひだは黄色、大ひだ 35~40、小ひだ 3~5。ほぼ直生。柄は円筒状、30×6mm 以下、淡黄色の地に紫赤色の鱗片が着く。鱗片の多い下部ほど濃色。頂部には短い垂糸がある。

顕微鏡形質　胞子は楕円形、4~6×2.5~3.5μm、非アミロイド。縁シスチジアは紡錘形、棍棒形、楕円形など、40~60×10~20μm、密生。側シスチジアは円柱状、50~60×8~10μm、淡褐色内容物に満たさされているものもある。柄シスチジアは長紡錘形菌糸状、60~80×20~40μm。傘鱗片は直立した紡錘形細胞の連鎖の集団で構成され、細胞は 100~200×20~40μm、紫赤色。

分布・生態　東京都高尾山、埼玉県天覧山、神奈川県横浜市で記録。冷温帯から暖温帯まで確認されたから恐らく全国分布ではないかと思われる。スギなど針葉樹腐木に生える。本資料は横浜市舞岡公園で針葉樹木片に 2～3 個発生、2011.10.16、採取。

メモ　本種は日本きのこ図版No.1050 に青木実が記載している。近似種との識別は肉眼的には粗い傘鱗片の様子、顕微鏡的には胞子の形態、傘鱗片菌糸の紡錘形細胞の連鎖に注目すれば比較的容易であろう。特に傘鱗片の構造が特徴的である。

ツノシメジ　*Leucopholiota decorosa* (Peck)O.K.Mill.

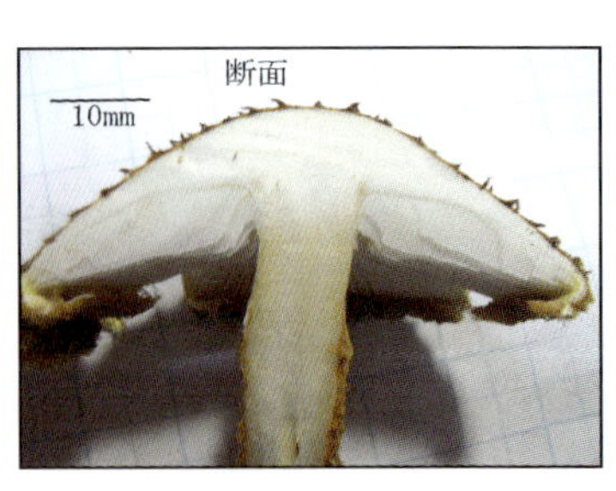

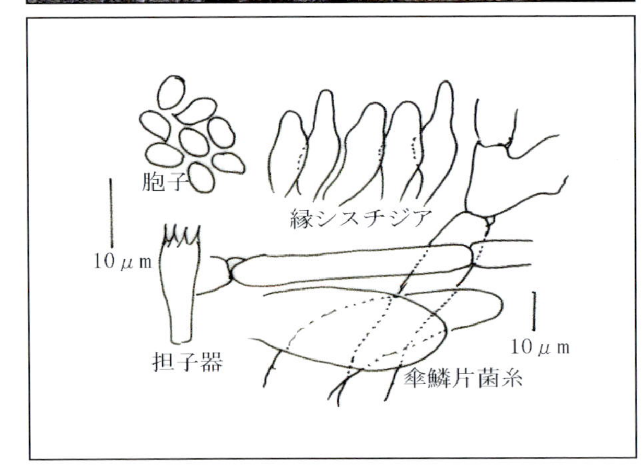

肉眼形質　傘は低い丸山形、径60mm以下、明茶褐色、刺状突起を作る鱗片に覆われ、縁部には傘鱗片と同色の被膜の名残りが垂れる。肉は白色、中央部は厚さ10mm。ひだは白色、湾生、大ひだはほぼ40。柄は60×10mm以下、基部は少し膨らむ。明瞭なつばは作らないが、つばより下は傘と同色の毛羽立った鱗片に厚く覆われ、つばより上は鱗片を欠き、淡色。**顕微鏡形質**　胞子は楕円形、5~6×3μm、無色、アミロイド。縁シスチジアは類紡錘形、10~18×4~5μm。側シスチジアはない。傘鱗片菌糸は幅7~14μm、クランプがある。**分布・生態**　北米、欧州、日本の冷温帯上部～亜寒帯域に分布が知られている。日本では長野、栃木、岐阜など各県のシラカバなど広葉樹倒木に発生。まれ。本資料は長野県松原湖、2009.09.27、採取。**メモ**　日本で知られるようになったのは比較的新しいが、関心を持つ人が増えて見つける機会が多くなったせいか、実際に発生が多くなったのか近年報告例が増えている。一見、キシメジ科らしからぬ特徴的なキノコである。

フタイロシメジ　*Tricholoma aurantiipes*　Hongo

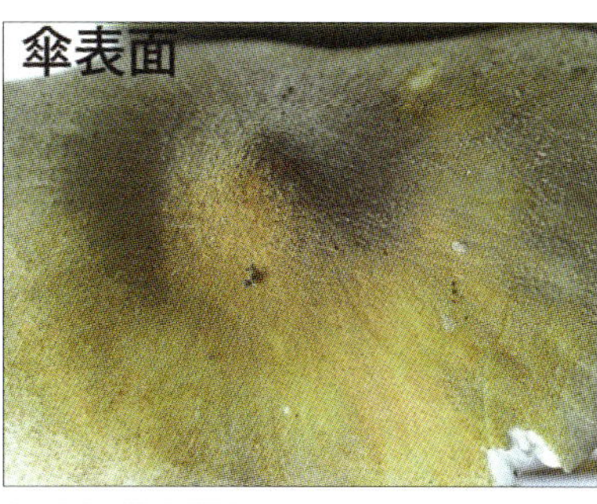

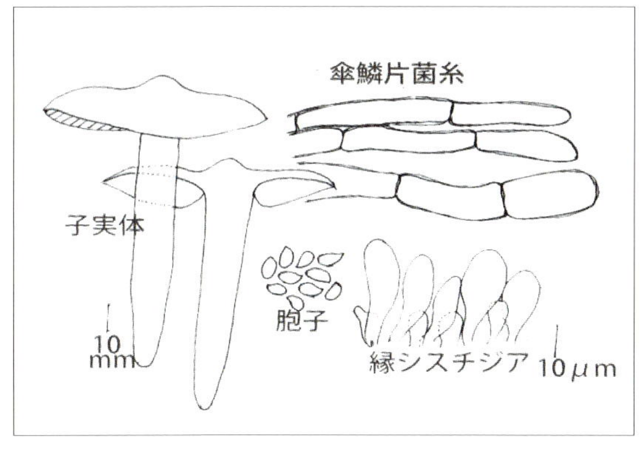

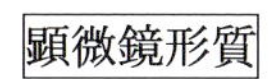

肉眼形質

傘は径 60mm 以下、平らに開くが、中央は常に突出する。表面は淡黄褐色の地に淡橙黄褐色の微細鱗片を密布し、放射状繊維紋がある。中央部は濃色。肉はほとんど白色、ひだは上生、ほぼ白色、密。柄は円筒状、8cm 以下、基部はやや急に細まる。目立つ鮮やかなオレンジ色で、頂部と基部は淡色。

顕微鏡形質

胞子は楕円形、5~7×4~4.5μm、非アミロイド。縁シスチジアはこん棒状、15~35×5~12μm、密生。傘表面鱗片菌糸は径 7~12μm、並列する。クランプはない。

分布・生態　熊本、大分、兵庫などの各県に記録がある。神奈川県でも 1980 年初めには、本種の分布を認識して、キンタケの仮称で呼んでいた。文献ではアカマツ、コナラなどの林床に発生というが本試料の発生環境はスダジイ、タブ、ヤブツバキなどの常緑広葉樹林林床である。恐らく国内の暖温帯域では広く点在的に分布すると考えられる。神奈川県での分布は逗子市に限られる。

メモ　分布地が限られており、発生量も少ない種類である。文献：⑭

ヒョウモンクロシメジ　*Tricholoma pardinum* (Pers.) Quél .

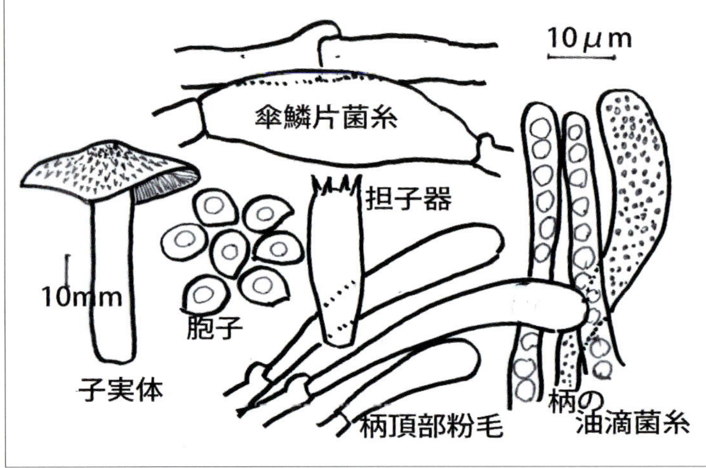

肉眼形質

傘は初め丸山形、後ほとんど平らに開き、径 70mm 以下、黒灰褐色の表皮が細かく裂けて鱗片となり、全面に配列する。肉は白く、特別な臭いや味はない。ひだは密で、わずかにオリーブ色を帯びた汚白色、湾生する。柄は円筒形、70×15mm 以下、中実、上下同大、ときに下方が次第に少し太くなる。

顕微鏡形質

胞子は広楕円形、7~9×5~6µm。担子器は棍棒状、ほぼ 35×8µm、4 胞子をつける。傘の鱗片菌糸は径 7~15µm、並列する。柄表皮の菌糸は径 4~6µm。柄の頂部の表皮には径 4~7µm の油脂に満たされた菌糸が多数存在する。

分布・生態　ヨーロッパ、日本に分布し、針葉樹、落葉樹の林床に生える。本資料は神奈川県厚木市七沢森林公園の雑木林でシロダモの樹下に 10 月発生。

メモ

本種はヨーロッパでは早くから毒きのことして知られていた。日本に分布することが分かったのは比較的新しく、中毒例が知られているのは新潟県、山梨県、神奈川県であるが、恐らく全国的に分布すると思われる。中毒症状は嘔吐、発汗が強烈であるという。クロゲシメジ（ササクレシメジ）*T.atrosquamosum* などに似るがそれは柄に黒い鱗片があるが本種の柄は白い。なお、クロゲシメジによく似た他の不明種にも中毒例があるので類似のキノコには注意を要する。文献：④㉖

コノハシメジ *Tricholoma foliicola* Har.Takahashi

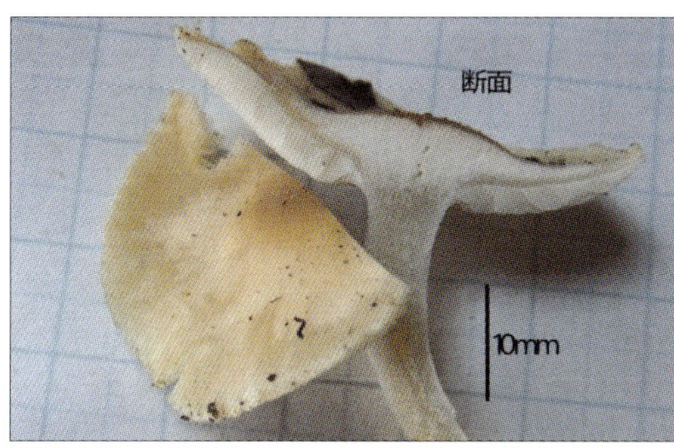

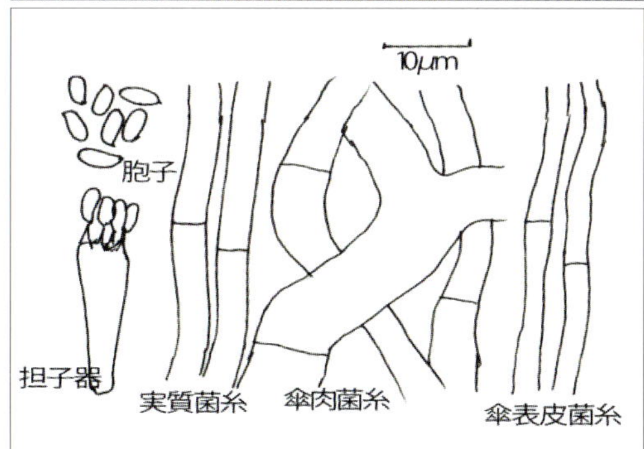

肉眼形質 傘は径 50mm 以下、赤褐色～淡栗褐色、平坦、吸水性があり粘性や溝線はない。ひだは小さな湾生～わずかに垂生で大ひだ 110、密、白色～淡肉褐色。柄は円筒状、80×10mm 以下、中実、白色でつやがある。

顕微鏡形質 胞子は楕円形、4~5×2~2.5µm、非アミロイド。担子器は棍棒形、ほぼ 30×8µm、4 胞子型。縁、側、柄シスチジアは存在しない。ひだ実質菌糸は径 5~8µm、並列型。傘肉菌糸は広狭不規則に錯綜し、径 8~20µm。傘表皮は径 2.5~4µm の平行菌糸よりなる。すべての菌糸にクランプはない。分布・生態 東京都（青梅市）、埼玉、神奈川、岐阜の各県で確認されている。恐らく全国的に分布があると考えられる。落葉の多い林床に生える。本資料は東京都青梅市に 11 月発生。

メモ 子実体の形状はモリノカレバタケ属のようでもあり、垂生しひだが密なのでカヤタケ属にも見えるがクランプはない。所属の判断に苦しむ種類である。写真 A が典型的な色調の子実体で顕微鏡記録はこれによる。写真 B 子実体も顕微鏡的に一致することから同種と判断した。何れも東京青梅市産。日本きのこ図版№.477 の青木実記載の和名が採用されている。すべての菌糸にクランプがないと記述したが、柄表皮にまれにクランプ状の構造を見ることがある。青木実は偽クランプと表現している。文献：㉓

ハダイロニガシメジ（青木仮称）*Tricholoma* ? sp.

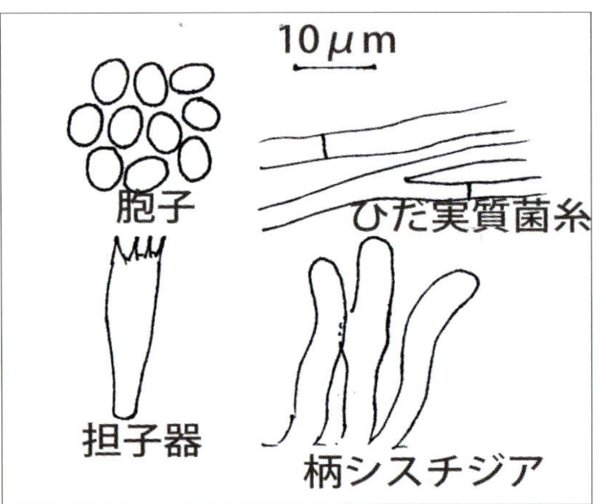

肉眼形質
傘は径 70mm、平らに開くが縁部は長く内曲、肌褐色、平滑。肉は白色、苦い。ひだは垂生、密、淡褐色を帯びる。柄は傘より淡色、円筒状、6×1cm、ほぼ平滑、中実。

顕微鏡形質　胞子は広楕円形、6~7×4.5~5μm、非アミロイド。担子器はこん棒状、30×7μm、4 胞子型。縁シスチジア、側シスチジアはない。柄シスチジアは円筒状、散在～叢生、25~35×4~7μm。ひだ実質菌糸は径 2.5~5μm。菌糸にクランプはない。

分布・生態　各地に発生情報はある。本資料は八王子市滝山公園の雑木林周辺地上に生える。地下埋材に発生するように思われる。

メモ　本種はオオハダイロシメジ（青木仮称）（p.25）に酷似し、縁シスチジアを欠く点だけが異なる。この両種は肉質の子実体で、傘の色が肌色～橙褐色、肉が苦いなどの特徴から、その他の種類と識別するのは難しくないが、生態的、顕微鏡的考察の記録が不十分なので、今後、複数の子実体の生態観察、検鏡比較が必要である。日本きのこ図版№.748 に青木実の記載がある。

オオハダイロシメジ（青木仮称）*Tricholoma* ? sp.

肉眼形質　傘は径16cm以下、橙褐色〜栗褐色、丸山形からほぼ平らに開き、平滑、新鮮な子実体では初め粘性があるが、早急に失われる。肉はほぼ白、強い苦みがある。ひだは垂生、幅5mm以下、密、わずかに淡褐色を帯び、切れ易く、古い子実体では鋸歯状になる。柄は傘より淡色、円柱状、12×2cm以下、中実。

顕微鏡形質　胞子は無色、広楕円形、7~8×5~6μm、非アミロイド。担子器は棍棒状、ほぼ25×7μm、4胞子型。縁シスチジアはやや屈曲した不整の円筒状、突出部が25~40×5μm。柄シスチジアは散在〜叢生し、10~50×3~6μm。肉は径3~10μmの錯綜菌糸よりなる。すべての菌糸にクランプはない。

分布・生態　国内各地での発生情報はある。本資料は相模原市津久井湖城山公園の広葉樹基部枯損部に7月発生。メモ　本種に類似するハダイロニガシメジ（p.24）は縁シスチジアを欠くことで識別される。両種とも傘は淡褐色〜肉肌色で、ひだは垂生し、肉は強い苦みのある肉質などの点で共通する。日本きのこ図版№1572に青木実の記載がある。

ニオウシメジ　*Macrocybe gigantea* (Massee) Pegler & Lodge

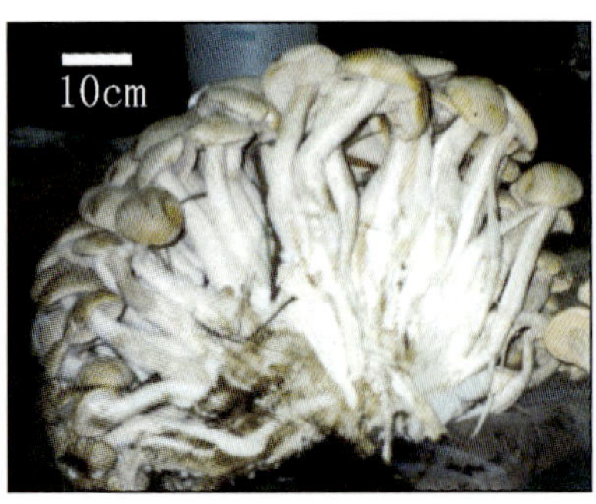

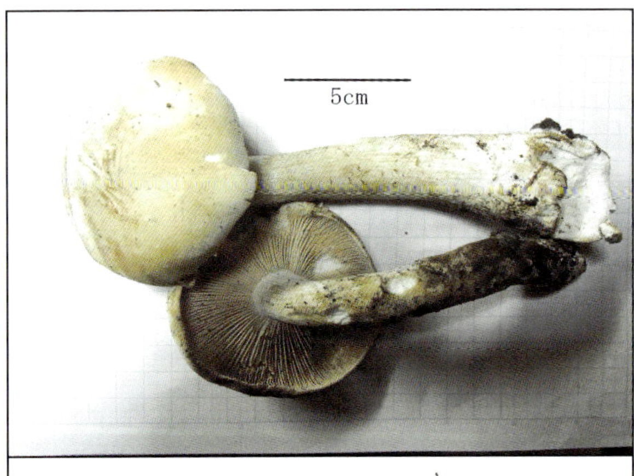

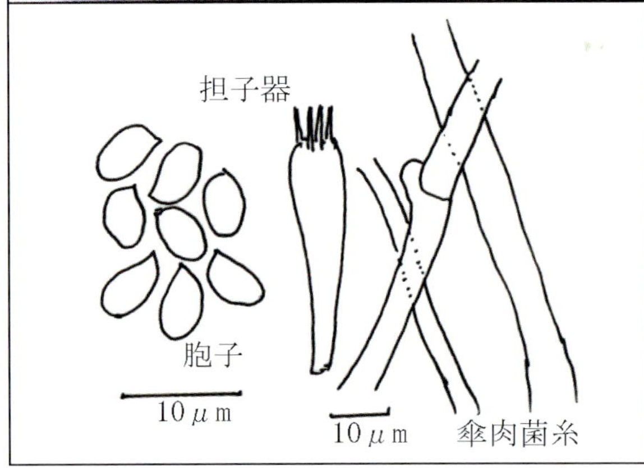

肉眼形質
巨大なものは高さ 80cm、径 120cm、重さ 80kg の株を形成する 1000 本もの大集団になる（神奈川県津久井 1985.10.29）。1 個の子実体の傘は径 15cm 以下。表面は平滑、わずかに淡ベージュ色～象牙色。肉は充実して白色、弱い粉臭があり、無味。ひだは密、小さく湾生、白色であるが縁部は時間を経て淡紫褐色を帯びる。柄は円柱状、65×4cm 以下、中実、傘と同色、基部で多数癒着する。

顕微鏡形質　胞子は広楕円形、5.5~6.5×3.5~4μm、無色、非アミロイド。担子器は円筒状、ほぼ 40×8μm、4 胞子をつける。肉の菌糸は径 3~8μm、クランプがある。

分布・生態　アフリカ、アジアの熱帯、日本の群馬以南に分布する。資料の生態写真とその株断面写真は神奈川県大和市（10 月）、他は綾瀬市（10 月）産。植物遺体を集めて埋め込んだ跡地など有機質の多い地上に生える。**メモ**　地球温暖化の影響で本州での発生が増加したことも考えられるがキノコに関心を持つ観察者が増えたことによって報告例が増えた事情もあると考えられる。食用になることから人工栽培品もある。文献：⑩⑫。

シジミタケ（アクゲシジミタケ）*Resupinatus applicatus* (Batsch)Gray

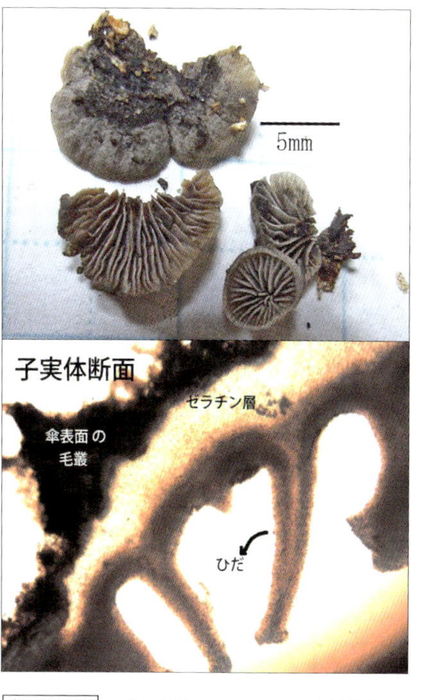

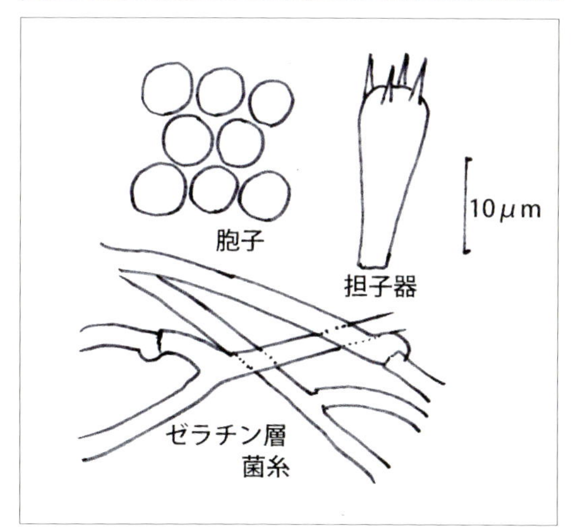

肉眼形質　傘は径 5~10mm、貝殻形～ほぼ円形、背面の一端または中心までの不定位置で基物に着き無柄。中心に近い位置で着く子実体は円形に近くなる。全体に黒灰色～灰褐色、表面は綿質、不明瞭な放射状しわがある。ひだは大ひだ約 8、小ひだ 3~5。

顕微鏡形質　胞子は球形、径 4.5~5.5μm、無色。シスチジアはない。担子器はこん棒状、ほぼ 20×8μm、小柄 4 個。傘の毛被は綿状にゆるく絡み、立ち上がった毛状菌糸が不均一な層を形成し、厚さ 100~150μm。菌糸は幅ほぼ 3μm、クランプがある。

分布・生態　北半球に広く分布し（豪州にも分布するという）、広葉樹の倒木、枯幹に生える（針葉樹にも着くという文献もある）。本資料は小田原市入生田、広葉樹倒木発生。

メモ　クロゲシジミタケ *R.trichotis* は傘上面基部の毛叢が黒く顕著なので肉眼で識別できるが顕微鏡的な明らかな差異は認められず、Pilzkompendium（ドイツ）は本種と同種として扱っている。シジミタケ類とヒメムキタケ類の黒系統の種類は肉眼的に酷似して識別困難なものが多く、検鏡が不可欠である。文献：⑬,57

ヒロハアマタケ　*Collybia effusa* Har.Takah.

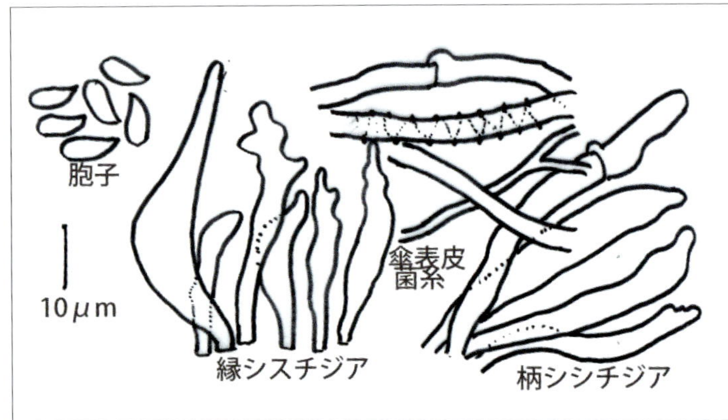

肉眼形質
傘は淡褐色～赤褐色、径 50mm 以下、丸山形から平らに開き、中央部がやや凹み、放射状に走る明瞭な溝線がある。肉は白色で薄く、特別な味や臭いはない。ひだはほぼ直生し疎で、柄に到達するひだは 11～17、淡色。柄は 55×3 mm、以下、ほぼ上下同大、中心生、中空、白色～基部淡色、全体に著しい粉状で,基部は白色綿毛状菌糸束に覆われる。

顕微鏡形質
胞子は楕円形、7~9×3.5~4μm、無色、非アミロイド。担子器はこんぼう状、ほぼ 30×8μm、4 胞子性。縁シスチジアは歪んだ円柱形～紡錘形などで頂部が細く伸びるものや瘤状突起のあるものなど多形、20~50×4~9μm、密生。側シスチジアはない。柄シスチジアは屈曲した円柱形、40~60×4~7μm、頂部が不規則な形を示すものもあり密生する。傘表皮の構成菌糸は径 2~6μm の錯綜菌糸で、一部の菌糸は色素粒を凝着している。

分布・生態
日本の冷温帯～暖温帯の針葉樹、広葉樹の倒木、落枝などに夏~秋、単生～叢生～少数群生する。本資料は逗子市神武寺産。

メモ　本種は日本きのこ図版No.1852 に青木実が紹介し、高橋春樹が正式に新種記載した。ごく稀な種類ではないが頻繁に観察できる種類ではない。文献：㉓

シロカレハシメジ（青木仮称） *Collybia* sp.

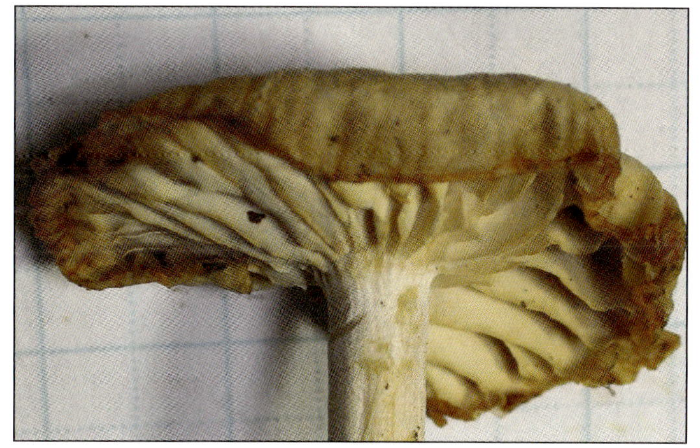

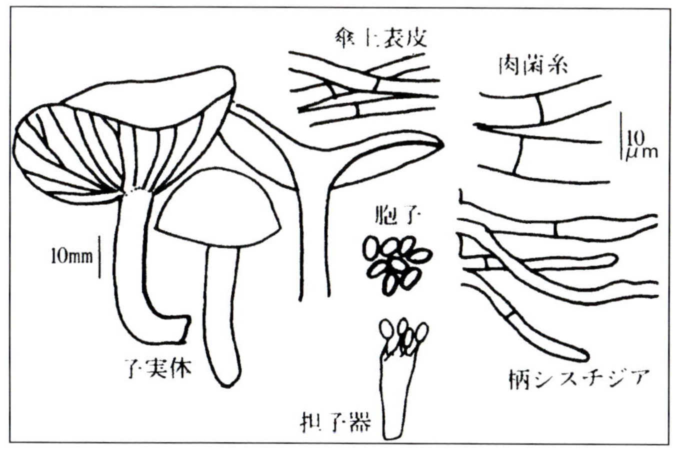

肉眼形質　全体汚白色～類白色、採取後時間経過とともに淡褐色を帯びる。傘は初め丸山形、後ほぼ平らに開き、ときに周辺が反転してじょうご形にもなる。径 80mm 以下、平滑。周辺には明らかな溝線を認める。ひだは疎で幅 5~10mm、やや厚く、ほぼ柄に直生～僅かに垂生する。柄は円筒状、30~50×5~10mm、頂部に垂糸があり、ほぼ平滑であるが頂部はやや粉毛状、基部には粗毛状菌糸束がある。

顕微鏡形質　胞子は楕円形、4.5~5.5×2.5μm、平滑、非アミロイド。担子器はほぼ 20×7μm、4 胞子を着ける。縁、側シスチジアは共にない。柄上部の粉毛（柄シスチジア）はほぼ 40×3~5μm の菌糸が不規則に伸びる。すべての菌糸にクランプはない。

分布・生態　埼玉県、神奈川県に記録がある。広葉樹林床の落葉中に少数群生。本資料は神奈川県山北町（丹沢山塊）2004.09.21、採取。

メモ　肉眼的には白色中形菌でひだが疎であり傘辺縁に溝線があること、顕微鏡的には菌糸が比較的短節でクランプを欠くことから他種と識別しやすい。日本きのこ図版№1052 に青木の記載がある。所属を青木氏の記載に従って *Collybia* としたが再検討の必要がある。

アシグロミドリカレハタケ（青木仮称）*Collybia* sp.

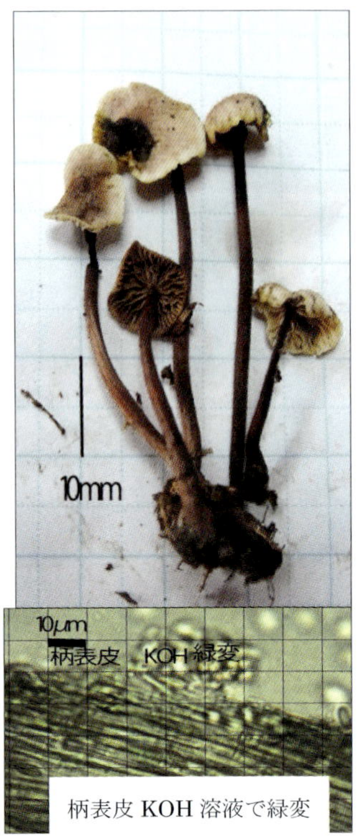

柄表皮 KOH 溶液で緑変

肉眼形質　傘は径 30mm 以下、中央部は紫褐色で周辺は淡色、ほぼ平滑。ひだは上生～直生、大ひだ 17~19 でやや疎、淡紫褐色。柄は 40×1.5mm 以下で上下同径、濃紫褐色。本種の子実体はアルカリ（KOH 液）に反応して緑変するという特異な性質がある。**顕微鏡形質**　胞子は楕円形、平滑、7~9×3~4μm、小油球を含み、非アミロイド。縁シスチジアは棍棒形、25~35×7~9μm、密生。側シスチジアはない。柄シスチジアは 25~40×6~8μm、散在。傘上表皮菌糸は並列し、幅 5~15μm。クランプがある。**分布・生態**　埼玉県、神奈川県で確認されているが恐らく全国分布種。雑木林の林床、林縁に生える。本資料は横浜市寺家ふるさと村、林縁、2012.10.28. 採取。**メモ**　本資料は青木実が日本きのこ図版No.1586 に記載した標記の種にほぼ一致するので同種と判断したが、その記載事項の「ひだの色が初めクリーム色のち淡黄土色」「胞子に油球なし」については一致しない。アルカリで緑変する類似種にミドリホウライタケ *Gymnopus alkalivirens* があるが、それは傘表皮が分岐菌糸よりなり、縁シスチジアは円筒状であるという。本種の所属は再検討の必要があるがここでは青木の記載に従う。

オキナツエタケ　*Hymenopellis amygdaliformis*

(Yang & Zang) R.H.Petersen

Xerula amygdaliformis (Zhu L. Yang & M. Zang) R.H. Petersen & Nagas.

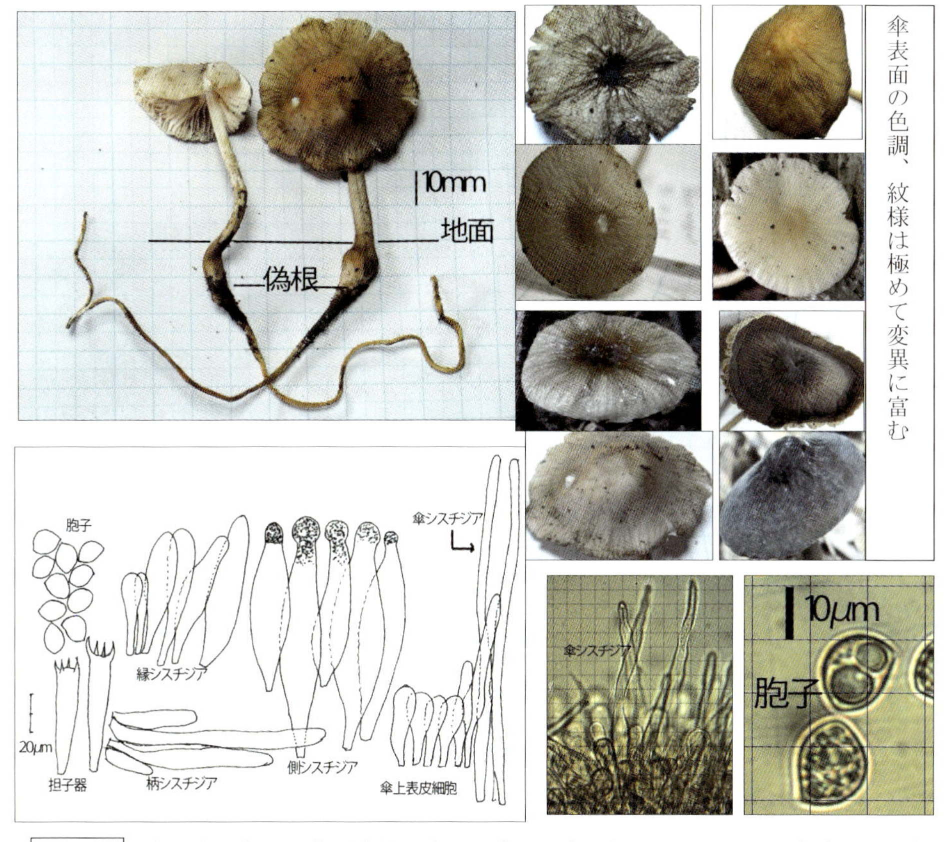

肉眼形質　大きさ、色調は甚だ変異に富む。普通、傘の径は3～10cm、灰褐色、中心部に多少とも隆起脈があり、周辺に小さな網目模様、放射状溝線を持つものが多く、湿時強い粘性を示す。しかし、この粘性は傘上表皮のゼラチン化によるものではないので乾いて全く粘性を示さない子実体では粘性の確認はできない。ひだは白色～わずかに淡紅色、直生～上生、大ひだほぼ25でやや疎、幅5~10mm。柄は5~15×0.4~0.7cm、細点を密布、基部の偽根移行部で太まり、偽根は細く伸びる。基質の埋材の深さにより偽根の長さには長短がある。**顕微鏡形質**　胞子は銀杏形（楕円形で両端が多少尖る）、15~18×11~13μm。縁シスチジアは頂部円筒の紡錘形～棍棒形、30~110×10~20μm、密生。側シスチジアはボーリングのピン形（頂部が半球形の紡錘形）、80~120×20~30μm、多くは頂部に樹脂状物質を被る。柄シスチジアは線形、30~200×10~18μm、叢生。傘上表皮細胞は棍棒形、30~50×10~20μm、傘シスチジア（傘の毛）は線形、50~300×8~15μm、散生。**分布・生態**　中国、朝鮮半島、日本に分布し、国内では暖温帯から冷温帯まで広く分布する。神奈川県低地で見る最も普通のツエタケ類は本種である。林床、林縁の地上に生えるが、地下の埋もれた材から発生する。**メモ**　ツエタケ類はまとめてツエタケの名で呼ばれていたが、近年(2005)、長沢らにより種別に和名が与えられたのでまだ和名に馴染みが薄い。旧属名は *Oudemansiella*、*Xerula* である。文献：88

チェンマイツエタケ　*Hymenopellis chiangmaiae*

(R.H. Petersen & Nagas.) R.H. Petersen

Xerula chiangmaiae R.H. Petersen & Nagas.

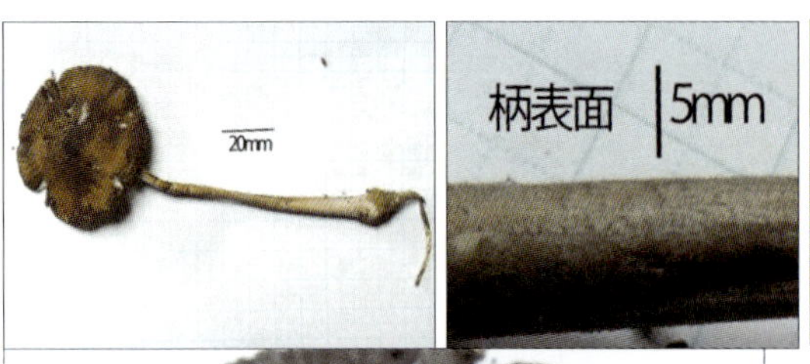

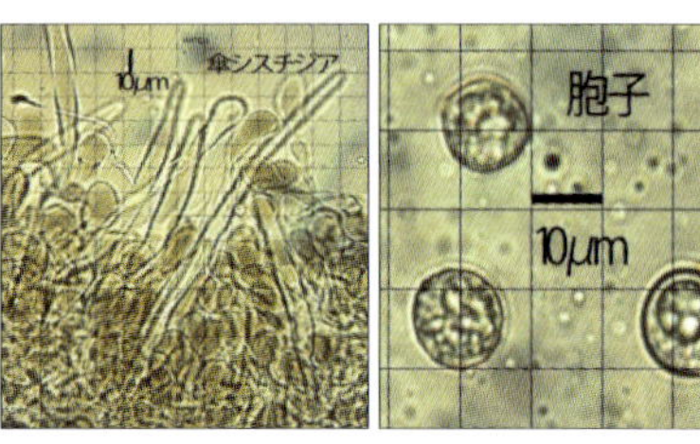

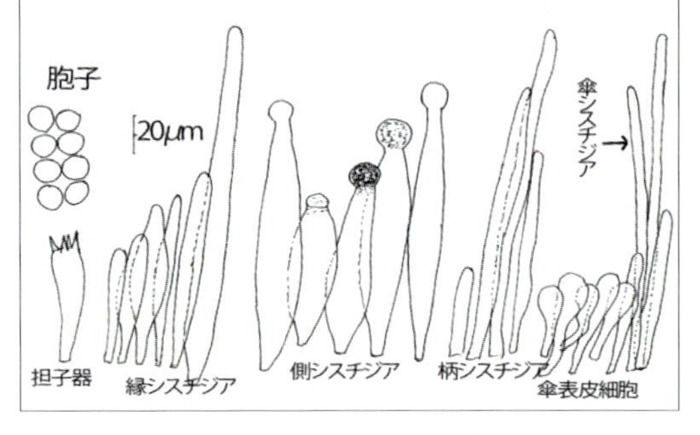

肉眼形質　多数の資料に接してないのでオキナツエタケのように変異が多いか否かについては不明。傘は普通、径 50~70mm、乾時はややビロード感があり湿時粘性で暗褐色、放射状のしわ、辺縁には溝線があり、ときに網目がある。本資料では辺縁に微細な網目がある。ひだは直生～上生で垂歯があり、大ひだ 25~30、やや疎、幅 4~6mm、白色または淡肉褐色を帯びる。柄は 40~80×2~3mm、細点を密布、基部で太くなり、偽根に移行して伸びる。

顕微鏡形質　胞子は類球形、径 10~14μm。縁シスチジアは円頭の狭紡錘形～太い線形、50~200×15~20μm、密生。側シスチジアはボーリングのピン形、80～150×15~30μm、頂部に樹脂状物質を被るものが多い。柄シスチジアは線形、30~200×5~10μm、叢生したものが肉眼的には細点に見える。傘表皮細胞は棍棒形、30~50×10~15μm。傘シスチジア（傘の毛）は 70~200×7~10μm、散生。 **分布・生態**　タイ、中国、ネパール、日本に分布。国内では広く分布していると考えられるが少ない。林床、林縁の埋材から発生する。本資料は横浜市で 10 月発生。**メモ**　オキナツエタケ（p.31）との相違点は本種の胞子が類球形であり、縁シスチジアが細いことであるが肉眼的な識別は困難。またマルミノツエタケ（p.34）との相違点は本種に傘シスチジア（傘の毛）が存在することであり、肉眼的にも傘に太い放射状隆起脈のない点が異なる。文献：88

ブナノモリツエタケ　*Hymenopellis orientalis*

(R.H. Petersen & Nagas.) R.H. Petersen.

Xerula orientalis R.H. Petersen & Nagas.,

肉眼的形質　傘は径 15cm 以下、湿時粘性、茶褐色、著しい網目あるものから全く網目のないものまで変異がある。ひだ、柄の様子はオキナツエタケ（p.31）、マルミノツエタケ（p.34）などと変わらない。顕微鏡形質　胞子は広楕円形、13~18×9~13μm。担子器はほぼ 65×12μm。縁シスチジアは棍棒形～紡錘形、60~90×12~20μm、密生。側シスチジアは散生し、類紡錘形～円筒状、頂部が円頭状にくびれる場合もあり、90~150×20~40μm、頂部に被覆物や内容物があるかまたはない。柄シスチジアは棍棒状、40~80×12~20μm、叢生。傘表皮細胞は棍棒形、30~40×15~20μm、毛状シスチジアはない。

分布・生態　日本のブナ帯に分布し、広葉樹林林床に生える。メモ　神奈川県周辺のブナ帯には本種のほかにオキナツエタケ、マルミノツエタケが分布する。肉眼形質によるオキナツエタケとの識別は困難で、顕微鏡による考察が不可欠である。マルミノツエタケは放射状隆起脈が顕著なのでほぼ肉眼で識別できる。文献：⑧㉔,88

マルミノツエタケ *Hymenopellis japonica* (Dörfelt) R.H. Petersen

Xerula japonica Dörfelt

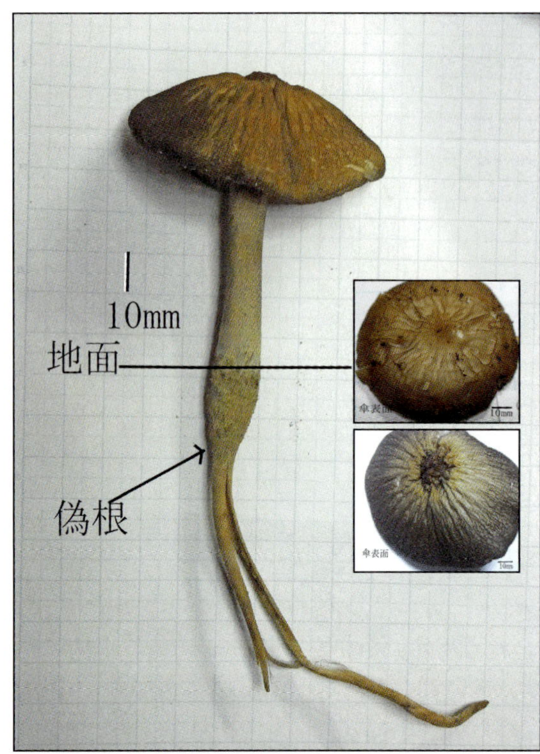

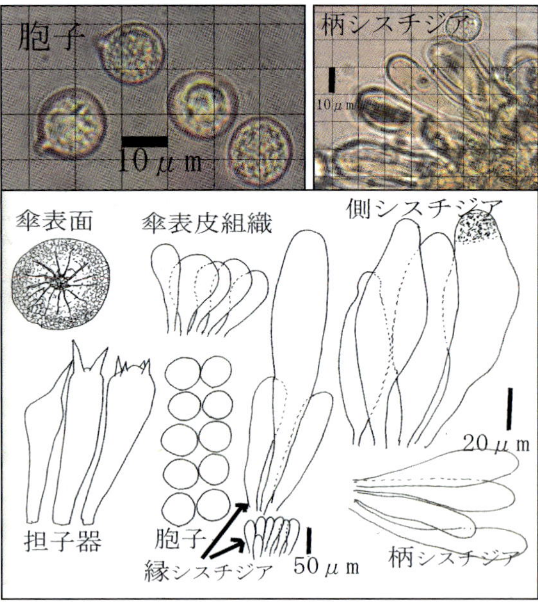

肉眼形質　傘は径ほぼ 80mm 以下、灰褐色~茶褐色、太い放射状隆起脈が目立ち、辺縁は小さい網目模様がある。ひだは白色、直生、大ひだ 35、小ひだ 3。柄は円筒形、細粒点を密布～散在、基部の地下部分は偽根となり基物まで細長く伸びる。

顕微鏡形質

胞子は無色、類球形、径 15~17μm。担子器は 60~70 × 18~22μm、小柄は 4 個出すものが多いが 1 ~2 個しか出さないものも混じる。傘表皮は 30~40 × 15~20μm の嚢状～短棍棒状細胞よりなる。縁シスチジアは長紡錘形、40~90×10~22μm、密生。側シスチジアは紡錘形、60~90 × 20~30μm、頂部に黄褐色の粘性物質を被るものもある。柄シスチジアは棍棒状、40~60×10~15μm、叢生して粒点を形成する。

分布・生態　中国、日本に分布し、国内では暖温帯から冷温帯まで広く分布がある。雑木林の林床、林縁に生える。

メモ　オキナツエタケ (p.31) やブナノモリツエタケ (p.33) の傘の表面模様は非常に変化が多いので肉眼的に傘で識別はできないが、本種は放射状の太い隆起脈と周辺の小さい網状模様という形態的特徴を具えているので他種との識別がほぼ可能である。柄基部の偽根の長さは地下の基物の深さによって長短がある。胞子球形の点で類似するチェンマイツエタケ *H. chiangmaiae* (p.32) は傘シスチジア (傘の毛) が存在し、肉眼的にも傘に太い放射状隆起脈はないことで識別できる。文献：⑱,88

フチドリツエタケ *Mucidula brunneomarginata*

(Lj.N. Vassiljeva) R.H. Petersen

Oudemansiella brunneomarginata Lj.N. Vassiljeva

肉眼形質 傘は茶褐色～淡暗褐色、径10cm以下、丸山形からほぼ平らに開き、不明瞭な放射状しわがあり、湿時粘性が強い。ひだはほぼ直生、白くてやや疎（大ひだ約20）で、幅広く、縁部は暗褐色に縁取られる。柄は円筒形、10×1cm以下、頂部は垂糸があり白色であるが、大部分は微毛状鱗片が覆って暗褐色のだんだら模様になる。

顕微鏡形質 胞子は広楕円形、15~19×10~11μm。担子器は4胞子型、50~90×11~13μm。縁シスチジアは紡錘形～棍棒形、60~100×10~20μm、密生。側シスチジアは紡錘形、100~120×20~25μm、散在。傘表皮は径10~20μmの球嚢～棍棒形細胞で構成され、太い線状、60~100×10~15μmの傘シスチジアが散在する。

分布・生態 ロシア、日本に分布。主に冷温帯域で広葉樹の枯れ木に生える。特にまれではないが出会う機会は少ない。本資料は神奈川県丹沢山。

メモ ひだに暗褐色の縁取りがあり、柄が顕著な暗褐色の絨状鱗片で覆われる特徴によって肉眼的に同定しやすい。頻繁に出会える種類ではない。日本きのこ図版No.528で青木実がアシグロヌメリタケの名で記載しているものは同種である。文献：⑩

トゲミフチドリツエタケ　*Dactylosporina brunneomarginata*

Ushijima,Nagas.& Kigawa

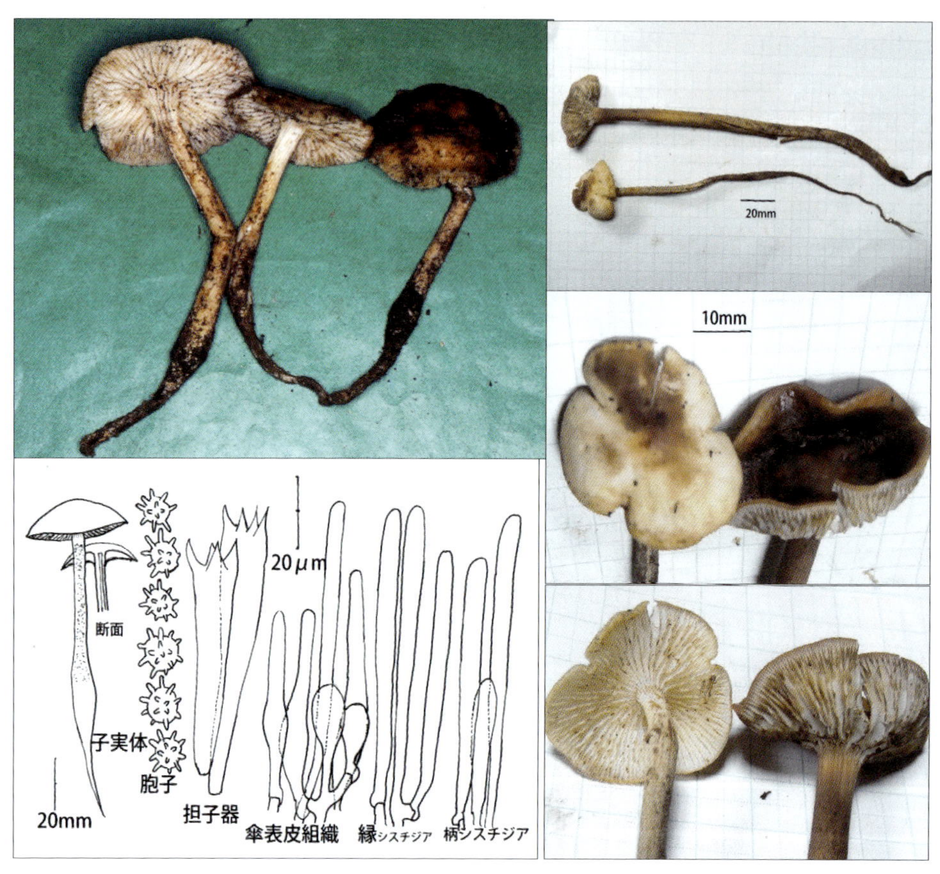

肉眼形質　傘は径 50mm 以下、低い山形から平らに開き、粘性が強く、暗茶褐色～橙褐色～淡暗褐色、平滑で、周辺わずかに放射状条線を示す場合がある。ひだは白く、垂生し、縁は褐色に縁どられ、傷ついた部分は変色する。柄は地上部が 80mm 以下、中空、傘と同色の細点を密布し、粘性がある。地下の偽根は長短変化が多い。

顕微鏡形質　胞子は無色、類球形で指状突起があり、突起を除いて径 8~13μm、突起は 4μm 以下。縁シスチジアは円筒状、60~100×6~10μm、赤褐色の油脂状内容物があり、密生する。側シスチジアは認められない。柄シスチジアは縁シスチジアに似て円筒状、45~95×6~9μm、赤褐色の油脂状内容物がある。傘表皮は有柄嚢状～長紡錘形～円筒状、20~90×5~12μm、油脂状内容物のある細胞が柵状に並ぶ。

分布・生態　東京都、神奈川県、鳥取県では早くから確認。記載発表されてから各地の採取情報が増えつつある。暖温帯域から冷温帯域の広葉樹林林床に生え、まれではあるが全国に分布するものと思われる。**メモ**　*Dactylosporina* 属は南米、ヨーロッパに分布が知られていたが、アジアでは初めての記録である。本種は傘も柄も粘性があり、ひだは縁取りがあり、垂生～湾生なので他のツエタケ類とは一見して識別できる。検鏡して指状突起のある胞子が確認されれば確実である。文献：⑱,99

マツカサキノコモドキ　***Strobilurus stephanocystis*** (Hora) Singer

肉眼形質 傘は径 30mm 以下、暗褐色が普通であるが変化が多い。ひだ上生、白色、大ひだ 30、小ひだ 3~5。柄は黄褐色、長さ 60mm 以下、最上部は白色、基部は偽根に移行、松かさが深ければ偽根は長くなる。その表面は微細な綿毛状菌糸束が土粒などを絡めて厚く着生しているため黒い房状に見える。

顕微鏡形質 胞子は楕円形、5~6×2.5~3μm、非アミロイド。縁シスチジアと側シスチジアは同形で頭状、30~70×15~20μm、散在し、頭部に厚く分泌物を被るものが多い。傘シスチジアは頂部半球形の円柱形～長紡錘形、25~80×7~9μm、頂部に分泌物を被るものもある。柄シスチジアは傘シスチジアに似て、30~60×8~10μm。何れも散在する。菌糸にクランプはない。

分布・生態 ヨーロッパ、中国に分布し、日本では全国的な普通種である。晩秋に地下に埋もれた古い松かさから発生する。松かさから発生するものにはニセマツカサシメジ（p.55）など類似のキノコが他にもあるが本種が最も普通。

メモ 地表近くの松かさから発生したものはほとんど偽根がないが深い地中の松かさから発生したものは長い偽根を持つ。スイス文献で本種（標記学名）の記載を見ると傘シスチジアを見ないという。傘シスチジアの有無はかなり大きな形質の違いと思われるが、同種なのか疑問が残る。文献：66

スギカワタケ（石川・青木仮称）　*Gloicocephala* sp.

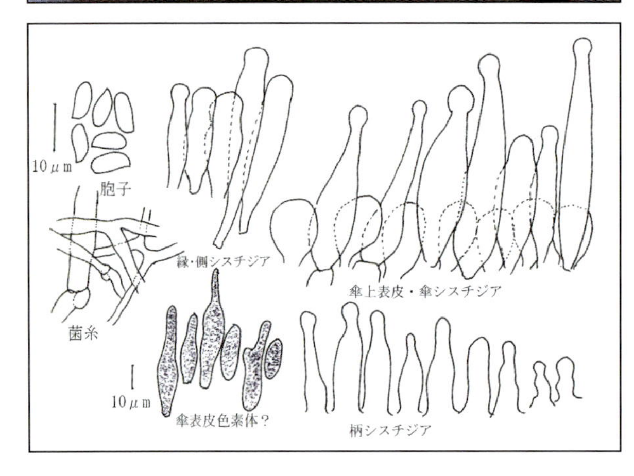

肉眼形質　傘は白色、径 25mm 以下、表面は微凹凸のある放射状のしわがある。ひだは直生ときに少し垂生、疎で柄に達するものが 13~18、分岐、連絡脈が顕著で目だつ。柄は細く、強靭、20~30×0.5~2.0mm、頂部だけは白いが、他ほぼ褐色～黒褐色、基部に菌糸叢はない。

顕微鏡形質

胞子は楕円形、7~10×3.5～4.5 μm、非アミロイド。縁シスチジアは頭状紡錘形～円筒状、30~60×7~10μm。側シスチジアも同形。傘上表皮は子実層状で球嚢状細胞からなり、傘シスチジアはほぼ頭球状紡錘形、30~80×10~20μm が存在するほかに褐色、10~30×8~15μm、不定形の構造物（色素体？）が散在する。柄シスチジアは頭球状紡錘形も含む円筒状、突起状など不定、15~40×7~15μm、多生する。

分布・生態　恐らく全国的な普通種であろうと考えられる。スギ材に限って生え、他のキノコ類の少ない早春から発生し、秋季にも発生を見る。本資料は厚木市飯山観音、1992.03.21 採取。**メモ**　本種については長沢栄史により *Gloiocephala cryptomeriae* Nagasawa の学名が用意されているという。日本きのこ図版№292、1155 に青木実の記載がある。

ホシアンズタケ　*Rhodotus palmatus* (Bull.:Fr.)R.Maire

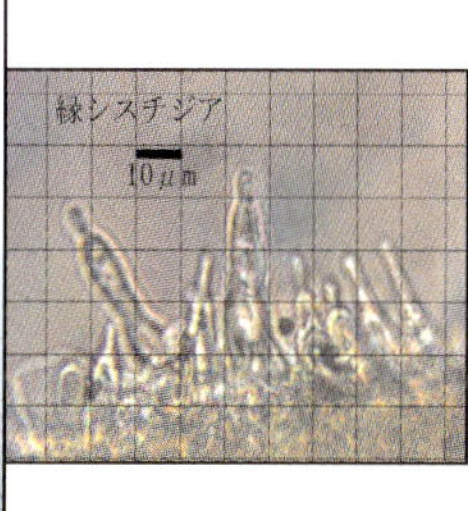

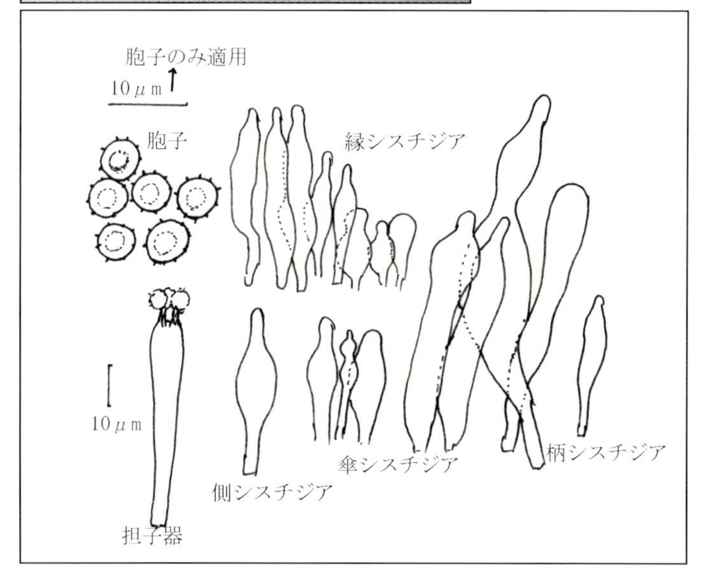

肉眼形質

傘は普通径 30~40mm、新鮮な子実体は桃紅色、やがて次第に退色し肉色～淡黄褐色になる。表面に網目状のしわがある。肉は白色。ひだはやや湾生し、垂糸がある、大ひだ 30、小ひだ 3~5。柄は円筒状、ほぼ 30×10mm、白色、垂糸に続く隆起条がやや目立ち、中実。若い子実体では橙褐色の液を分泌する。

顕微鏡形質

胞子は球形、無色、径 6~7μm、微細刺がある。担子器は細い棍棒状,ほぼ 50×10μm、4 胞子を着ける。縁シスチジアは紡錘形など多形、40~15×10~5μm、密生。側シスチジアは紡錘形、40×10μm、散在。傘シスチジアは縁シスチジアに類似するが、皺の部分では大形で 90×20μm にも達する。柄シスチジアは紡錘形、30×8μm。ひだ実質の菌糸は散開型で菌糸にはクランプがある。

分布・生態　北半球の冷温帯以北、国内では北関東以北に分布。本資料は奥日光産。腐木に生える。**メモ**　国内では初め北海道のみで知られていたが、次第に北関東以北での分布が明らかになってきた。しかし、発生は比較的稀であるという。若い子実体は美麗であるが退色は早い。文献：⑬

ヤマジノカレバタケ　*Gymnopus biformis* (Peck)Halling

Collybia biformis (Peck) Singer

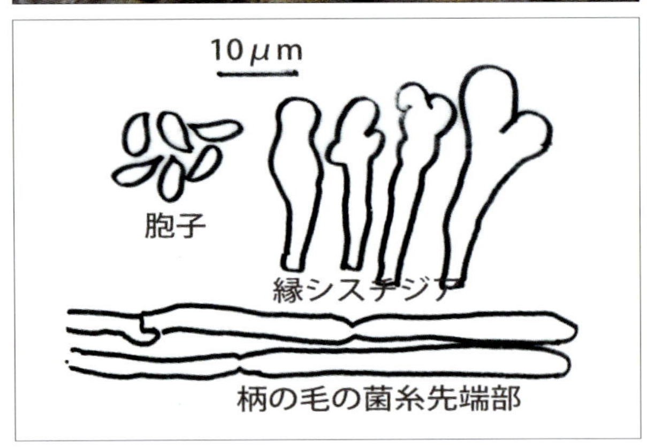

肉眼形質

傘は径 10~20mm、赤褐色～灰茶褐色、放射状条線があり、無毛、平らに開き、さらに縁部が反り返り、中央が凹む。肉は薄く、特別な味、臭いはない。ひだは密でほぼ直生、不完全な襟帯を作る。柄は3~7×1mm、傘とほぼ同色で普通下部が濃色、丈夫で、中空、開出毛に覆われる。

顕微鏡形質　胞子は楕円形、6~8×3~4μm。縁シスチジアは頂部が不規則なこぶ状突起のある円筒状～棍棒状、20～40×5～10μm。傘表皮は径 2~10μm の錯綜菌糸よりなり、一部には色素粒が凝着している。柄の毛は長さ150~300μm で密生する。毛の構成菌糸は径 3~5μm、ときに狭窄部のある糸状。

分布・生態

北米・日本の冷温帯～暖温帯に分布し、林床（広葉樹、針葉樹）、林縁、公園などの落葉に群生する。

メモ　本種は青木実が日本きのこ図版No.767 にオチバツエタケの名で紹介したものと同種。神奈川キノコの会では長らくその名で記録してきたのでその名がなじみ深い。同定には柄の開出毛と不規則な瘤突起を具えた縁シスチジアの検鏡確認が大事である。柄に毛を密生する *Gymnopus* の類似種は多い。

ハイチャカレハタケ（青木仮称）*Gymnopus* sp.

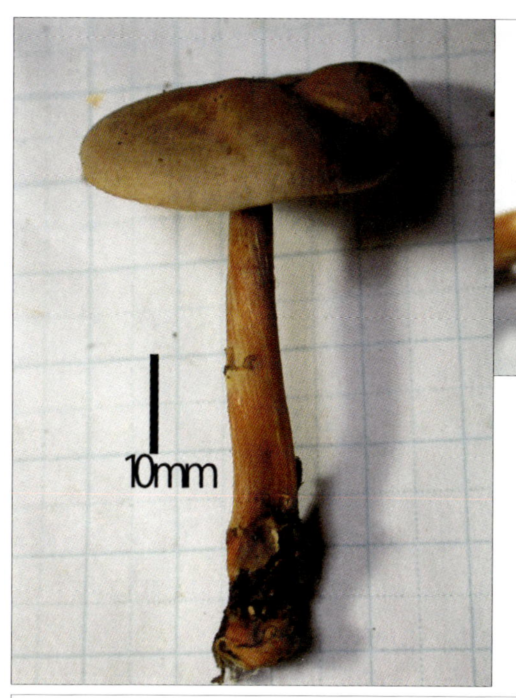

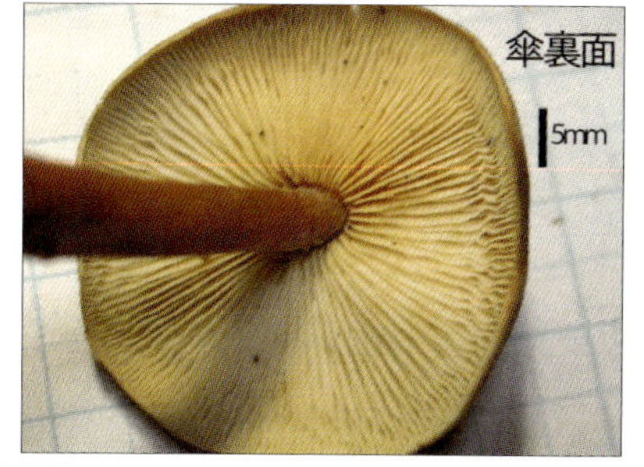

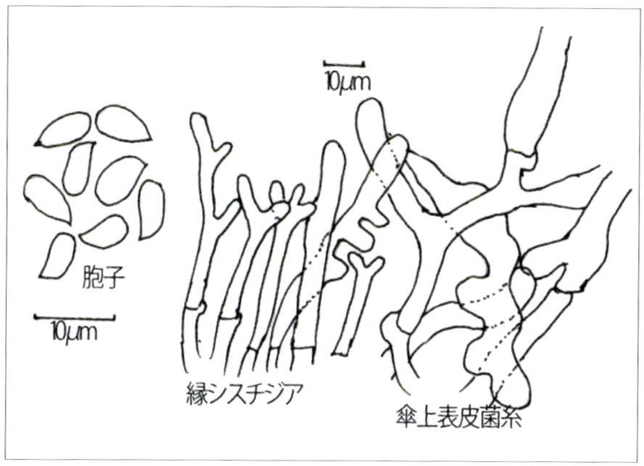

肉眼形質 傘は径ほぼ 30mm、丸山形から開いてほとんど平らになる。表面は茶褐色、平坦、粘性も条線もない。ひだは淡クリーム色、上生し、大ひだ 40~45、やや密。柄は円筒状中空、傘と同色、50×3mm 以下、基部は膨れ、菌糸束を着ける。

顕微鏡形質 胞子は楕円形、無色、5~7×3~3.5μm、非アミロイド。担子器は棍棒状、ほぼ 25×5μm、4 胞子を着ける。縁シスチジアは頂部が 2 叉または不規則に分岐した円筒状や無分岐の円筒状など、15~70×3~5μm、密生する。側シスチジアはない。ひだ実質菌糸は並列型、径 5~7μm。傘上表皮は広狭不規則で径 4~20μm の不規則な分岐の多い菌糸からなる。菌糸にはクランプがある。

分布・生態 埼玉県・神奈川県・静岡県では確認されているが全国分布は未調査。しかし、神奈川県では普通種であり、富士山太郎坊（標高 1300m）でも観察されるので低地から山地まで恐らく広く分布すると考えられる。雑木林の林床や林縁の落葉上に少数群生する。**メモ** 本種は日本きのこ図版№1368 に青木実の記載がある。縁シスチジアおよび傘上表皮菌糸の形状が特異なので検鏡すれば比較的他種との識別は容易である。

サカズキホウライタケ　*Micromphale pacificum* Hongo

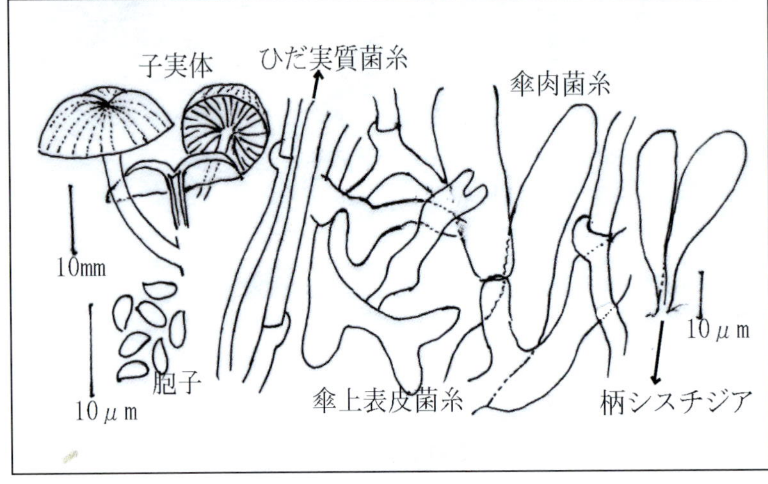

肉眼形質 傘は径30mm程度、淡褐色、まんじゅう形からほぼ平開、中心はへそ状に凹み、長い放射状条線がある。ひだは直生、疎、大ひだ18~20。柄は細棒状、20×2mm、淡褐色～黒褐色、平滑、中空。

顕微鏡形質 胞子は楕円形、4~5×2.5~3µm、非アミロイド。4胞子型。縁・側シスチジアはない。ひだ実質菌糸は並列型、幅2.5~5µm。肉菌糸は膨大部分のある広狭不定で、幅5~20µm。傘上表皮は不規則に錯綜し、末端が広がり、粗く分岐するなど複雑に変化するものが多く、幅5~15µm。菌糸にはクランプがある。柄シスチジアはほぼ棍棒状、50×15µm、散在する。

分布・生態 ニューギニア、日本に分布し、西日本ではシイ樹林に普通に発生するという。国内の暖温帯以南では広く分布すると思われる。神奈川県では平塚市万縄の森、真鶴半島で確認。広葉樹の倒木、落枝などに生える。本資料は平塚市万縄、7月発生。

メモ 本種について原色新日本菌類図鑑（1）では標記学名の菌に極めて近いとされていたが本郷論文選集では同種とされている。その記載文では傘表皮菌糸構造や柄シスチジアには触れられていない。しかし、記載されている内容には一致するので神奈川県に分布する資料標本を標記の種と同定した。文献：⑩㉚

スギノオチバタケ *Marasmius capitatus* Har.Takah.

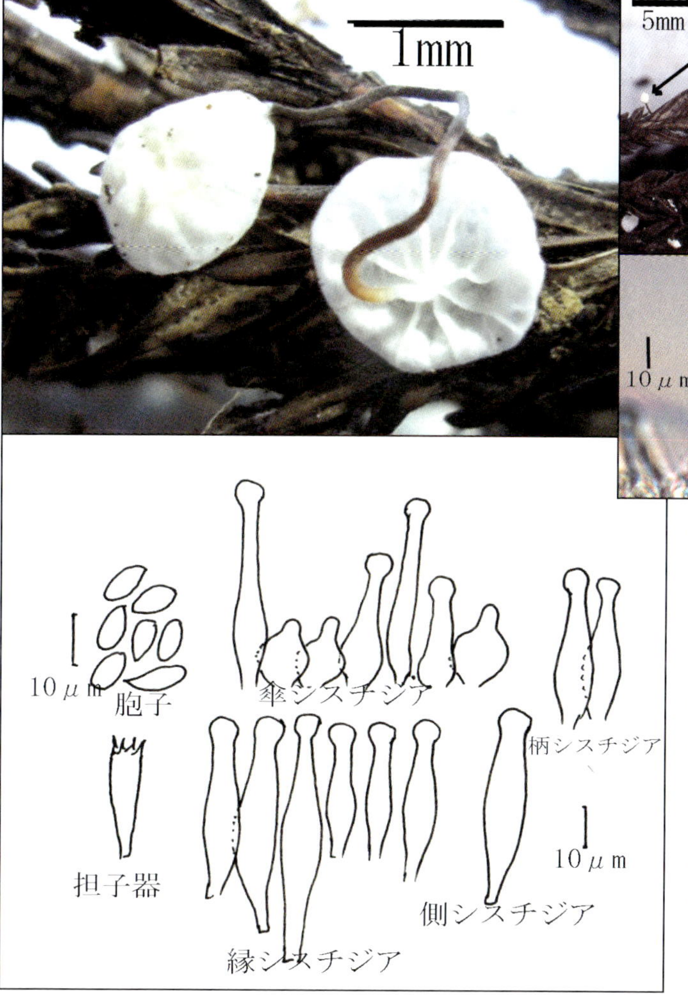

肉眼形質

傘は径ほぼ3mm以下、白色、表面は浅い溝線があり、ルーペでは白粉毛状に見える。ひだは5~7、連絡脈は目立たない。柄は糸状の中心生、円柱形、4~6×0.2~0.3mm、頂部0.5mmほどは白く、以下は暗褐色、ルーペでは表面が粉毛状に見える。

顕微鏡形質

胞子は楕円形、9~10×4~5µm、非アミロイド。縁シスチジアは細いこけし形、30~55×7~9µm。側シスチジアも同形、同大で散在する。傘表皮は子実層状組織で、球嚢状～棍棒状～洋梨形の細胞からなり、縁シスチジアと同形の多数の傘シスチジアがある。柄シスチジアも縁シスチジアと同形の細いこけし形で20~40×7~9µm、多生。菌糸にクランプあり。

分布・生態

神奈川県のスギ林ではやや普通なので少なくとも暖温帯域のスギ林には広く分布すると思われる。10~11月、スギの落枝の葉に群生する。

メモ

小さなキノコであるが白くて群生するので、見つけるのは容易である。神奈川キノコの会でスギノハタケと仮称していたものが同種である。顕微鏡的特徴はスギカワタケ（石川・青木仮称）（p.38）に類似している。文献：㉓

マダラホウライタケ *Marasmius maclosus* Har.Takah.

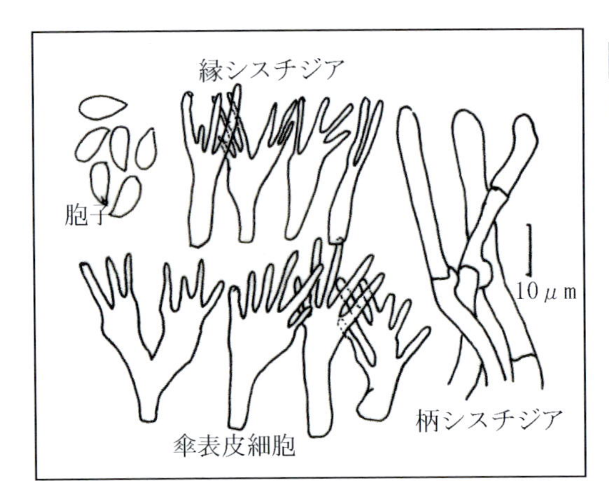

肉眼形質 傘は栗褐色〜黄褐色、色調には変異があり、不明瞭な濃淡の斑模様がある。表皮が裂けてやや鱗片状になる場合もある。低い山形で径40mm以下。ひだは上生、やや疎、柄に達するひだはほぼ18、縁部は栗褐色に縁取られる。柄は円柱状、80×2.5mm以下、中空、頂部以外はほぼ傘と同色、基部には綿状菌糸体がある。

顕微鏡形質 胞子は楕円形、8~11×4〜5µm、無色。縁シスチジアはほうき状細胞で、指状突起部は栗褐色、ほぼ 30×7µm、密生。側シスチジアはない。傘表皮細胞はほうき状細胞、ほぼ35×10µm、指状突起部は栗褐色。柄シスチジアは円柱形、褐色、60×6µm以下、菌糸にクランプがある。**分布・生態** 神奈川県、千葉県に記録がある。神奈川県沿岸地域（鎌倉市、平塚市、大磯町、小田原市）ではやや普通に見られる。恐らく国内の暖温帯南部には広く分布すると考えられる。林床、林縁に落葉を絡めて厚い菌糸体マットを形成し、群生する。**メモ** ハリガネオチバタケ節に属し、やや大形で傘は色模様が不均一、ひだは疎で縁取りがあり、柄基部下には厚い菌糸体マットがあるなどの特徴から肉眼で識別できる場合が多い。迷う場合も検鏡すれば傘表皮のほうき状細胞が近似種に比べ明らかに大きいので同定は容易である。神奈川キノコの会で仮称として用いてきたクリイロオチバタケ（平塚博物館資料46、1997）は同種である。文献：⑱㉓

ユキホウライタケ　*Marasmius nivicola* Har.Takah.

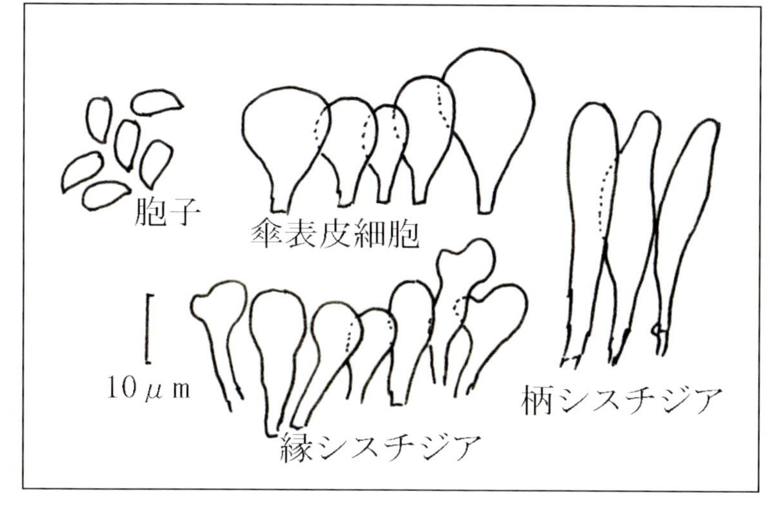

肉眼形質　傘は径 30mm 以下、初め丸山形のち伏皿状、ときに中央が褐色を帯びる外は純白色、やがて全体淡褐色を帯びる。ひだは上生、柄に達するひだはほぼ 20、連絡脈がある。柄は円筒状、40×2.5mm 以下、白色、中空、表面微粉状、基部は綿状菌糸体を被り菌糸体マットに連なる。

顕微鏡形質　胞子は楕円形、6~8×3~4μm、無色、非アミロイド。縁シスチジアは棍棒状、しばしば頂部は瘤突起や分岐があり、10~20×5~10μm。側シスチジアはない。柄シスチジアは棍棒形～紡錘形、30~45×5~10μm。傘表皮は子実層状で細胞は広棍棒状、大きさやや不均一、15~30×5~15μm。菌糸にクランプあり。

分布・生態　埼玉県、東京都、神奈川県に記録がある。韓国に分布が確認されたという。神奈川県ではやや普通種。林床、林縁の落葉に菌糸体マットを形成して群生する。

メモ　子実体はほとんど純白色で、落葉に菌糸マットを作り、群生する特徴によって肉眼で本種を同定できる場合が多い。日本きのこ図版№852 に青木実が標記の名で記載したものが同種である。文献：㉓

ヒカゲオチエダタケ（ヒカゲオチバタケ）*Marasmius occultatus*

Har.Takah.

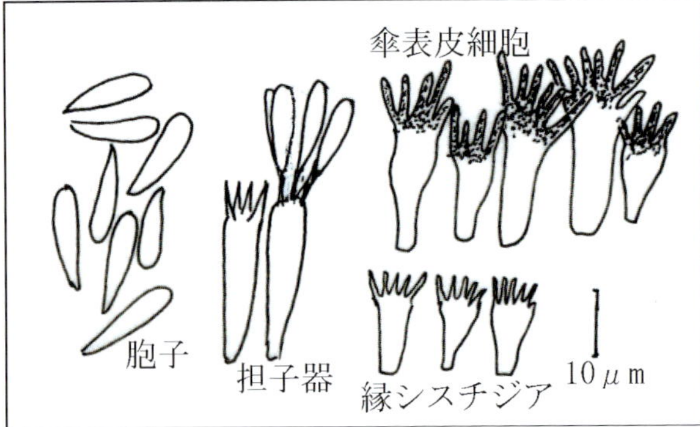

肉眼形質 傘は初め半球形、のちほぼ平開、径30mm以下、褐色〜橙褐色、普通中央部は濃色、周辺に不明瞭な溝線がある。肉はごく薄く、淡褐色。ひだは上生、柄に達するひだはほぼ20、縁どりはない。柄は円筒形、90×1.5mm、光沢があり傘と同色、中空、強靭、基部は綿状菌糸体が目立つ。

顕微鏡形質 胞子はこん棒形、14~16×3~4μm、無色、非アミロイド。担子器はこん棒形、ほぼ30×6μm、4胞子性。縁シスチジアはほうき状細胞、12~15×5~6μm、無色なので見落とし易く、また分布にむらがあり縁部によって存在しない場合もあり、ややまとまって分布するか少数しか分布しない場合もある。側シスチジアはない。傘の表皮細胞はほうき状細胞、20~30×5~9μm、指状突起部は茶褐色。菌糸にはクランプがある。

分布・生態

埼玉県、神奈川県に記録がある。神奈川県ではごく普通種。林床、林縁の落ち枝、積み重なった落葉に生える。写真の左は落枝、右は落葉に発生したものである。国内暖温帯地域には広く分布すると思われる。

メモ ミヤマオチバタケに似るが本種のひだには縁取りがない。顕微鏡的にはかなり違うので識別に迷うことはない。神奈川県低地ではミヤマオチバタケとの出会いはやや稀で、本種が普通種である。本種は青木実が日本きのこ図版No.304にヒカゲオチバタケの名で紹介し、高橋春樹が正式に新種として記載した、本種は落葉ではなく落枝に生えるとして和名はヒカゲオチエダタケを提唱した。確かに落枝に生える場合も多いが落葉に生えることも稀ではない。したがって、ヒカゲオチバタケの名も実態に矛盾しない。文献：㉓

カエンオチバタケ（カバイロオチバタケ）*Marasmius opulentus* Har.Takah.

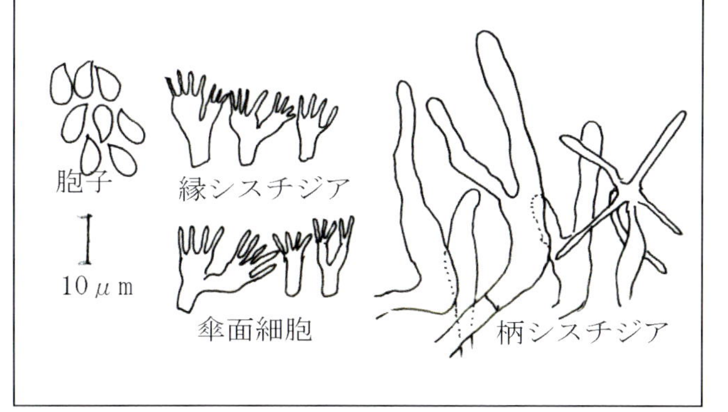

肉眼形質
傘は鮮やかな赤橙色、径20mm 以下、丸山形から平開、平坦平滑、明らかな溝線や条線はない。肉は薄く類白色。ひだは上生、やや疎、柄に達するひだは 20 程度、縁部は橙色に縁取られる。柄は円柱形、35×1.5mm 以下、強靭、中空、頂部はほとんど白く、下部に向かって次第に橙黄色、黒褐色になり、基部は菌糸束が目立つ。

顕微鏡形質
胞子は楕円形、8~10×4~5µm、無色、非アミロイド。縁シスチジアは赤橙色の指状突起を持つほうき状細胞で 15×10µm 程度、密生。側シスチジアはない。傘表皮は縁シスチジアと同形で赤橙色の指状突起を持つほうき状細胞が密生。柄シスチジアは極めて多形で、円筒状、紡錘形、２分岐型、とげ状分岐型など、60~15×5~10µm、多生。菌糸にクランプあり。

分布・生態　暖温帯～亜熱帯に広く分布すると考えられる。記録は神奈川の沿岸帯各地、香川県琴平町、沖縄県石垣市。樹林の落葉に生える。本資料は神奈川県大磯町。2006.08.17、採取。**メモ**　本種は日本きのこ図版№55（1966）に豊嶋がカバイロオチバタケの名で紹介しているものが同種と考えられるのでその名を別名としたい。頻繁に観察できる種ではないが稀ではない。鮮橙色なのでよく目立つ。文献：㉓

クチキカバイロホウライタケ（仮称） *Marasmius* sp.

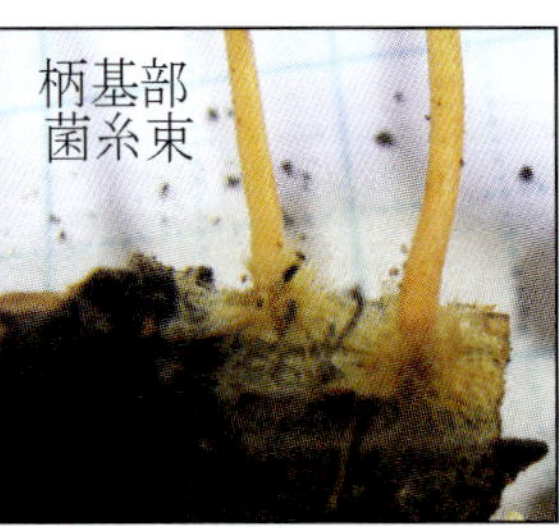

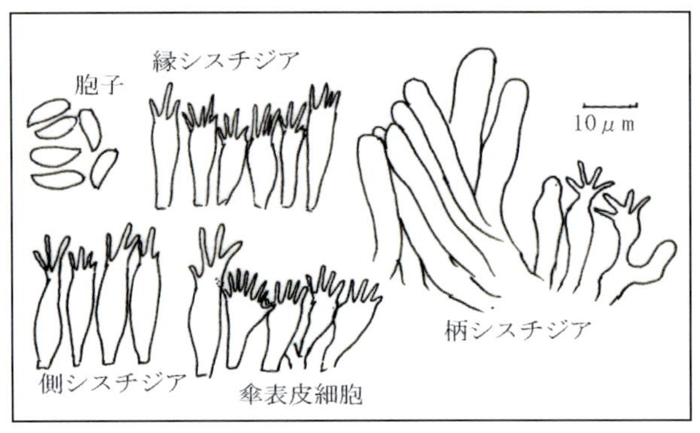

肉眼形質

傘は初め丸山形で鮮やかな赤橙色、次第に開いて低い山形で黄橙色となり、径25mm以下、明らかな放射状溝線がある。肉はごく薄い。ひだは疎で柄に達するひだは8程度、縁部に縁取りはない。柄は円柱形、30×1.5mm以下、上部は淡色、下部は傘と同色、中空、強靭、基部には菌糸束がある。

顕微鏡形質

胞子は楕円形、8~10×3.5~4.5μm、無色、非アミロイド。縁シスチジアは頂部に指状突起のあるほうき状細胞、20~30×4~5μm、指状突起部も含め無色、密生。側シスチジアも同形、散在。傘表皮は縁、側シスチジアとほぼ同形で指状突起部は橙色の細胞から構成される。柄シスチジアは著しく多形で頂部が丸みのある円筒状、紡錘形、頂部がほうき状細胞的な指状突起を持つものなどがある。菌糸にクランプあり。

分布・生態 本資料は神奈川県真鶴半島で広葉樹腐木に群生する。2007.06.24、採取。真鶴半島はフルイタケ *Trametes tenuis* など暖地性～亜熱帯性のキノコの分布圏である。県内の他の地域で観察例がないことから恐らく亜熱帯性のキノコであろうと考える。

メモ カエンオチバタケ（p.47）に類似するが、本種は傘の溝線が明らかでひだに縁取りがなく、材上生であることで区別できる。稀なキノコである。

コオオホウライタケ（仮称）*Marasmius* sp.

滝田睦夫　写

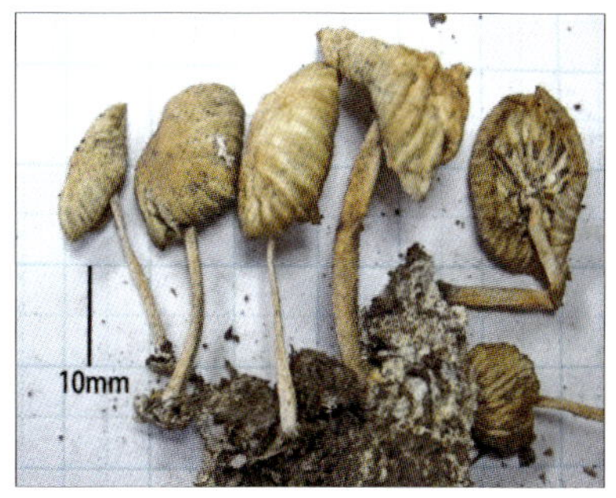

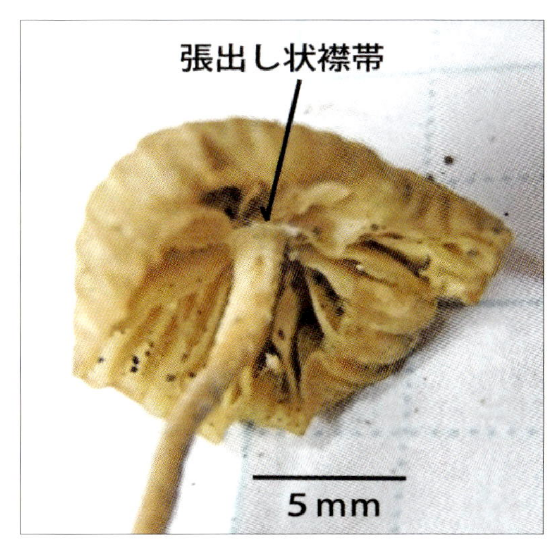

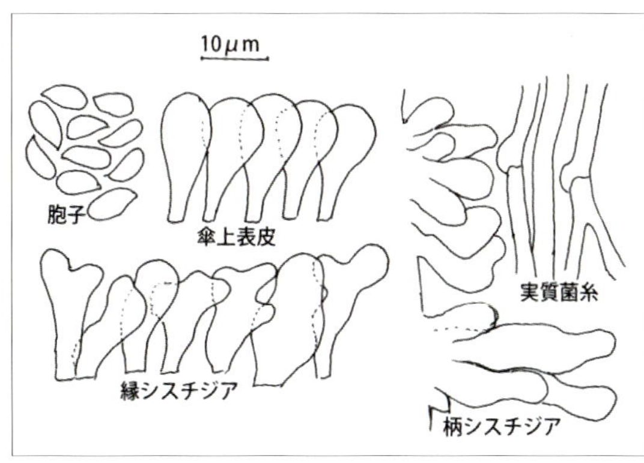

肉眼形質　一見、オオホウライタケの小形に酷似する。傘は径 50mm以下、低い山形に開き、ほぼ白色で淡褐色ときに淡青緑色を帯び、微妙な色調を見せる。放射状の明瞭な長い溝線がある。ひだは疎で大ひだ9~11、小ひだ 3~5。柄の頂部、ひだの基部に白色で粉質膜状の脱落性の構造物がある。写真では張出し状襟帯という造語で示した。特異な形質なので近似種との肉眼識別の有力な鍵となる。柄は 40×4mm以下、傘と同色で粉状鱗片がある。基部は菌糸膜（マット）に包まれる。

顕微鏡形質　胞子は楕円形、7~9×4~4.5μm。縁シスチジアは類棍棒形、類紡錘形でやや多形、15~20×8~12μm。側シスチジアはない。柄シスチジアは類紡錘形など多形、10~30×5~10μm。傘上表皮は子実層状で、ほぼ 20×15μm の棍棒状細胞よりなる。ひだ実質菌糸は径2.5~5μm、クランプがある。

分布・生態

雑木林の落葉に菌糸束マットを形成して少数群生する。本資料は神奈川県横浜市こども自然公園雑木林林床に発生、2012.09.09　採取。

メモ　オオホウライタケの小さい子実体とよく似ているが新鮮な子実体ではひだの基部に柄から張り出した白色構造物があることで識別できる。

シロシバフタケ（青木仮称）*Marasmius sp.*

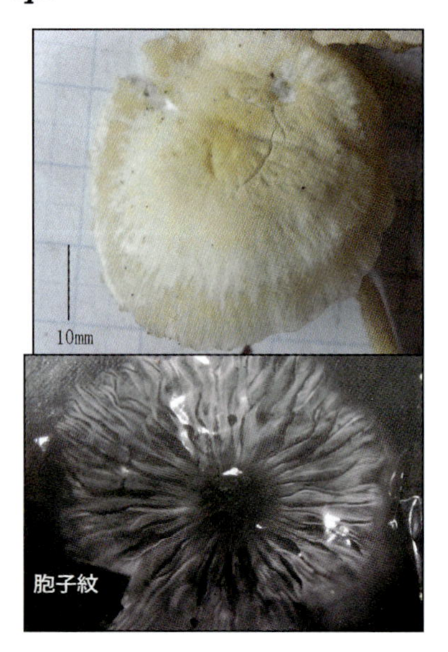

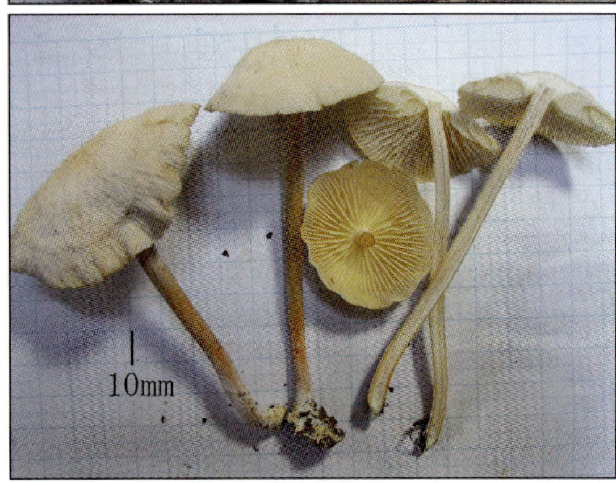

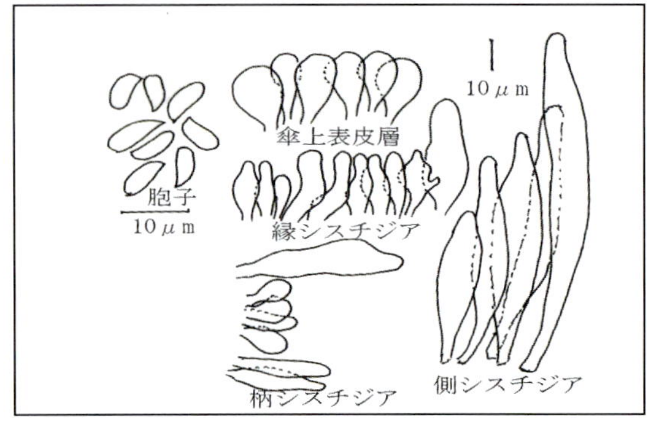

肉眼形質　全体に乾燥すると白っぽく見え、湿ると淡褐色を帯びる。傘は低い山形から平開し、径 30~50mm、表面は中央付近に微細な凹凸、しわがあるほか平坦で溝線を欠く。ひだは湾生～上生、大ひだ 22~25、小ひだ 6~14。幅ほぼ 8mm。柄は平滑、強靭、円筒形、60～80×5~8mm、中空。基部は白い菌糸束があり、落葉を絡めてマットを作る。胞子紋は白色。

顕微鏡形質　胞子は長楕円形、7~9×3~4μm、無色、非アミロイド。担子器は 2~4 胞子を着ける。縁シスチジアは小型で多形、ほぼ紡錘形、10~30×7~12μm。側シスチジアは大形で 60~120×10~15μm、子実層面から超出する部分は僅かでほとんど埋生状態、多数存在。柄シスチジアは形態、大きさ共に変化が多く 15~80×6~12μm、散在。傘上表皮層は子実層状、構成細胞は棍棒形、15~25×5~20μm。菌糸にクランプあり。

分布・生態　恐らく日本国内暖温帯域には広く分布すると思われる。落葉が堆積する林床に菌糸マットを形成して少数群生する。本資料は神奈川県真鶴半島産。

メモ　本種は青木実が日本きのこ図版№108 に標記の名で紹介している（№787 チャシバフタケも恐らく同種）。また高橋記載のアミガサホウライタケ *M. brunneospermus* も、その子実体写真、検鏡図を見ると同種の感が強いがその胞子紋は褐色という。高橋春樹が紹介しているモリノホウライタケ *Marasmius silvicola* Singer は正に同種かと思われるが記載文献に接していないので検討課題とする。

トゲシロホウライタケ（青木仮称）*Marasmius* sp.

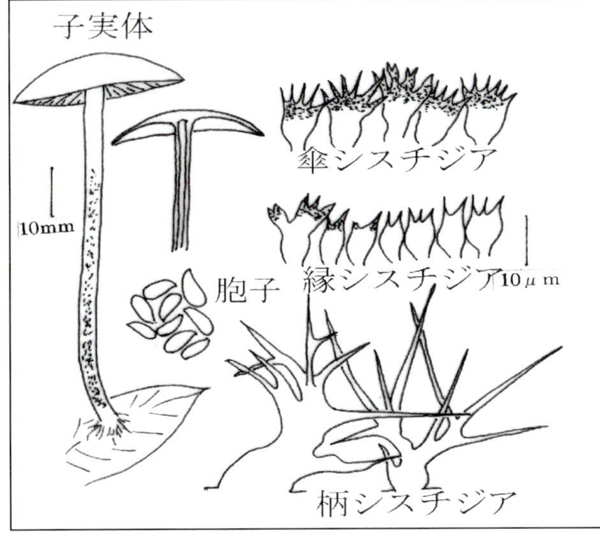

肉眼形質　傘は径 25mm 以下、白〜淡褐色〜オリーブ色を帯びた黄褐色、平坦または低いしわがある。ひだは白色、上生~湾生、大ひだ約 20、小ひだ約 5。柄は長さ 40mm 以下、上部は白く、中部以下は光沢のある黒褐色。基部に菌糸叢がある。

顕微鏡形質　胞子は楕円形、9~11×3.5~4μm。縁シスチジアはほうき状、10~25×4~8μm。傘シスチジアもほうき状、10~25×4~8μm。柄シスチジアは有柄の分岐したとげ状で大きく目立ち、40~50×10~20μm。菌糸にクランプあり。

分布・生態　関東南部低地では普通種である。雑木林の林縁で落葉、落枝に生える。

メモ　傘の色が初め白く、次第に淡オリーブ褐色から褐色に変化するので肉眼的に同定は困難。日本きのこ図版№112 に青木の記載がある。トゲホウライタケ（石川・青木仮称）（p.52）に似るがそれは傘が初めからオリーブ褐色で、本種よりひだがやや密、顕微鏡的に柄シスチジアが無柄であることで識別できる。

トゲホウライタケ（石川・青木仮称）*Marasmius* sp.

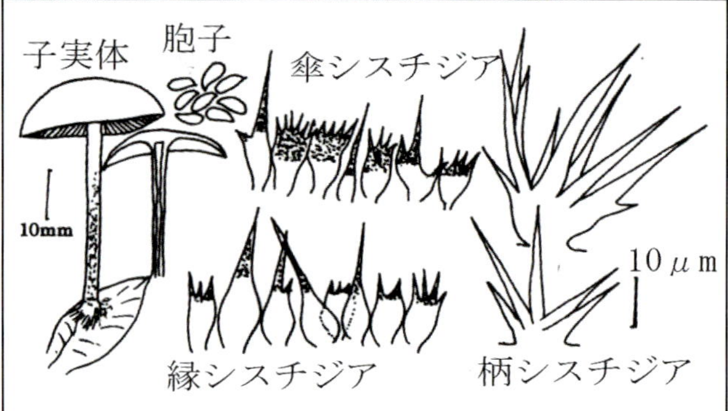

肉眼形質 傘は径ほぼ25mm、オリーブ色を帯びた淡褐色で平滑、ひだは白くやや密で、大ひだ約40、小ひだ3~5。柄は長さほぼ30mm、上部は白色、中部以下は光沢のある茶褐色で中空。基部には菌糸叢がある。

顕微鏡形質 胞子は楕円形、5~6×2.5~3μm。縁シスチジアは指数の少ないほうき状や鋭く尖る単一突起の細胞が混在し、15~30×5~10μm。側シスチジアは単一突起型が多く、10~25×5~10μm。傘シスチジアは縁シスチジアに類似する。柄シスチジアは分岐した顕著な刺状で目立つ。菌糸にクランプあり。

分布と生態 仮称命名者の資料は岡崎市採集。本資料標本は神奈川県大磯町高麗山産。分布は広いと思われるがややまれ。広葉樹倒木、落ち枝に生える。

メモ 本種はトゲシロホウライタケ（青木仮称）（p.51）に類似するが、本種は若く新鮮な子実体も有色であり、ひだがより密である。また顕微鏡的には縁、傘のシスチジアは明らかに異なり、柄スシチジアは類似するが本種の柄シスチジアは無柄である点で異なる。神奈川キノコの会会報くさびら№26、p.11のオリーブオチバタケ（仮称）は本種である。日本きのこ図版№270に青木実の記載がある。

ハダイロハリホウライタケ(仮称)　*Marasmius* sp.

肉眼形質

傘は径 40mm 以下、肌色～なめし革色、中央部はやや濃色、周辺は放射状溝線がある。ひだは傘と同系淡色、上生し、大ひだ 30~35、小ひだ 3~5、脈連絡は明瞭である。柄は 50×2~2.5mm 以下、上部は淡色でほとんど白色、中部以下は傘と同色、中空。

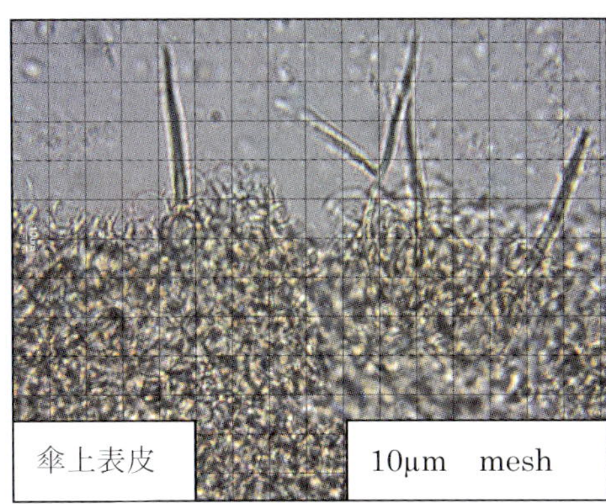

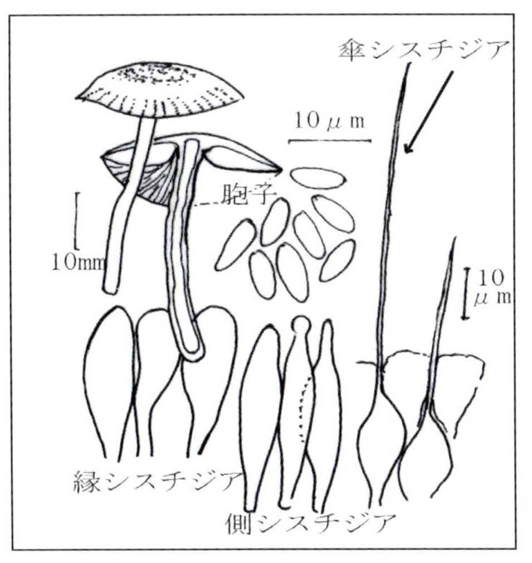

顕微鏡形質

胞子は長楕円形、8~10×3~4μm、非アミロイド。縁シスチジアは棍棒状が多いが紡錘形も混じり、30~40×10μm。側シスチジアは長紡錘形、40~50×7~10μm。傘上表皮は子実層状、各細胞は 5~10×10~15μm、傘シスチジアは針状で長さ 30~90μm。ひだ実質は偽アミロイド。菌糸にクランプあり。

分布・生態

神奈川県鎌倉市、平塚市、大磯町などではしばしば確認されるので暖温帯域には全国的にも広く分布すると思われる。8~9 月、広葉樹林縁、路傍の地下埋材や腐食の進んだ地上材に生え、群生する。

メモ

本種は針状の傘シスチジアを持つ特徴があるが、その分布量は子実体によって変異が大きい。分布量の多いものでは類似種との識別が比較的容易である。標記仮称は傘シスチジアの針状を強調し、くさびら№.22、p.11 の仮称ハダイロサクラタケを改めた。

クロニセホウライタケ *Crinipellis corvina* Har.Takah.

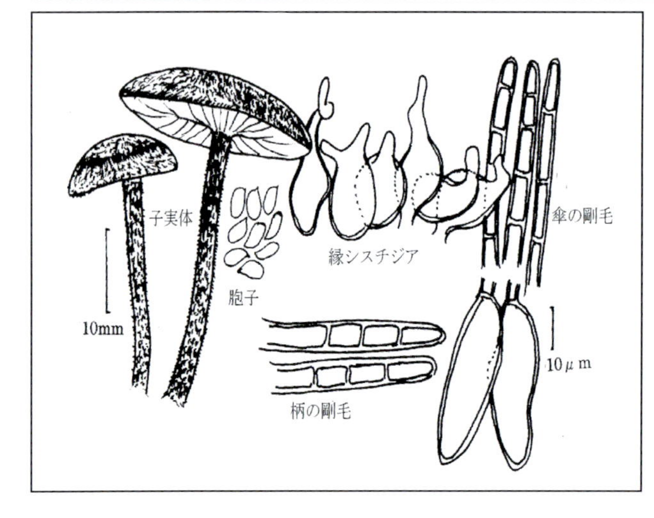

肉眼形質 傘は径 15mm 以下、伏皿形、同心円状環紋があり、紫黒褐色の剛毛に覆われる。ひだは上生、白色、柄に達するひだはほぼ 32、幅は 1.5mm 以下。柄は円筒形、30×1.5mm 以下、中空、紫黒褐色の剛毛に覆われる

顕微鏡形質 胞子は楕円形、6~8×3~4.5μm、無色、非アミロイド。縁シスチジアは多様な形態があるが、頂部に細く伸びた円柱状突起を備えた厚壁で楕円形が多く、30~40×10~13μm。側シスチジアはない。菌糸にクランプあり。傘の毛も柄の毛も偽アミロイド、厚壁で二次隔壁があり、およそ 1500×5μm。分布・生態 東京都高尾山、神奈川県愛川町八菅山、大磯町高麗山に記録がある。高橋春樹のタイプ標本は高尾山でツガ樹皮または落枝上に発生、八菅山産も針葉樹材であるが日本きのこ図版№365（青木）は高尾山で広葉樹の皮部発生という。

メモ 地味な色調の小菌なので見逃され易いが、傘、柄が紫黒褐色剛毛に覆われる特徴によって肉眼同定が可能。文献：㉓

ニセマツカサシメジ　*Baeospora myosura* (Fr.)Singer

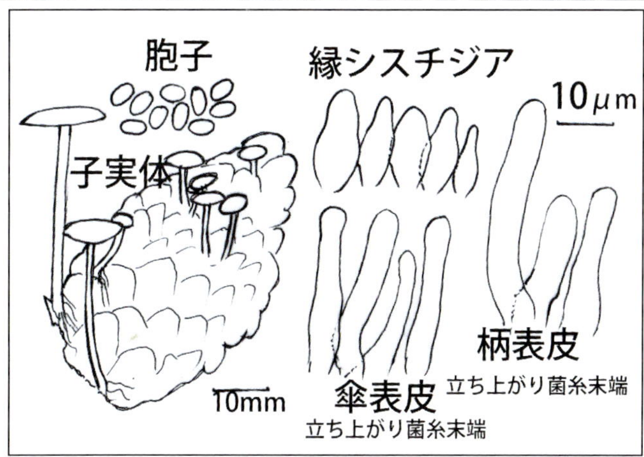

肉眼形質

傘は径 25mm 以下、淡黄褐色。ひだは上生、ほぼ白色、大ひだ 40、小ひだ 3~4。柄は長さ 60mm 以下、傘より淡色、基部に白色根状菌糸束が目立つ。

顕微鏡形質

胞子は楕円形、4~6 × 2.5~3µm、アミロイド。縁シスチジアは類紡錘形～円筒形、20~30×5~10µm、密生。側シスチジアも同形でごく少数。傘表皮の立ち上がり菌糸末端はほぼ円筒形、30~40×5~8µm、柄表皮立ち上がり菌糸末端も円筒形、30~60×8µm、叢生ときに単生。菌糸にクランプがある。

分布・生態

北半球の暖温帯以北に広く分布し、地中に埋もれた松かさから発生する。文献によればトウヒ属の球果にも生えるという。本資料は新潟県産。

メモ

生態や肉眼的形態がマツカサキノコモドキに類似するが菌糸にクランプがあり、胞子がアミロイドであるなど顕微鏡的には明瞭に異なる。肉眼的にもマツカサキノコモドキ（p.37）の柄の基部は偽根となり、微細綿毛状菌糸が土粒などを絡めて太い房状に見えるのに対し、本種は白い根状菌糸束が目立つなど明らかな違いがある。本種の傘や柄の表面の構造物は表皮の菌糸が立ち上がった末端で、シスチジア状に観察され、それらの形態、大きさには変異がある。文献：⑩

シロキクザタケ（石川・青木仮称）*Chaetocalathus* sp.

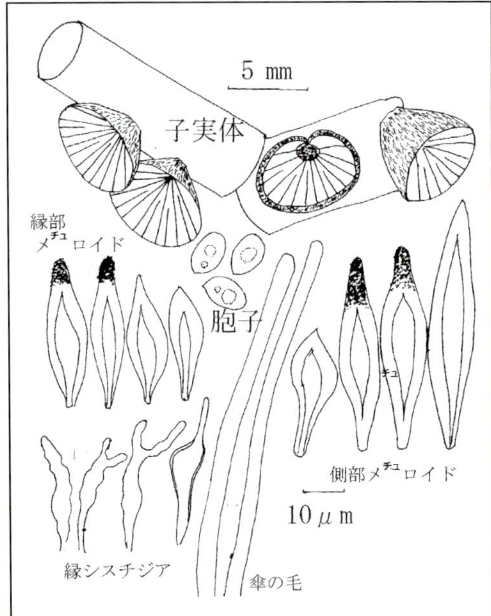

肉眼形質　全体白色、径ほぼ5mm、カップ状、その底部で枝に着く。その内側の傘内面中心に柄の痕跡が乳頭状突起として存在する。ほとんど中心性であるがときに偏心性が混じる。傘表面は絹糸状の軟毛に覆われる。ひだは疎で10~14。

顕微鏡形質　胞子は広楕円形、10~11×6~7μm、無色、非アミロイド。ひだ縁部、側部の厚壁シスチジア（メチュロイド）は紡錘形、多くは頂部に被覆物を被り、30~60×10~13μm、偽アミロイド。薄壁の縁シスチジアは頂部がしばしば2裂する不規則な細棒状、非アミロイド。菌糸にクランプあり。傘の毛は300~500×3~4μm、偽アミロイド。

分布・生態　愛知県豊田市、静岡県中伊豆、神奈川県逗子市、横浜市で記録がある。林中の立ち枯れの枝などに小群生する。検鏡資料は逗子市神武寺、2002.07.07. 採取。写真は横浜市新治の森、2008.06.01。メモ　本種は日本きのこ図版No.282（青木）に記載がある。日本の *Chaetocalathus* 属には本種のほかに正式に記載されたケカゴタケ *C.ehretiae*、ヒダフウリンタケ *C.fragilis*、*C.galeatus* があり、何れも熱帯系である。本種は暖温帯系で国内に広く分布するように思われる。文献：㉓

ミヤマシメジ　***Hydropus nigrita*** (Berk. & M.A.Curtis) Singer

宇都宮正治　写

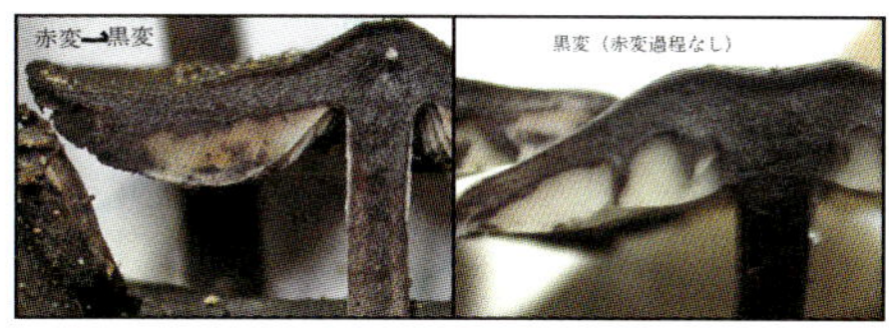

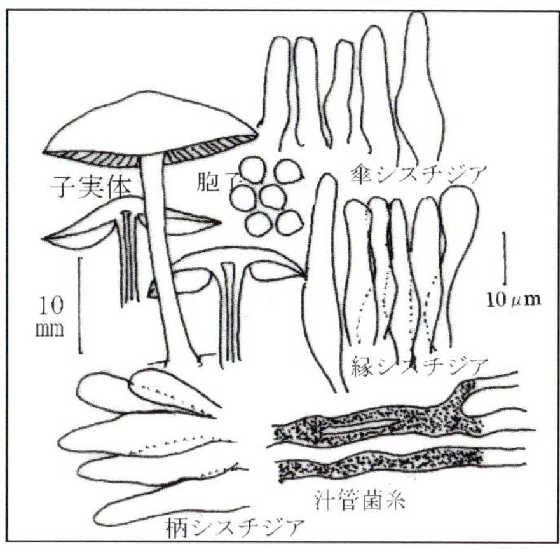

肉眼形質　傘は径 30mm 以下、暗黄土褐色〜梅茶色、こすれたり、古くなると黒変、傘面はほぼ平滑、不明瞭な放射状しわを認める場合もある。ひだは離生、柄に達するひだはほぼ 30、幅ほぼ 3mm、白色、次第に黒変。柄は円柱状、50×2.5mm、傘と同色やがて黒変。

顕微鏡形質　胞子は類球形、4.5~6×4~5µm、無色、弱アミロイド？。縁シスチジアは円柱状〜狭紡錘形、15~50×7~8µm。側シスチジアは認めない。柄シスチジアは紡錘形〜棍棒形など、10~35×5~8µm。傘シスチジアはほぼ円柱状、20~30×4~7µm。子実体各部に径 3~10µm の黒色汁管菌糸が密に走行。菌糸にクランプあり。

分布・生態　分布が明らかなのは北米、ヨーロッパ、日本。国内では東京、神奈川、山梨、滋賀、石川各県に記録がある。恐らく全国分布であろう。文献記録は何れも針葉樹材に生える（日本ではスギ）とする。スギ材発生も確認したが広葉樹材発生も複数例確認。

メモ　冷温帯性で針葉樹、広葉樹の何れにも着生する。子実体の各部ともに著しく黒変する特性がある。子実体によってやや赤変してから黒変するものと直ちに黒変する場合がある（右上写真参照）。外国文献の多くは学名に *H. atramentosus* を用い、*H. nigrita* をシノニム扱いにしているが、Index Fungorum はシノニム扱いにしていない。文献：③㉚,57,66,82

ニカワラッシタケ（ニカワアミタケ）*Favolaschia gelatina* Har.Takah. & Degawa

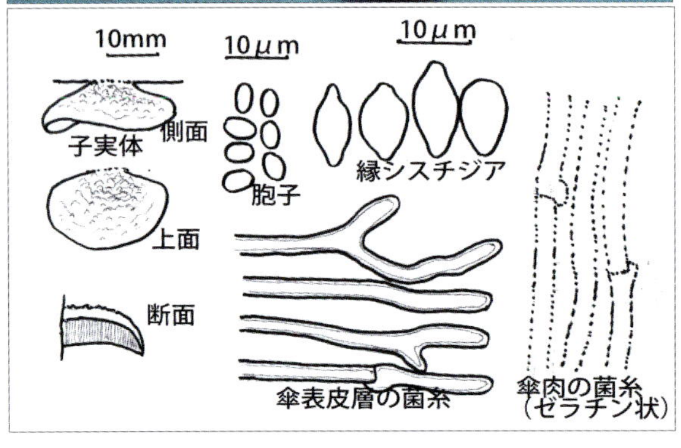

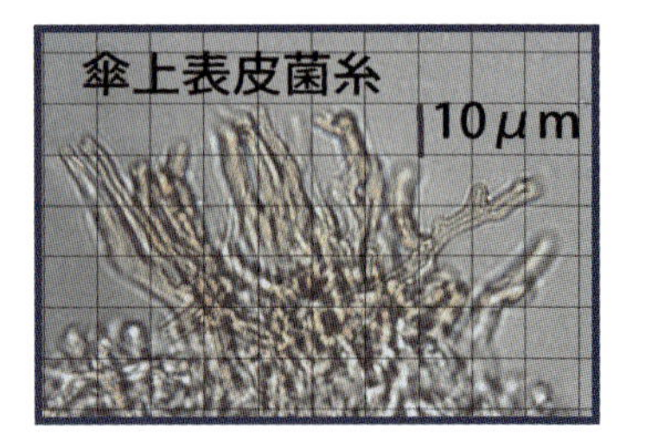

肉眼形質　子実体はヒラタケ型、柔軟で弾力に富む。傘の基部で着生し径ほぼ 15~30mm、厚さ５～10mm、上面は皺状凹凸が多く、橙褐色で基部には微毛がある。下面は白色、管孔状、孔口は 2~4 個/mm。傘肉及び管孔層ともにゼラチン状で、弾力、粘性があり、苦味がある。

顕微鏡形質　胞子は広楕円形、平滑、3~5×2.5~3μm、アミロイド。担子器は棍棒状、ほぼ 13×5μm、4 胞子型。縁シスチジアは類紡錘形、10~15×5~7μm、散在。側シスチジアはない。実質菌糸も肉菌糸もゼラチン化しており、径２～4μm、頻繁にクランプがある。傘上表皮は橙褐色の非ゼラチン化菌糸で、やや厚壁、径 3~5μm、ときにクランプがあり、しばしば分岐する。

分布・生態　東京都、埼玉、神奈川、静岡、兵庫の各県では確認されている。稀ではあるが暖温帯には広く分布すると思われる。広葉樹倒木などに生える。本資料は横浜市産。メモ　学名著者の高橋春樹は、本種には苦味がないこと、傘表皮菌糸が厚壁である点で、青木実が日本きのこ図版№331 に記載したニカワアミタケを別種であるとしているが、筆者は同種であろうと考えニカワアミタケも別名として標記した。本資料は苦味がある点で青木実の記載に一致し、傘上表皮の有色菌糸がやや厚壁でクランプがある点では高橋記載に一致することから同種と判断した。文献：㉓

コガネヌメリタケ　*Mycena leaiana* (Berk.)Sacc.

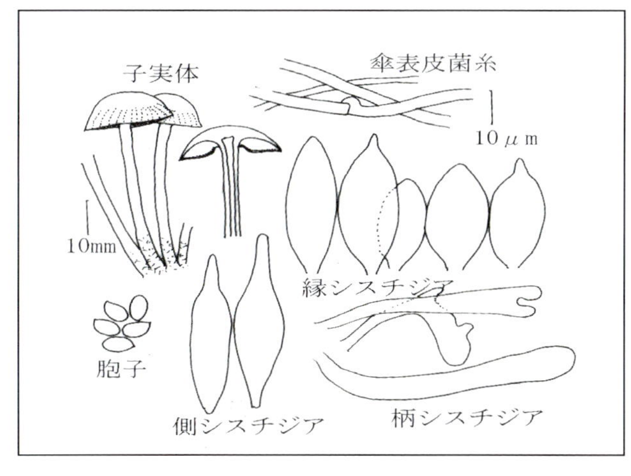

肉眼形質　傘は径 30mm 以下、低い丸山形、生育段階によって鮮やかな黄金色～黄褐色～暗黄土褐色となり、明瞭な放射状条線があり、著しい粘性がある。ひだはやや疎、大ひだ約 25、側面は淡黄褐色、縁部は黄金色。柄は長さ 40mm 以下、黄褐色、中空。

顕微鏡形質　胞子は楕円形、6~8×3.5~4μm、アミロイド。縁シスチジアは紡錘形、頂部が細く突出するものが混じり、30~40×10~15μm、黄金色で密生する。側シスチジアは細い紡錘形で 40~50×10~13μm 、黄金色、散在。柄シスチジアは不定形、40~60×10μm、黄金色、散在。傘表皮菌糸は並列し、幅 2~5μm、クランプがある。

分布・生態　北米、日本に分布、変種はオーストラリアにも分布がある。国内の冷温帯域（ブナ帯）には広く分布すると思われる。広葉樹の枯損部に群生する。神奈川県では丹沢に分布する。本資料は富士山西臼塚、2008.05.24　採取。**メモ**　原色日本新菌類図鑑ではナメアシタケ節に分類されているが本種の柄には粘性はない。日本きのこ図版№493 に青木氏の記載がある。傘に強い粘性があり、ひだは黄褐色で黄金色に縁取られている特徴によって他種との識別は容易である。

文献：⑩,45

サクラタケ　*Mycena pura* (Pers.:Fr.)Kummer

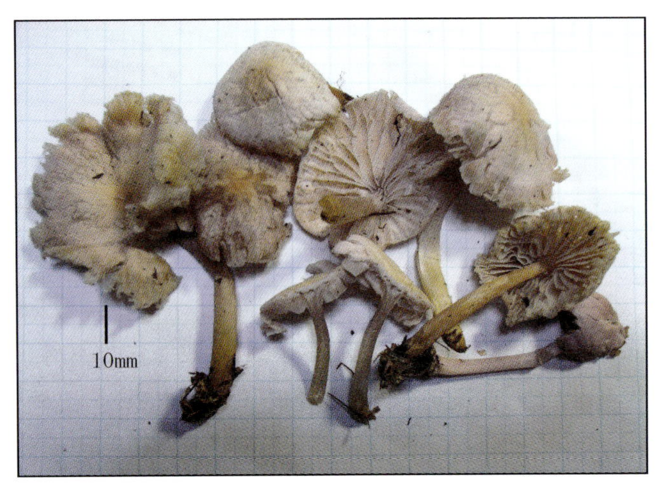

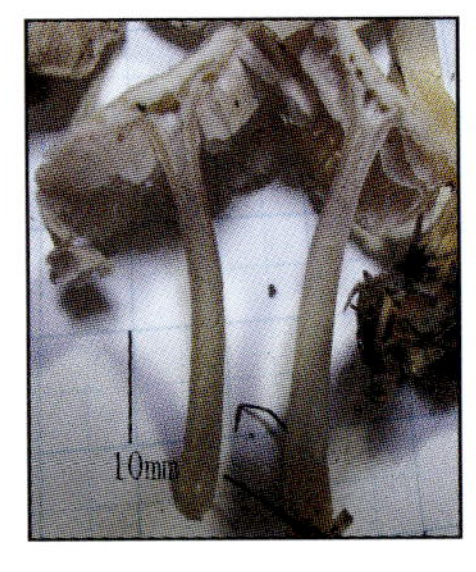

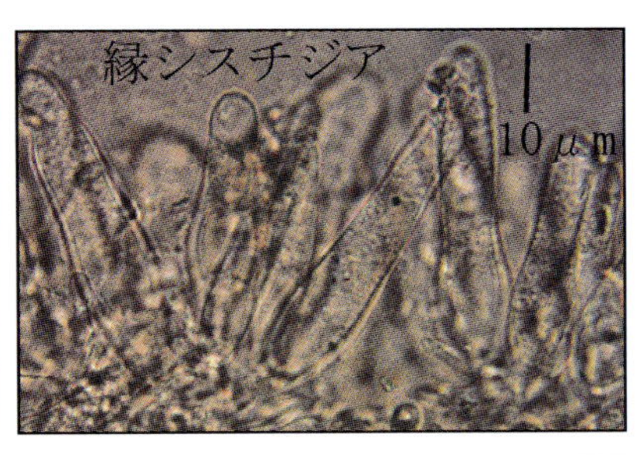

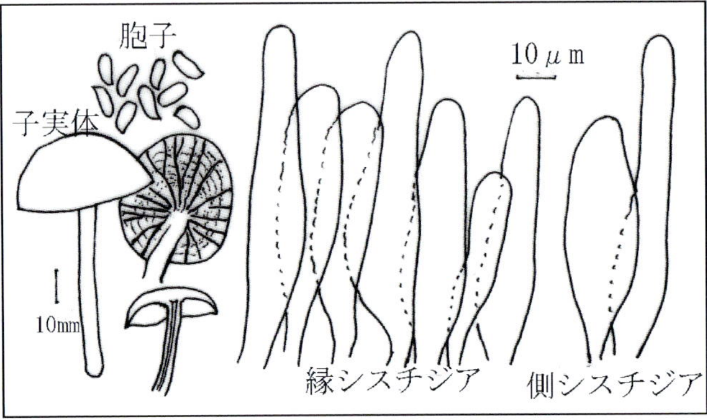

肉眼形質　傘は淡桃紫色いわゆる桜色が普通である。平滑、径20~60mm。初め低い丸山形からほぼ平坦に開く。ひだは疎で直生、大ひだ18~22、小ひだ 3~5、幅は4~5mm、連絡脈が顕著で目立つ。柄は傘と同色、円筒状、30~50×3~4mm、中空。生品は大根臭がある。

顕微鏡形質　胞子は楕円形、7~8×3~4μm、アミロイド。縁シスチジアは紡錘形~円筒状まれに棍棒状、50~80×11~15μm、密生。側シスチジアは紡錘形~円筒状、60~90×12~15μm、散在。菌糸にクランプあり。

分布・生態　全国に広く分布する普通種。林床に生える。本資料は横浜市舞岡公園、2011.10.16、採取。

メモ　スイス図鑑の *M. pura* はひだが 30~35 と記載するが日本の文献に紹介されるサクラタケは 25 以下が普通のようで、同一学名の分類群なのか疑問が残る。縁シスチジアの形態も変化が多いので同一分類群であるか否かを知るには多数の子実体の顕微鏡的考察が必要である。日本きのこ図版№765 に青木実が記載したサクラタケは、子実体の形態、縁シスチジアの形態などから同種とするのは無理と考えるが *M. pura* の学名が添えられた同図版№1441 のオオサクラタケはサクラタケに該当すると思われる。サクラタケは類似種も含め再検討したい。文献：⑩,66,77

トガリサクラタケ（仮称）*Mycena* sp.

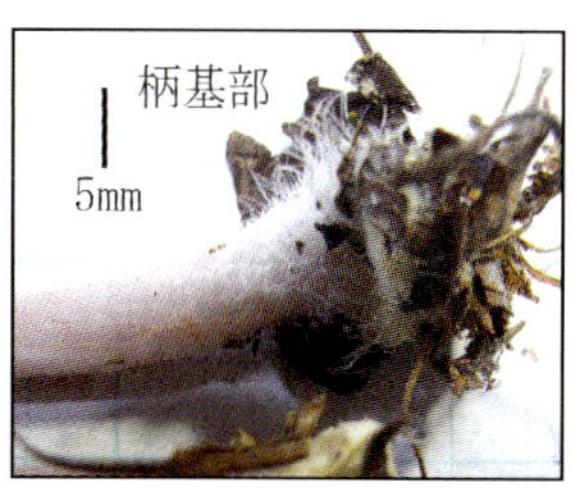

10 μm 刺型シスチジア（メルツアー）

10 μm 紡錘型シスチジア

10 μm 刺型・紡錘型 混合シスチジア

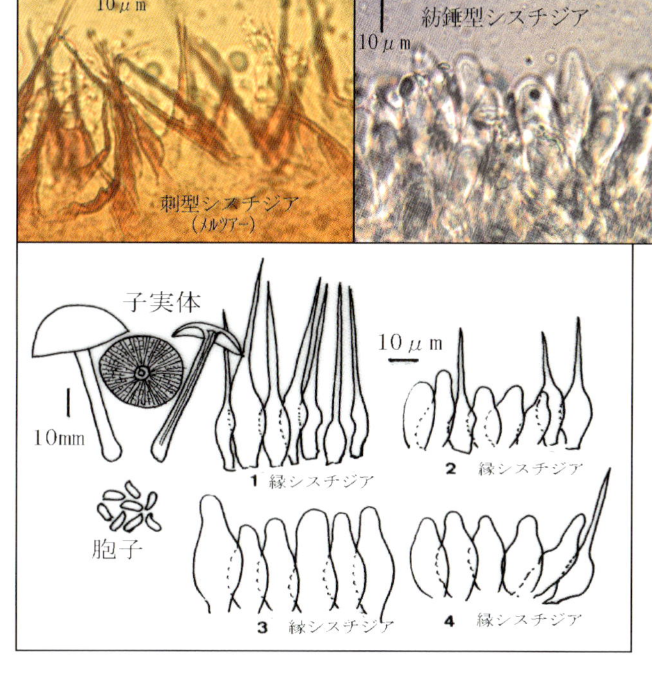

肉眼形質 全体淡桃紫色、傘は径 20~40mm、平滑。ひだは直生、大ひだ 30~35、小ひだ 3~5、脈連絡が発達。柄は円筒状、30~50×3~3.5mm、中空、基部に根毛状菌糸束がある。**顕微鏡形質** 胞子は楕円形、6~7×3~3.5μm、アミロイド。縁シスチジアに 2 型がある。基部が紡錘形で先が鋭く伸びて刺状を示す厚壁で偽アミロイド、40~70×4~7μm の縁シスチジアと薄壁、非アミロイド、紡錘形、30~40×10~18μm の縁シスチジアの 2 型である。子実体によって、その何れか 1 つの型だけ存在するものと両者が混じって分布する混合型がある。混合の割合も様々である。側シスチジアはない。菌糸にクランプあり。**分布・生態** 富士山ではやや普通に分布、神奈川県の丹沢ブナ帯でも確認。混生林林床に生える。冷温帯適応種と考えられる。**メモ** 肉眼的にサクラタケ *M.pura*（p.60）に似る。柄基部の菌糸叢の発達が識別特徴になるように思う。顕微鏡的に 2 型シスチジア混合型の存在を確認するまで刺シスチジア型子実体と紡錘シスチジア型子実体を酷似の別種と考えていた。顕微鏡的に大変興味深いキノコである。

ミツヒダサクラタケ（仮称）　*Mycena* sp.

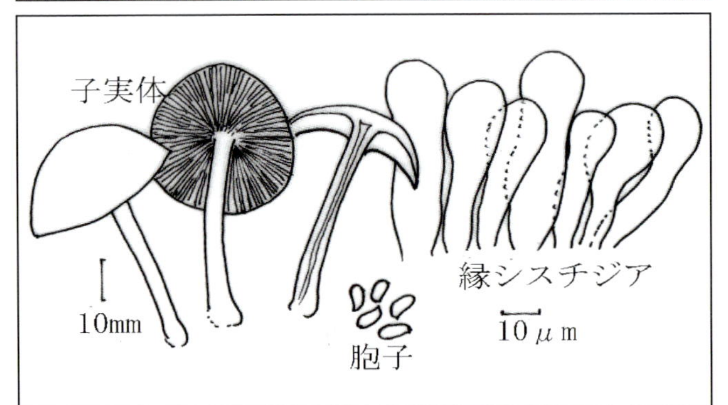

肉眼形質

傘は淡桃青紫色、放射状内生繊維を認めるが条線は不明。ひだは初め白く、後に傘と同色、大ひだ 45~50、小ひだ 3~5、ごく密、幅 3mm 以下、直生～わずかに垂生。柄は円筒状、30~40 × 3~5mm、中空、傘と同色。

顕微鏡形質

胞子は楕円形、6~7×3μm、アミロイド。縁シスチジアは頭状～棍棒状～円頭紡錘形、30~50×10~15μm、密生。側シスチジアはない。傘表皮菌糸は並列、幅 2.5~5μm、クランプがある。

分布・生態

富士山標高 2000m 付近では数回観察。カラマツ、ダケカンバなどの混生林林床に生える。富士山での観察例が多いが丹沢山採集例もある。恐らく、冷温帯域に適応、分布する種であろう。新潟きのこ同好会会報「どうしん」№.21、p.9 に魚沼市で採取され、アオムラサキタケと仮称していたキノコが本種によく一致するという記載がある。

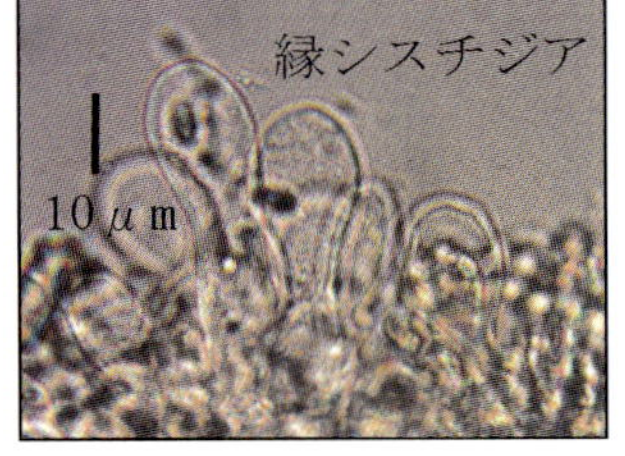

メモ　肉眼的には、子実体の色調が青みの強い傾向があり、ひだが密であること、顕微鏡的には縁シスチジアが円頭であり、側シスチジアを欠くことなど確認できれば類似種との識別は比較的容易である。仮称はひだが密であることを強調した。

ヤコウタケ *Mycena chlorophos* (Berk. & Curt) Sacc.

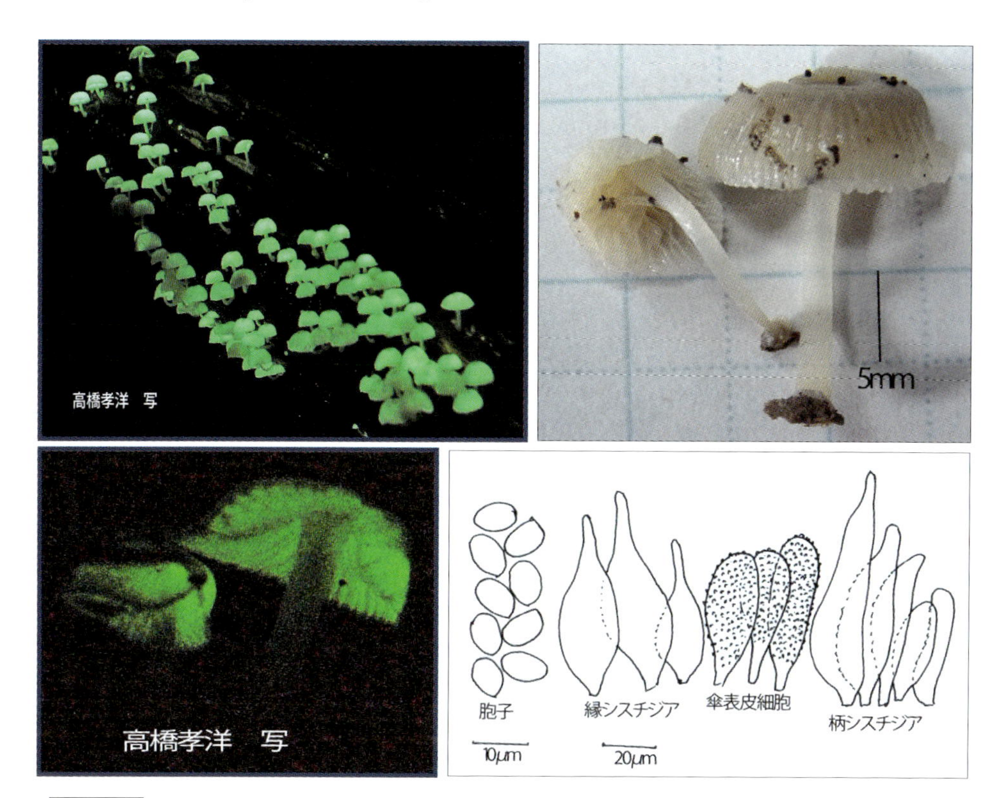

肉眼形質　傘は径 30mm 以下、中央部淡灰褐色、他はほぼ白色（写真の色はアルコール保存で変色）、湿時長い放射状条線があり、強い粘性がある。ひだはほぼ離生し、白色、大ひだが約 30。柄は白色、円筒状、長さ 25mm 以下、表面は微粉状、基部は小吸盤状。ひだに強い発光性があるが、柄には発光性がない。**顕微鏡形質**　胞子は広楕円形、8~9.5 ×4.5~5μm、アミロイド。縁シスチジアは紡錘形、頂部は突出して尖るものが多く、40~80 ×17~30μm、密生。柄シスチジアは形状不定で縁シスチジアと同形や円筒形などがあり大きさも様々、20~90× 7 ~25μm。傘上表皮はゼラチン化した径 2~4μm の菌糸よりなり、傘表皮は類球形～楕円形で表面が微いぼに覆われた 20~60×15~30μm の細胞からなる。菌糸にクランプがある。**分布・生態**　東南アジア、日本に分布。国内では主として関東以西の太平洋側に分布するとされている。種々の樹木、タケなどの枯幹、落枝に生える。本資料は神奈川県秦野市鍋割山麓（標高ほぼ 800m）のスギ林内の倒木（樹種不明）で、2012.09.17、採集。**メモ**　発光性の *Mycena* は複数種存在することが知られており、高冷地の山梨県山中湖周辺でも見つかっている。夜間の観察機会がなければ発光性のキノコとして認識できないので、本会の採集品のうちキュウバンタケ類として整理した標本に本種が混在していた可能性がある。小形菌で粘性が著しいので、採集し、子実体を痛めず持ち帰り、検討、同定するのが難しいので記録が少ないのであろう。本資料は高橋孝洋氏が丹沢山麓でヒメボタル幼虫調査の機会に出会って採集した。他に山中湖周辺でも、ヒメボタル観察機会にヤコウタケを発見されたとの逸話もあり、ヒメボタル発生時期がヤコウタケ類に出会う好機なのであろう。文献：③⑩

ハイイロオニタケ *Amanita japonica* Bas

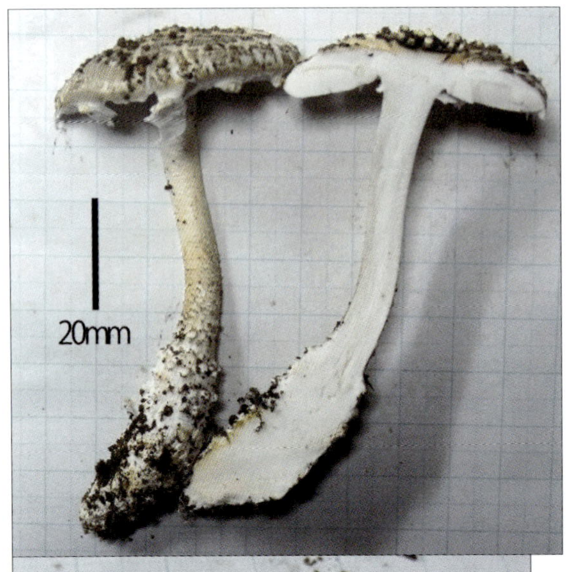

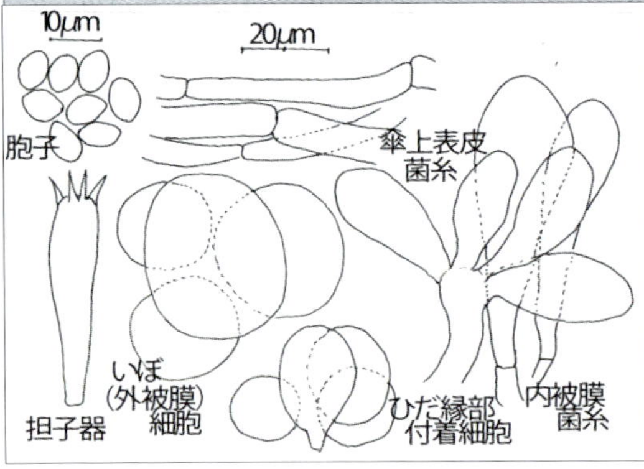

肉眼形質 傘は径 80mm 以下、平らに開き、縁部に内被膜の破片が垂れ下がる。表面は灰褐色であるが傘の展開にともない亀甲状にひび割れ、割れ目は白色の下表皮が現れる。灰褐色の表皮の上には白色角錐形のいぼ（外被膜の破片）を乗せた状態になる。肉は白色、変色性はない。ひだは白色、離生、大ひだ 40、小ひだ 1~3、幅 8mm 以下。柄は 170×23mm 以下、中実、表面上部は繊維質、白色、つばの痕跡を残し、下部は淡褐色を帯びた綿質鱗片でだんだら模様を示し、基部は紡錘形でその首部には白色のつぼのなごりが凹凸のある不完全な帯状に残る。

顕微鏡形質 胞子は楕円形、9~10×5~6μm、アミロイド。傘上表皮菌糸は径 5~9μm。外被膜（いぼ、つぼ）は径 20~40μm の球形細胞、内被膜は 80×20μm 以下の球形～紡錘形細胞で構成される。ひだ縁部には径 20μm 以下の細胞が重なって付着する。クランプなし。

分布・生態 文献では西日本一帯に分布するであろうとされているが本資料は神奈川県相模原市緑区で採集。雑木林林床に生える。

メモ 本試料標本は柄下部が灰色でなく淡褐色である点文献記載と異なるが変異の範囲と考える。文献：⑩

モリノコフクロタケ　*Volvariella hypopithys* (Fr.) Shaffer

肉眼形質

傘は初め半球形、のち丸山形からほとんど平らに開く。傘は径15~40mm、表面は白色、毛状鱗片に覆われ、縁部は毛で縁取られる。ひだは離生し、大ひだ35~45（外国文献には80~115と記すものもある）、初め白く、胞子成熟に伴い肉紅色を帯びる。柄は円筒状、20~60×2~5mm、開出する微毛に覆われる。つぼは白色、膜質、上部は2~3裂する。

顕微鏡形質

胞子は肉紅色、楕円形、6.5~7.5×3.5~4μm、縁シスチジアは頸部を備えた便腹形～紡錘形、30~50×10~13μm。側シスチジアもほぼ同形、同大。柄シスチジア（微毛）は20~200×7~10μm。菌糸にクランプなし。

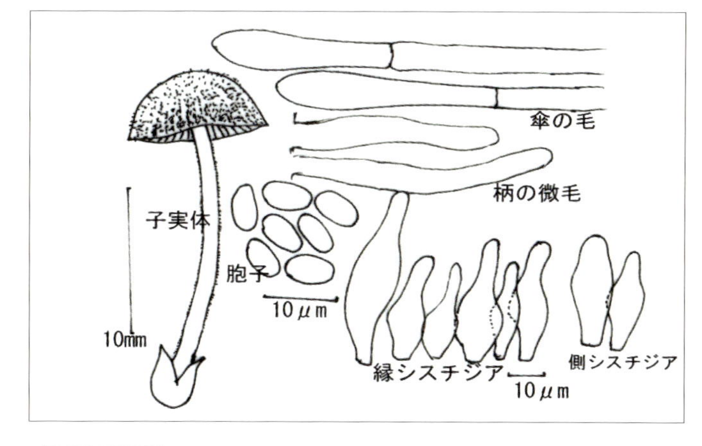

分布・生態　北半球温帯に分布し、林床、林縁の腐植に生える。資料は神奈川県秦野市、1978.11.03、採取（写真上）。鎌倉市中央公園、2013,09.05、採取（写真下、顕微鏡記録）。

メモ　本試料標本はひだ密度が文献記載数値より小さい点でやや疑問が残るが他の特徴は標記学名の種の文献記載内容によく一致するので同種の変異の範囲と判断した。文献：⑤、⑩

トガリヒメフクロタケ（仮称）　*Volvariella* sp.

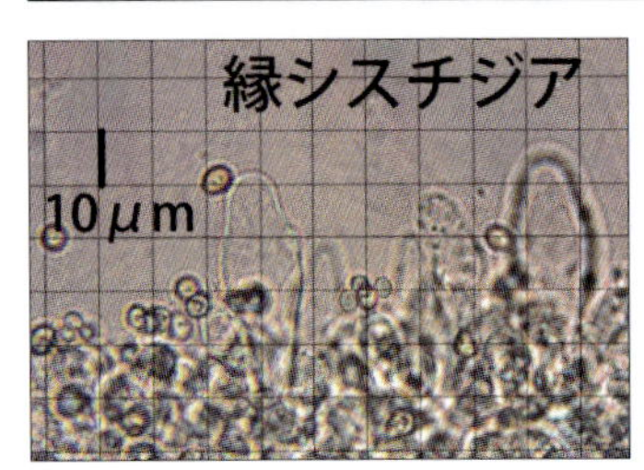

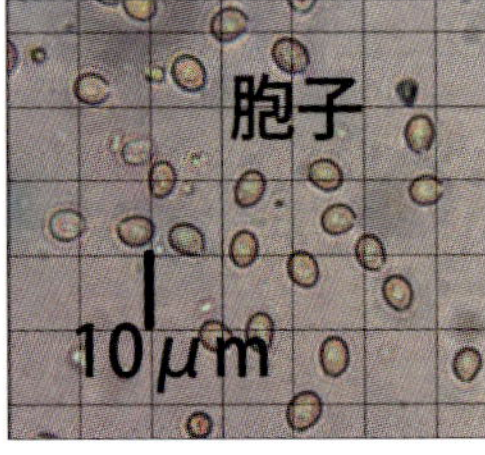

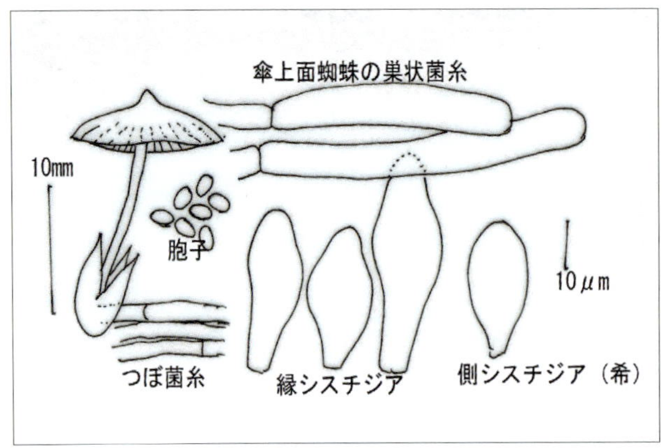

肉眼形質　傘は径10~15mm、中央はやや淡暗褐色を帯びて突出し、他は白くて、長い放射状溝線があり、中央から放射状に薄い白色絹糸状の伏毛がある。ひだは肉色、離生、大ひだ 35、小ひだ 1~2。柄は細い円筒状、白色、10~15×2mm、平滑。つぼは淡褐色、深く3裂して裂片は尖る。

顕微鏡形質　胞子は肉色、卵形～広卵形、4.5~5.3×3.5~4.2μm。縁シスチジアは鈍端の紡錘形、30~80×10~18μm。側シスチジアも同形であるが分布は少ない。クランプなし。

分布・生態　本資料は神奈川県愛川町八菅山の林縁裸地に発生、2010.07.01、採取。類似種のヒメフクロタケ *V. pusilla* は世界の温帯～熱帯に広く分布し、林内路傍などに生える。

メモ　本資料はヒメフクロタケ *V. pusilla* に類似し、同種の可能性もある。傘中央が突出すること、胞子サイズが5.5μm に達しないことなどが原色日本新菌類図鑑（保育社）に紹介されているヒメフクロタケの形質に一致しないが種内変異の範囲と考えることもできる。外国のネットで紹介される *V. pusilla* の中には本資料によく似ているものもある。文献：⑩

ヒョウモンウラベニガサ *Pluteus pantherinus* Courtecuisse et Uchida

石山金次郎 写

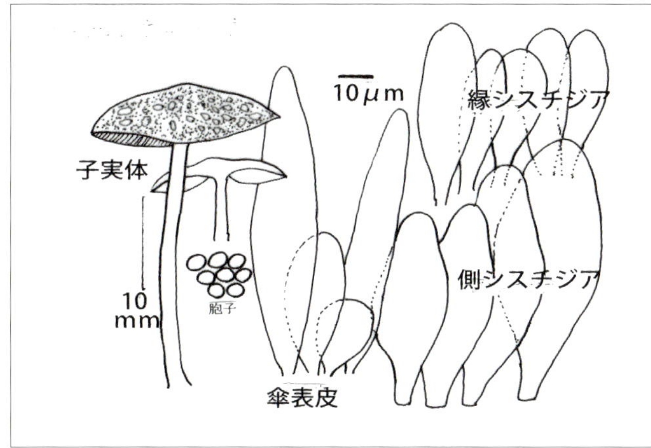

肉眼形質
傘は山形から平開し、さらに中央が低く凹む。径60mm以下、褐色の地に不規則な白斑が散在する豹紋模様で目立つ。ひだは離生し密、肉紅色。柄は円筒状、60×5mm以下、淡黄色、繊維状。

顕微鏡形質
胞子は類球形～広楕円形、5~6.5×5µm。傘表皮は子実層状被で２型の有色細胞からなり、１型は棍棒状～脚部のある類球形、20~30×15~18µm、他は狭紡錘形～被針形、70~120×15~20µm。縁シスチジアは紡錘形、40~60×15~18µm。側シスチジアは紡錘形、60~85×12~35µm。

分布・生態 日本の暖温帯に分布し、広葉樹腐木に生える。変種がタイに分布し、それは腐植土に生える。

メモ 本種は1991年に内田正宏らが記載した。青木実がフイリベニヒダタケ（日本きのこ図版№1908）と仮称していたものが同種と考えられる。肉眼的に傘の模様が目立つので同定は容易であるが、タイには同じ傘模様の変種がある。顕微鏡的には縁シスチジアより側シスチジアが明らかに大形であり、傘表皮の構成要素の１型が被針形であるなどの特徴がある。頻繁に出会えるキノコではないがごく稀ではない。文献：92

ササクレウラベニガサ *Pluteus ephebeus* (Fr.) Gillet

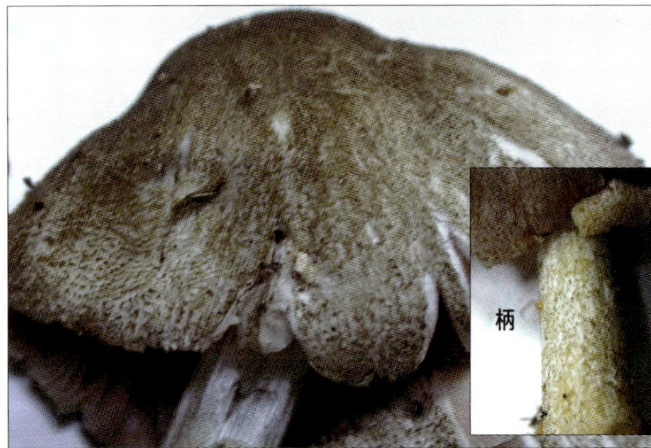

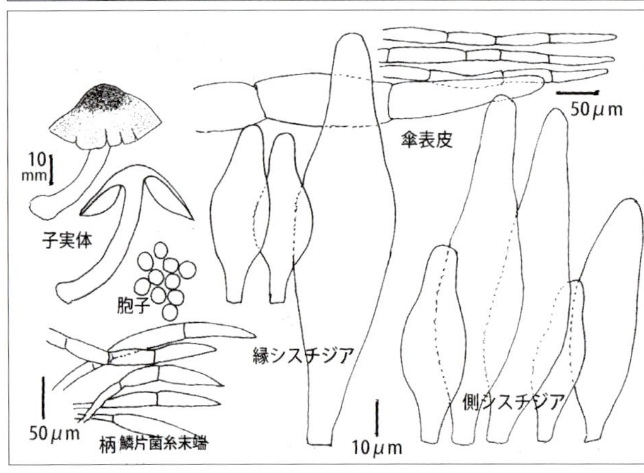

肉眼形質
傘は山形から平開し、径60mm以下、全面に暗褐色の表皮が細裂した粗い鱗片状である。放射状溝線があるが目立たない。ひだは離生し、密、肉紅色。柄は円柱状、60×10mm以下、白地に暗褐色の粗い鱗片を着ける。

顕微鏡形質
胞子は類球形～広楕円形、5~7×5μm。傘表皮は平行菌糸被で、径 11~14μm の糸状菌糸が並列し、有色で末端菌糸は斜めに立ち上がり、比較的短節で節間が40~100μm、先端は尖る。縁シスチジアは紡錘形、50~150×10~20μm。側シスチジアも紡錘形、40~100×15~25μm、多数。柄の鱗片菌糸は有色で多くは隔壁があり、末端は長紡錘形、60~150×8~12μm。

分布・生態 欧州、北米、日本に分布。林床の広葉樹腐木に生える。本資料は神奈川県丹沢山系堂平、2005.08.02、採取。

メモ 本種はVellinga分類体系の *Villosi* 節に属する。傘も柄も暗褐色の鱗片を被るが、鱗片の量、密度の変異が大きい。本種は北海道、青森県で記録されており、本資料の発生地も冷温帯域である。暖温帯域での分布について確実な記録はないが調査は不十分なので分布域については明らかでない。外国文献によると地上または埋材、おが屑などに発生し、材上は稀という。本資料は神奈川県丹沢学術調査（2005）で採集し、ウロコベニヒダタケの仮称で記録したものである。文献：㉔,54,67,96

クロスジウラベニガサ（青木仮称）　*Pluteus* sp.

ウラベニガサ節　*Amphicystis* 系？

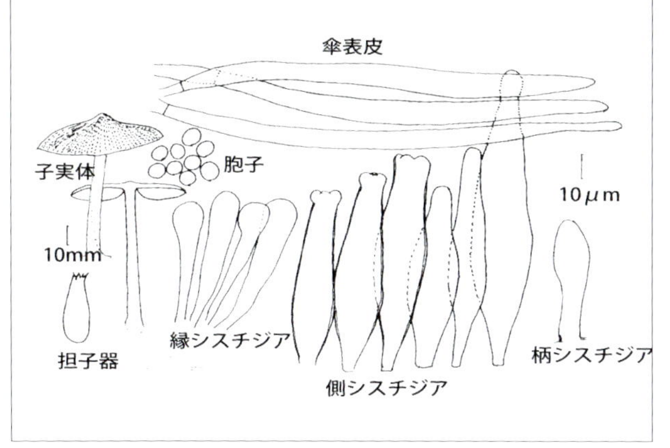

肉眼形質　傘は径 70mm 以下、ほぼ平開し、灰黒褐色、濃色の放射状繊維が目立つ。ひだは離生、密、肉紅色。柄は円筒状。70×7mm 以下、ほぼ白色、基部やや灰色。

顕微鏡形質　胞子は類球形～広楕円形、6~8×5~6µm。担子器は丸みのある円筒状、ほぼ 25×10µm、4 胞子型。傘表皮は平行菌糸被。菌糸は褐色色素を含み、立ち上がり、末端細胞は先がやや細まる円筒状で、80~160×8~10µm。縁シスチジアは棍棒状、40~60×10~15µm。側シスチジアは紡錘形、厚壁、80~120×15~20µm、頂部にこぶ状突起を具えるか、全く突起を欠き、角状突起は全くない。柄シスチジアはまれ。クランプは柄の表皮菌糸で 1 個を観察。分布・生態　埼玉県・神奈川県では同種と判断されるものの記録がある。本資料は神奈川県大磯町高麗山のチップ木片に小群生、2005.08.18、採取。

メモ　本資料は日本きのこ図版№1489 クロスジウラベニガサ（青木仮称）に諸形質がほぼ一致するので同種と判断した。傘表面の放射状内生繊維が目立ち、側シスチジアは厚壁であるが角状突起は全く存在しないのが際立った特徴である。本資料はカサスジウラベニガサ *P.brunneoradiatus* の一型である可能性もあるが、それは側シスチジアに角状突起がある点で区別される。ウラベニガサ節でメチュロイドに角状突起を欠く *Amphicystis* 系に属すると考えられるが判然としない。文献：㉔,67

フチドリヒメベニヒダタケ（仮称）　*Pluteus* sp.

ヒメベニヒダタケ節 *Celluroderma* 、*Mixini* 亜節　、*Eugraptus* 系

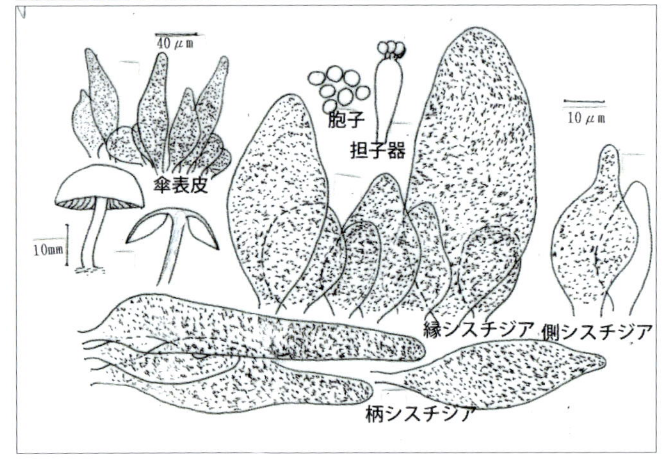

肉眼形質

傘は丸山形、のちほぼ平開、径 10mm、暗褐色。中央部濃色、周辺は放射状条線がある。ひだは離生、密で肉紅色、褐色の縁取りがある。柄は円柱状、12×2mm、類白色の地に微細な褐色の細毛状鱗片が全面に散在する。

顕微鏡形質

胞子は類球形～広楕円形、5~6×4~5μm。担子器は棍棒状、25× 7 μm、4 胞子型。傘表皮は 2 型の有色細胞からなる子実層状被である。1 型は 25~30 × 15~20μm の脚部のある球形～短紡錘形、他は 60~110 × 20~25μm の紡錘形細胞である。縁シスチジアは棍棒形～紡錘形、25~85 ×15~40μm、褐色。側シスチジアは紡錘形、30× 20μm、褐色。柄シスチジアは長紡錘形、60~90× 10~20μm。褐色である。

分布・生態 広葉樹腐木に生える。本資料は神奈川県逗子市神武寺、2003.10.05、採取。**メモ**　傘表皮が 2 型の細胞からなり、ひだに縁どりのある *Pluteus* は Singer 分類体系のヒメベニヒダタケ節、*Mixtini* 亜節、*Eugraptus* 系に属する。青木実はこの系に属すると判断されるものを 3 種挙げているが、本資料標本は側シスチジアが存在し、それが有色という点でその何れにも該当しない。文献：96

ミヤマベニヒダタケ（青木仮称）　*Pluteus* sp.

ベニヒダタケ節、*Fuliginosus* 系

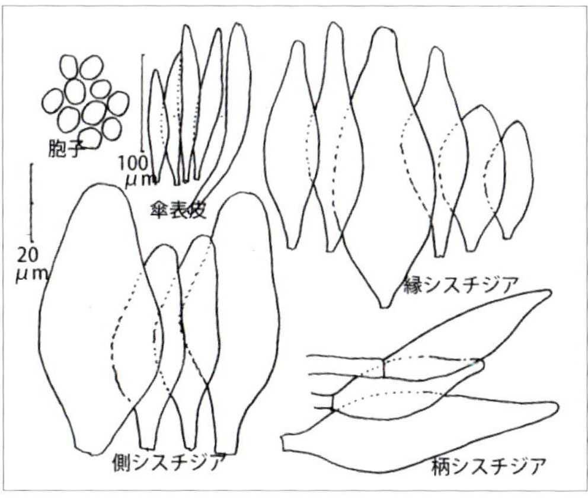

肉眼形質

傘は低い丸山形、ほぼ平らに開き、径 40mm、褐色、絨状、平滑、溝線は不明瞭。ひだは離生し密、淡肉紅色。柄は円筒状、55×5mm、全面に褐色微細粒点があり、帯褐類白色。

顕微鏡形質

胞子は広楕円形～類球形、6~8×5~6μm。傘表皮は頂部が尖る狭紡錘形、80~120×20~25μm の細胞が並ぶ柵状被である。縁シスチジアは紡錘形、25~60×18~25μm、密生、側シスチジアは広紡錘形、45~80×20~30μm、散在。柄シスチジアは紡錘形、40~80×15~20μm、全面に束生。

分布・生態

埼玉県、神奈川県の冷温帯・暖温帯に広く分布する。雑木林林床の広葉樹倒木などに生える。本資料は神奈川県大磯町、2009.10.11、採取。

メモ

本資料の傘表皮の構成要素はすべて頂部の尖る細胞で構成され鈍端のものはなく、柄シスチジアは柄全面に分布し、すべて鋭頭であるなど、ミヤマベニヒダタケ（日本きのこ図版 №.1100 青木仮称）に一致する。本種の子実体の外形は極めて変異に富むので、肉眼的に別種と判断したものが検鏡するとほぼ一致し、同種と考えざるを得ない場合が少なくない。城川仮称のオクヤマベニヒダタケ（p.81）とは傘表面に粒状鱗片が目立ない点で区別されるが顕微鏡的特徴はよく似ている。文献：96

ベニヒダタケ　*Pluteus leoninus* (Schaeff.) P.Kumm.

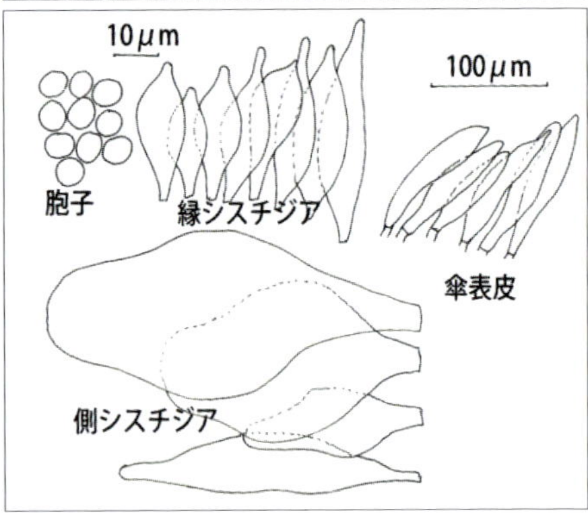

肉眼形質　傘は径 60mm 以下、ほとんど平開、表面は平滑で鮮黄色。湿っている時、周辺に放射状条線が現れる。ひだは離生し、やや密、幅 7mm 以下、初め白色のち肉紅色となる。肉はほぼ白色。柄は 60×8mm 以下、中実、表面は白色、繊維状、上下ほぼ同大、基部がやや膨らむ。顕微鏡形質　胞子は類球形～広楕円形、6~7×5~6μm、淡紅色。傘表皮の末端細胞は狭紡錘形～紡錘形ときに広紡錘形、50~150×10~25μm、隔壁があるものもあり、並列する下層菌糸から斜めに立ち上がって並ぶ。直立柵状型ではない。縁シスチジアは紡錘形、20~50×10~15μm、密生。側シスチジアは円頭の幅広フラスコ型～紡錘形、30~100×10~30μm、散在。菌糸にクランプを欠く。

分布・生態

世界的に広く分布し、枯幹や地上の材の破片やおがくずに孤生～束生する。国内でも広く分布するというが冷温帯種ではないかと思う。神奈川県では未確認である。本資料は栃木県奥日光産。

メモ本種とよく似ているキイロウラベニガサ *P. chrysophaeus* (p.73)、キイロヒメベニヒダタケ（新称）*P. chrysophlebius* (p.74) は何れも柄が黄色を帯びるのに対し本種の柄は類白色であり、傘表皮が子実層状ではないので識別できる。しかし、乾燥標本では柄の色もわからず、傘表皮の構造を調べるのは容易ではない。文献：⑩㉔,54,67

キイロウラベニガサ　*Pluteus chrysophaeus* (Schaeff.) Quél.

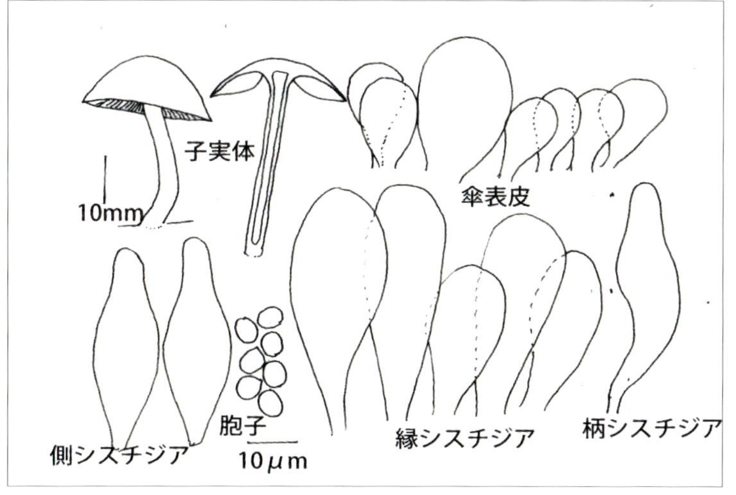

肉眼形質　傘は径 30mm 以下、黄色～黄土褐色、ほぼ平滑、周辺に放射状条線がある。肉は薄く、白色。ひだは離生、密、初め白く後肉紅色。柄は円筒状、30×4mm、淡黄色を帯び、繊維状条線があり、基部に綿状菌糸束がある。

顕微鏡形質　胞子は広楕円形、6~8×5~6μm、淡肉色。縁シスチジアは棍棒状～紡錘形、40~80×15~25μm、薄壁。密生。側シスチジアは上下の細まる紡錘形、40~60×15~20μm、薄壁、散生。柄シスチジアはほとんど無いが歪んだ紡錘形 1 つを観察。傘表皮は子実層状被で、構成細胞は有柄球嚢状～棍棒状、2~40×15~25μm、有色である。

分布・生態　ヨーロッパ、アメリカ、日本に記録がある。広葉樹の枯木に生える。本種は神奈川県の低地では確認できないので冷温帯分布種ではないかと思われる。本資料は富士山西臼塚、腐木上、2001.06.18 採取。

メモ　傘が黄色で、本種と誤認しやすいものにベニヒダタケ *P.leoninus* (p.72) とキイロヒメベニヒダタケ（城川新称）*P.* cf. *chrysophlebius* (p.74) がある。前者は傘表皮が柵状被であり、後者は傘表皮が子実層状であるが、末端細胞は乳頭突起を具えた有柄球嚢状～棍棒状、柄シスチジアが豊富であり、神奈川県低地の黄色種として普通である。

文献：㉔,58,96

キイロヒメベニヒダタケ（仮称）

Pluteus* cf. *chrysophlebius (Berk. & M.A.Curtis) Sacc.

Eucellulodermini 亜節　*Chrysophrebius* 系

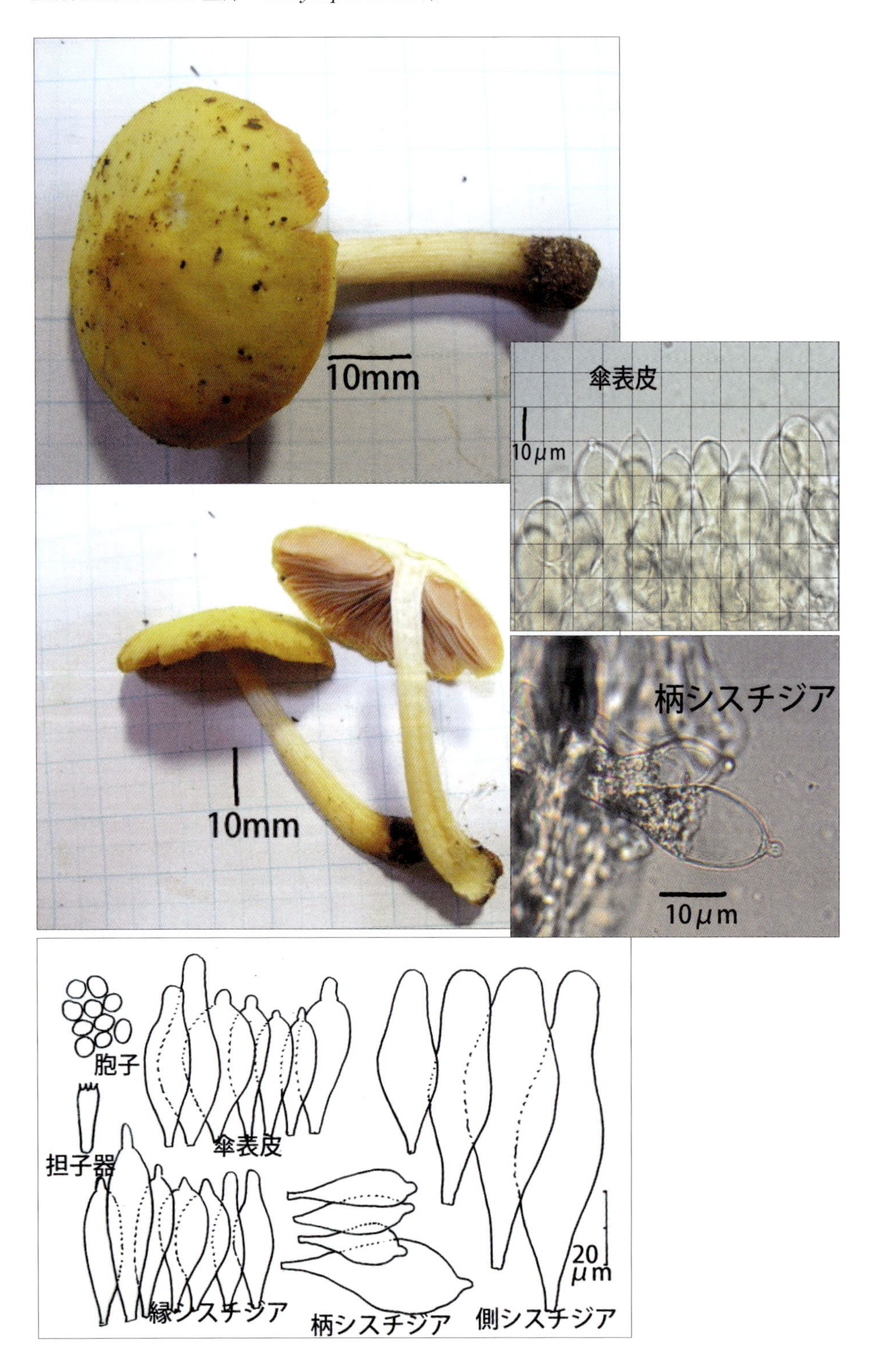

肉眼形質

傘は径 40mm 以下、ほぼ平開し、黄色で平坦、平滑、明らかな条線はない。ひだは離生し密、淡肉紅色、幅ほぼ 5mm。肉はごく薄く淡黄白色。柄は円筒状、約 40×3mm、帯黄類白色、繊維条線は顕著ではない。

顕微鏡形質

胞子は類球形～広楕円形、5~6×4~5μm、淡紅色。担子器は 18~25×6~7μm、4 胞子型。傘表皮は子実層状被で、構成細胞は乳頭突起を具えた棍棒形～広紡錘形、25~55×12～18μm、淡黄色である。縁シスチジアは乳頭のある棍棒状～狭紡錘形、無色 30～50×10～20μm。側シスチジアは広紡錘形、50～95×15～25μm、散在。柄シスチジアは乳頭を具えた棍棒状、20～45×19～20μm。

分布・生態

アメリカ、日本に分布。林縁の倒木などに生える。神奈川県、埼玉県の黄色 *Pluteus* では、本種と判断されるものが最も多い。本資料は横浜こども自然公園、2015.08.02、採取。

メモ

傘が黄色で傘表皮が子実状被の種にはキイロウラベニガサ *P.chrysophaeus*（p.73）があるが、その傘の子実層状被の構成要素は球形～棍棒形であって、乳頭突起がなく、柄シスチジアが存在しないか不明瞭のようである。傘が黄色のベニヒダタケ *P.leoninus*（p.72）は傘表皮が柵状被で末端細胞は長紡錘形であることから区別される。本種の傘表皮は子実層状で末端細胞は、乳頭突起を具えた棍棒形である。柄シスチジアも乳頭突起を具えた棍棒形である。傘表皮や柄シスチジアを確認すれば他種と識別できる。日本きのこ図版№1353 で青木実がベニヒダタケ *P.leoninus* として紹介しているものは本種に該当する。従来ベニヒダタケ *P.leoninus* やキイロウラベニガサ *P.chrysophaeus* としてリストされたものには本種が多く含まれている可能性がある。本種の正確な分類位置は現時点では不明確である。北米に本種の分布があることは確かなようでネットで見る標記の学名で本種特有の傘表皮細胞に乳頭突起を備えた映像が紹介され、この種類の標本についてアメリカではしばしば *Pluteus admirabilis* or *Pluteus chrysophaeus*.のラベルがつけられていると述べ、また複数のネットでは *P. admirabilis* と *P. chrysophlebius* は同種であると紹介している。しかし、Index Fungorum では両種は別種扱いである。ここでは本種特有の傘表皮細胞に乳頭突起を備えた映像を付して紹介された、*P. chrysophlebius* を該当学名としたが、この学名は Index Fungorum では current name としては扱われていない。疑問が多いので cf.を付して紹介することとした。

文献：96、ネット Major Groups > Gilled Mushrooms > Pink-Spored > Pluteus > Pluteus chrysophlebius

Web site: http://www.mushroomexpert.com/pluteus_chrysophlebius.html

フチヒダウラベニガサ *Pluteus luctuosus* Boud.

Eucellodemini 亜節　Luctuosus 系

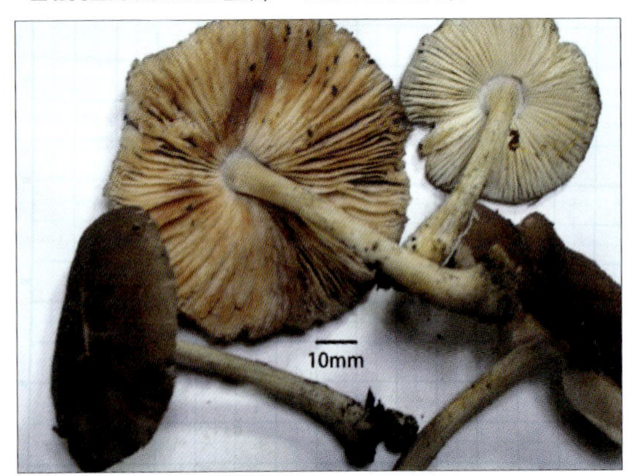

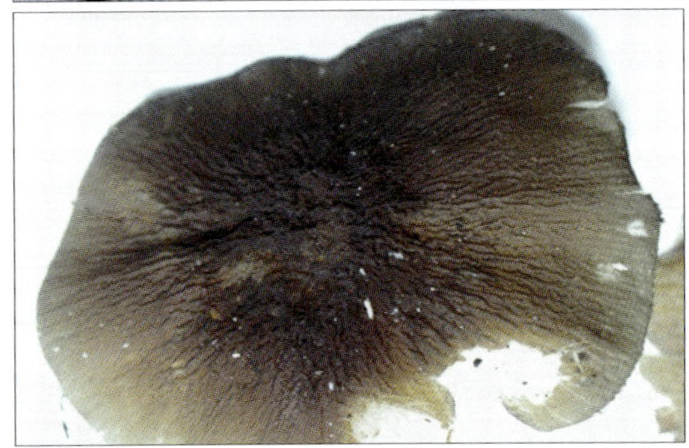

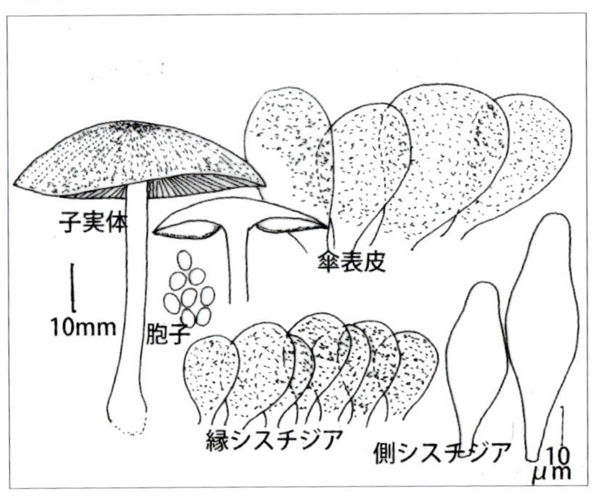

肉眼形質

傘は径 60mm 以下、暗褐色、ほぼ平開し、不規則な放射状のしわが多い。肉は薄い。ひだは密で離生し、幅 12mm 以下、初め白く後肉紅色、褐色の縁取りがある。柄は円筒形、60×12mm 以下、縦の繊維条があるがほぼ平滑。

顕微鏡形質

胞子は広楕円形、5~6×4.5~5μm。傘表皮は脚部のある褐色類球形細胞（30~50×25~39μm）からなる子実層状被である。縁シスチジアは脚足を具えた類球形や紡錘形、25~30×15~20μm、褐色で密生する。側シスチジアは紡錘形、50~75×20~25μm、無色、薄壁で散在する。

分布・生態

ヨーロッパ・アメリカ、日本で確認されている。国内でも広く分布すると思われる。本資料は神奈川県秦野市、2003.11.11、採取。広葉樹の倒木などに生える。

メモ

本資料の胞子サイズは標記種文献記載値よりやや小さいが変異の範囲と見なした。同種と見なされる複数の標本で検討してみると縁シスチジアの形状にもかなりの変異がある。青木実が日本きのこ図版No.1205（1983）でフチグロベニヒダタケとして紹介しているものが同種と判断される。神奈川県内では平塚市、清川村でも分布が確認されている。文献：㉔,54

フサスジウラベニガサ　*Pluteus plautus* (Weinm.) Gillet

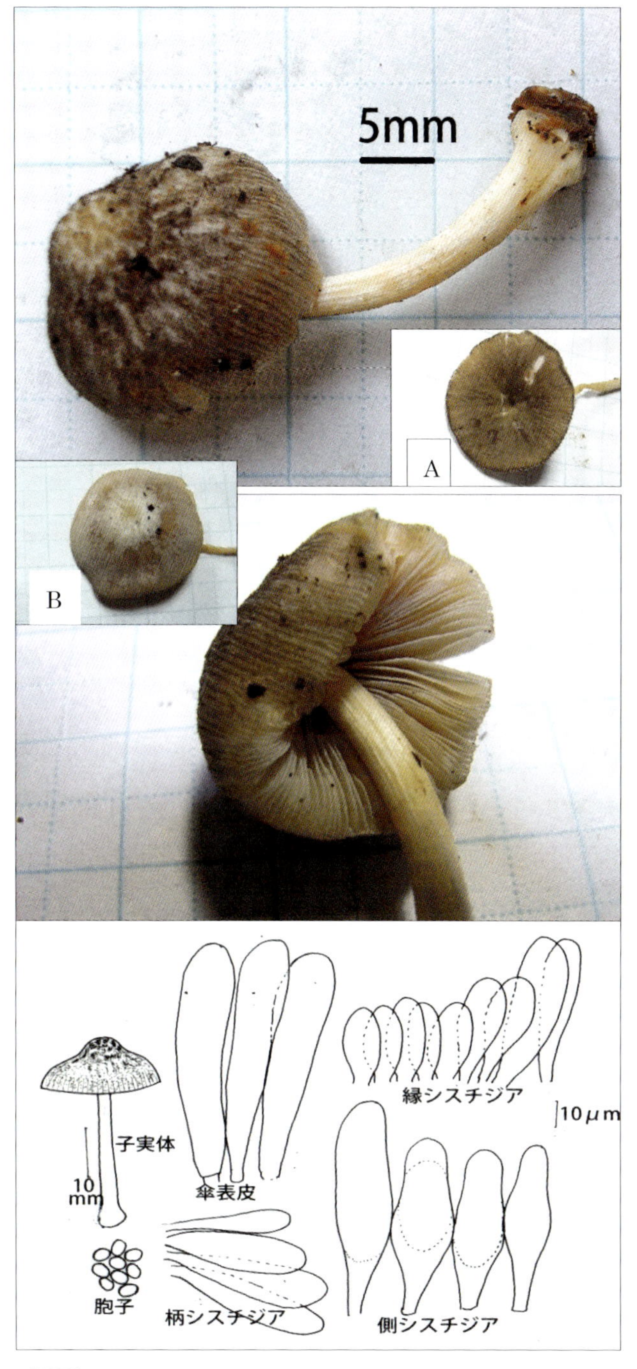

肉眼形質 本資料は傘に中丘があるが、低い丸山形からほぼ平開するのが普通、径25mm、表面は褐色、細毛状、中央部は表皮が細裂して鱗片状、子実体によって裂けないものもある。縁部には放射状条線がある。ひだは離生し密、肉紅色を帯びる。柄は円筒状、30×4mm、基部が多少膨らみ、全面に褐色微細粒点があり、淡褐色を帯びた類白色。

顕微鏡形質 胞子は広楕円形、5~7×4.5~5μm。傘表皮は70~110×15μmの円柱状細胞からなる柵状被である。縁シスチジアは、棍棒状～紡錘形、30~60×14~18μm、密生。側シスチジアは薄壁、紡錘形、65~85×17~22μm、散在。柄シスチジアは棍棒状、45~60×10~20μm、束生。子実体によって傘表皮細胞や縁シスチジアなどの形状は多少変異がある。

分布・生態 ヨーロッパ、日本に分布する。林床の広葉樹枯木に生える。本資料は神奈川県愛川町八菅山7月発生。

メモ 本種は傘に放射状条線があり、傘表皮は柵状被で縁・側シスチジアともに多在し、柄全面に柄シスチジアがあるのを特徴とする。外部形態には変異が多く、肉眼同定は困難である（写真A、Bは同種と同定した別の子実体)。検鏡結果から本種と同定した神奈川県内標本は少なくないので、恐らく全国的に広く分布するものと考えられる。

文献：㉔,54,58,67

ザラツキウラベニガサ *Pluteus podospileus* Sacc. & Cub.

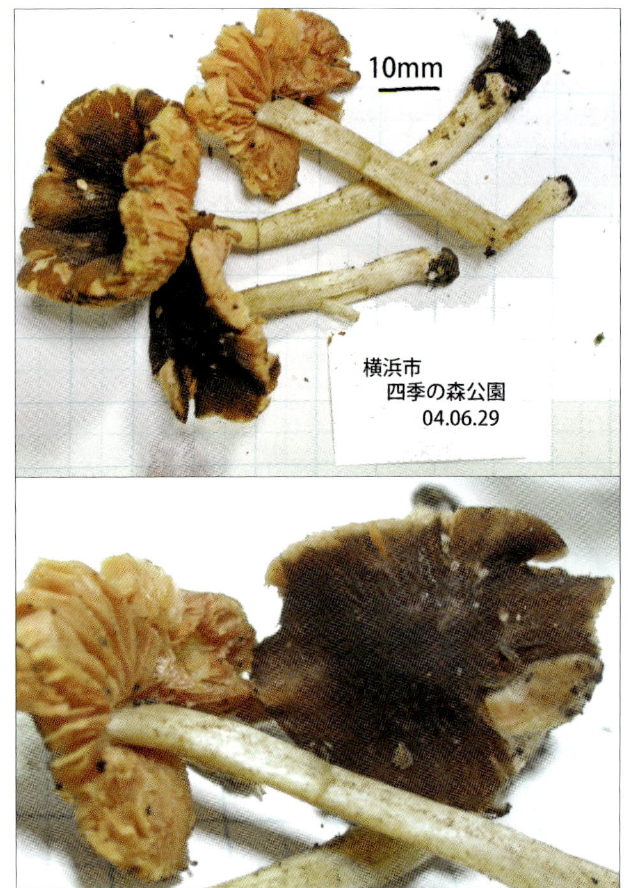

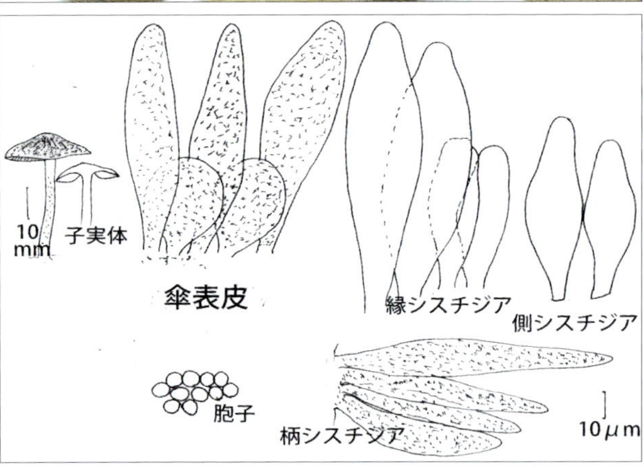

肉眼形質　傘は径 40mm 以下、暗褐色、ビロード状、僅かに放射状のしわや圧着した微細な鱗片があり、ほぼ平開する。ひだは離生、肉紅色、密。柄は円筒状、80×8mm 以下、全面に褐色の鱗片が散在する。

顕微鏡形質　胞子は広い楕円形～類球形 5~7 × 5~6μm、肉紅色。傘表皮は子実層状で 2 型の細胞からなり、1 つは紡錘形、55~65 ×15μm、他は脚部のある類球形、25×20μm、褐色。縁シスチジアは紡錘形、55~90 ×15~25μm、無色、密生。側シスチジアは紡錘形、55~70×18~20μm、散生。柄シスチジアは狭紡錘形～線状、50～120×10~15μm、褐色、束生～散生。

分布・生態　北半球の温帯に分布する。日本でも、全国的に分布すると考えられる。初めて標記学名で記録されたのは北海道であるが同種と判断できるものが東京都、埼玉県、神奈川県に記録がある。広葉樹の枯木に生える。本資料は横浜市産、2004.06.29、採取。

メモ　東京都国分寺市恋ケ窪（1967）で記録された日本きのこ図版No.169、No.1276 コイノベニヒダタケが同種と判断される。傘表皮が 2 型の細胞で構成され、ひだ縁部の縁取りはなく、柄の全面に褐色の柄シスチジアがある。文献：㉔,54,96

アカエノベニヒダタケ（新称）*Pluteus roseipes* Höhn.

肉眼形質

傘は径25mm、低い山形、暗赤褐色、平滑で微細な白粉毛を被る。明らかな放射状条線はない。ひだは幅5mm、離生し、密、初め白く、後肉紅色。柄は円筒状、60×5mm、肉は淡肉紅色を帯び、表面は白く繊維状で、下部はやや淡紅色を帯び、少し鱗片が着く。

顕微鏡形質

胞子は広楕円形、6~7×5~6μm、肉紅色。担子器は棍棒状、ほぼ35×8μm、4胞子型。縁シスチジアは類紡錘形、50~100×10~25μm。頂部が突起状になるものが多いが尖るもの、円頭のものなど変化が多い。側シスチジアは類紡錘形、40~100×20~35μm、頂部突起状のものは少ない。柄シスチジアは類紡錘形、40~80×10~40μm。傘表皮は柵状被で、50~230×15~25μm、の長紡錘形細胞が柵状に並ぶ。

分布・生態　ヨーロッパ、日本に分布する。普通針葉樹の枯木に生える。本資料は神奈川県真鶴半島のクロマツ倒木に発生。2013.06.23、採取。メモ　本種はヒメベニヒダタケ節、Eucelluroderimini 亜節に属する。針葉樹に生え、柄下部がやや赤みを帯びる。顕微鏡的にはベニヒダタケ *P.leoninus*（p.72）によく似ており、同種の変種とする文献もある。青木実が日本きのこ図版№1283 に標記の名で記載したものが同種と考えられる。ただし広葉樹に発生としている点、疑問が残る。文献：57,67

アシグロベニヒダタケ（青木仮称）*Pluteus* sp.

ヒメベニヒダタケ節 *Celluroderma* 、*Mixtini* 亜節　*Eugraptus* 系

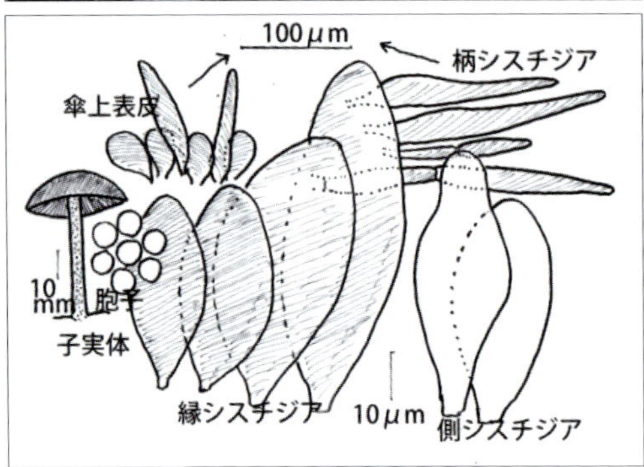

肉眼形質　傘は径 40mm 以下、暗褐色、平滑、明らかな条線はない。ひだは離生し、密、縁は暗褐色に縁どられる。柄は円筒形、40×5mm 以下、全面に暗褐色の粒点状鱗片を密布。

顕微鏡形質　胞子は広楕円形～類球形、5~6×5μm、淡肉紅色。傘表皮は紡錘状と棍棒形の2型の細胞からなる子実層状で、紡錘状細胞は 50~70×8~10μm、棍棒形細胞は 25~30×10~13μm、何れも暗褐色である。縁シスチジアは棍棒形～紡錘形、40~80×15~20μm、暗褐色、密生。側シスチジアは紡錘形、40~60×15~25μm、無色、散在。柄シスチジアは紡錘形、50~80×12~22μm、暗褐色、束生。

分布・生態　東京都、埼玉県、神奈川県で記録がある。稀ではあるが国内に広く分布すると考えられる。植込みの下や腐植土、チップに生え、地上生。本資料は相模原市津久井城山チップ上、2015.07.11、採取。メモ　傘表皮が2型の細胞からなる子実層状被で縁どりのあるグループは Singer 分類体系の *Eugraptus* 系に該当する。日本きのこ図版にはそれに属すると判断されるものを3種挙げており、本資料は同図版No.997 に標記の名で記載されているものに諸形質がほぼ一致する。側シスチジアが無色で、柄シスチジアが密生して目立つのが特徴である。文献：96

オクヤマベニヒダタケ（仮称）*Pluteus* sp.

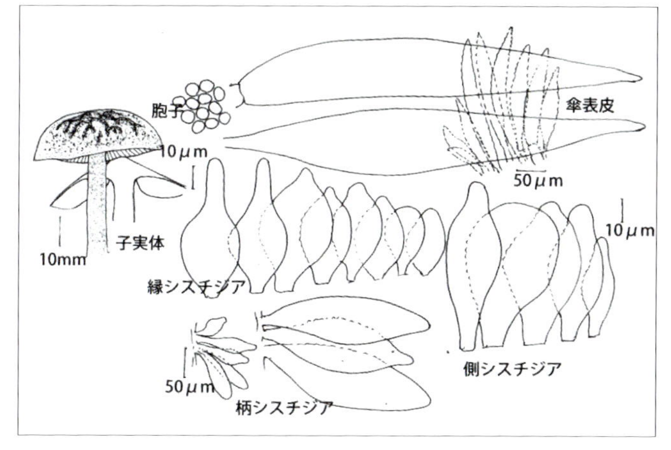

肉眼形質

傘は径 50mm 以下、丸山形からほとんど平開する。表面は焦げ茶色、濃色部分が中央だけにあるもの、放射状に裂けた状態にあるもの、中央付近に不規則な網状模様を作るものなど変化がある。淡色部分には褐色小粒点が密に分布する。肉は薄く白い。ひだは幅広く、密で、初め白く後肉紅色。柄は円柱状、40×8mm 以下、全面に褐色小粒点がある。

顕微鏡形質

胞子は広楕円形、5~7×4~5μm。縁シスチジアは広紡錘形～棍棒状～フラスコ形、20~60×15~25μm、無色、群生。側シスチジアは広紡錘形～紡錘形、40~70×15~40μm、無色、散生。柄シスチジアは紡錘形、50~100×20~25μm、褐色、束生。傘表皮は直立し、先端の尖る長紡錘形、40~250×20~25μm、淡褐色の細胞で構成される。

分布・生態　神奈川県の冷温帯域（ブナ帯）に分布する。腐朽の進んだ広葉樹材に生える。本資料は神奈川県丹沢山系堂平で 2004.10.14、採取。

メモ　本種はフチドリベニヒダタケ（p.83）と同じような環境（ブナ帯）に生え、顕微鏡形質も類似するが、ひだの縁どりはない。青木仮称のミヤマベニヒダタケもよく似るが本種は傘表面に褐色粒点が目立つ。文献：96

フチドリツブエベニヒダタケ（仮称）*Pluteus* sp.

ヒメベニヒダタケ節 *Celluroderma* 、*Mixtini* 亜節　*Eugraptus* 系

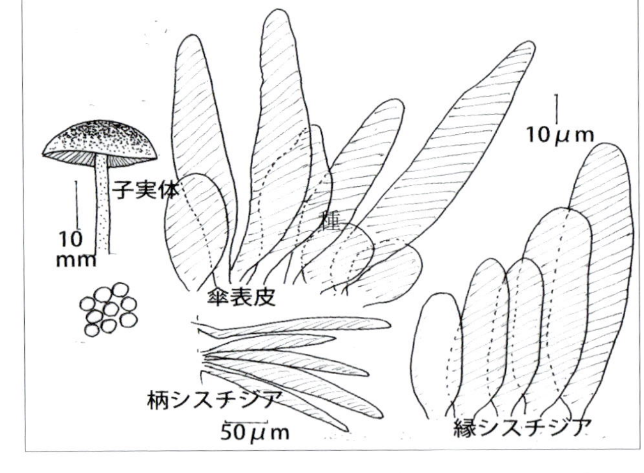

肉眼形質　傘は径 40mm 以下、暗褐色、微粉状、ほぼ平滑、明らかなしわや条線はない。ひだは離生し、密、縁は暗褐色に縁どられる。柄は円筒形、40×5mm 以下、全面に暗褐色の粒点状鱗片を密布する。

顕微鏡形質　胞子は類球形、径 4.5~5.5μm、淡肉紅色。傘表皮は紡錘状と棍棒形の２型の細胞からなる子実層状で、紡錘状細胞は 50~70×8~10μm、棍棒形細胞は 25~30×10~15μm である。縁シスチジアは円筒形～紡錘形、40~95×15~22μm、暗褐色、密生。側シスチジアはない。柄シスチジアは線形、毛状、150~230×10~15μm、暗褐色、多数束生。

分布・生態　本資料は神奈川県愛川町八菅山で広葉樹腐朽材に７月発生。

メモ　傘表皮が子実層状で２型の細胞からなり、ひだに縁取りのあるものは *Eugraptus* 系に属する。それに該当すると判断されるものを青木実が日本きのこ図版に３種紹介しているが本資料に一致するものはない。同図版№1575 フチグロヒメウラベニガサは側シスチジアを欠く点で類似するが、その柄には本種のような褐色粒点はない。アシグロベニヒダタケ（同図版№997）(p.80) もよく似るが、それには側シスチジアがある。文献：96

フチドリベニヒダタケ　*Pluteus umbrosus* (Pers.:Fr.) P.Kumm.

Hispidodermini 亜節　*Umbrosus* 系

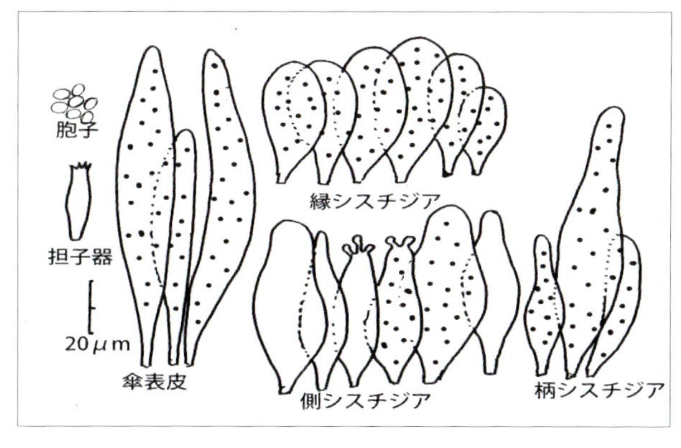

肉眼形質　傘は径60mm以下、表面は暗褐色~暗黄土色で、ビロード状の感があり、やや放射状に不規則な濃淡模様がある。全面に褐色小粒点がある。周縁には毛状鱗片が発達し、縁部からはみ出る。肉はごく薄い。ひだは離生、やや幅広く、密で、初め白く、後淡紅色を帯び、暗褐色の縁どりがある。柄は円筒状、長さ60mm以下、傘表面と同色かより淡色の小粒点を密布する。

顕微鏡形質　胞子は広楕円形、5.5~6.5×4~4.5µm。傘表皮を構成する細胞は長紡錘形、暗褐色、50~100×7~10µm、密生して立ち上がる。縁シスチジアは棍棒状～広紡錘形、20~35×15~20µm、暗褐色。側シスチジアは広紡錘形～フラスコ形40~50×10~15µm、しばしば頂部に瘤状突起があり、暗褐色と無色がある。柄シスチジアは長紡錘形、25~100×7~20µm。暗褐色。

分布・生態　ヨーロッパ、北米、日本に分布が確認されている。冷温帯の広葉樹枯木に生える。本資料は神奈川県清川村堂平（丹沢山系ブナ帯）2004.10.14、採取。

メモ　オクヤマベニヒダタケ（仮称）（p.81）は本種に酷似し同じ環境に生えるが、それはひだに縁どりがない点で識別できる。文献：④㉔,54,67

アシマダラヌメリカラカサタケ（仮称）*Limacella* sp.

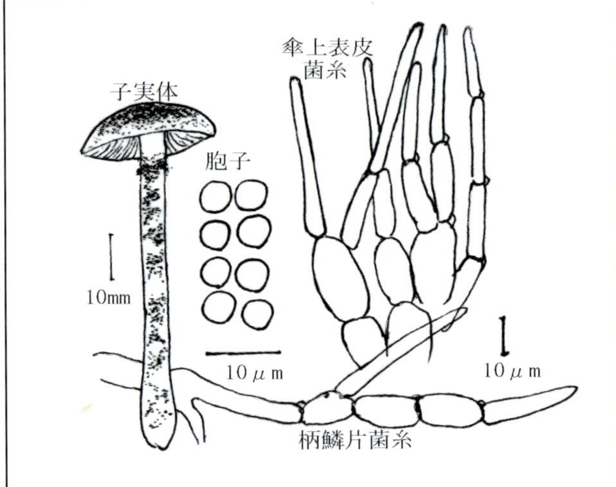

肉眼形質 傘はまんじゅう形からほぼ平開、若いとき、傘の縁に被膜の名残りを着け、栗褐色、径 25mm、強い粘性がある。ひだは白色、離生、大ひだ45、小ひだ 3。柄は 50×5mm、粘性があり、傘と同色の鱗片がまだらに着き目立つ。初め内被膜が柄頂部に付着してつば状に見えるが残らない。

顕微鏡形質 胞子は類球形、径 4~4.5μm。非アミロイド。縁・側シスチジアはない。傘上表皮はやや短節、細棒状、60~100×6~10μm の菌糸が直立柵状に密生する。多くの隔壁にクランプがあり、基部の菌糸細胞は 20~30×8~10μm の楕円形。柄鱗片菌糸はときに分岐し、先の方が短節となる菌糸状、80~150×8~12μm、頂部は尖る。ひだ実質は散開型、子実層直下の菌糸層の細胞は著しく膨大し、20~30×15~20μm。

分布・生態 逗子市神武寺、葉山町南郷上ノ山公園に秋季発生。発生環境は常緑広葉樹の多い雑木林の林床。本資料は神武寺、林床、2010.09.25、採取。**メモ** 本種は肉眼的には柄に粘性があり、まだら模様の鱗片が目立つことで類似種と識別され、顕微鏡的には傘上表皮構造が特徴的である。さらに子実層直下の菌糸層の細胞が目立って膨大していることも特徴の一つに挙げることができる。ヌメリカラカサタケ *L. subglischra* も同じ環境で観察されるが、それより稀である。何れもヨーロッパ分布の *L. ochraceolutea* に近い種類と思われる。本種は神奈川低地での複数の確認によって、暖温帯広域分布が推定される。文献：㉚,67,85

ヒメカラカサタケ *Leucocoprinus cretaceus* (Bull.) Locq.

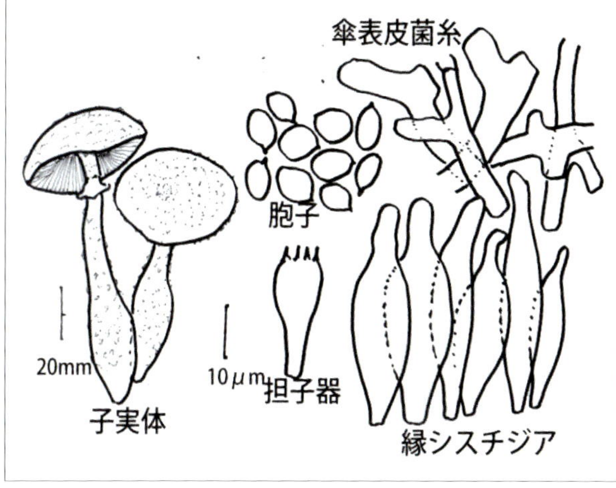

肉眼形質 全体純白、柔らかく、著しく綿質～粉質の被覆物に覆われる。触れても全く変色しない。傘は山形から平開し、径 70mm 以下。ひだは離生し、密。柄は長さ 12cm 以下、上部に膜質のつばを着け、基部は次第に膨大する。

顕微鏡形質 胞子は広楕円形、8~10×5~7μm、発芽孔や嘴状突起 apicule が明瞭、偽アミロイド。担子器はほぼ 25×10μm、4 胞子を着ける。縁シスチジアは頸部のある類紡錘形、36~55×8~15μm、密生。傘表皮菌糸は径 5~8μm、短い枝状突起や、Y 字型などがある。

分布・生態 ヨーロッパには広く分布。千葉県の温室で発生の記録がある。本資料は横浜市野島公園で。林床腐植に少数発生。

メモ キヌカラカサタケ *L.cepistipes* によく似るが、この学名の菌は子実体が全体白色ではなく、少なくとも傘中央はベージュ色を帯びるとされている。それに対し、本種は全体純白色の特徴で識別される。原色日本新菌類図鑑(Ⅰ)(保育社)のキヌカラカサタケの解説では、はじめ子実体は白色とされているから、本種が誤認されていた例があるかも知れない。本種の学名は *Leucocoprinus cretatus* を当てている文献が多いが、それは Index Fungorum で標記学名のシノニムとされている。筆者は本種を当初マシロキヌカラカサタケ（真っ白なキヌカラカサタケの意）と仮称していたが文献⑯にキヌカラカサタケの変種として標記の和名で記載があった。その資料は温室に発生したものという。本資料が露地に発生したのは温暖化の影響であろうか？

文献：⑤⑩⑯,67,74,82

チャウロコハラタケ(新称)　*Agaricus impudicus* (Rea)Pilat

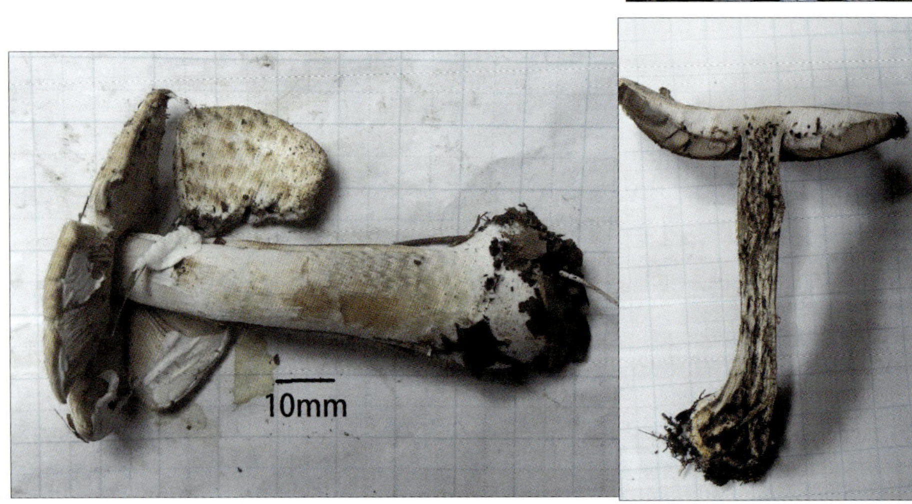

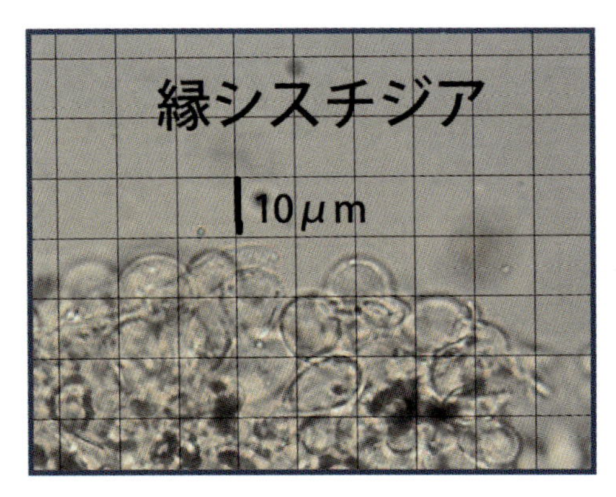

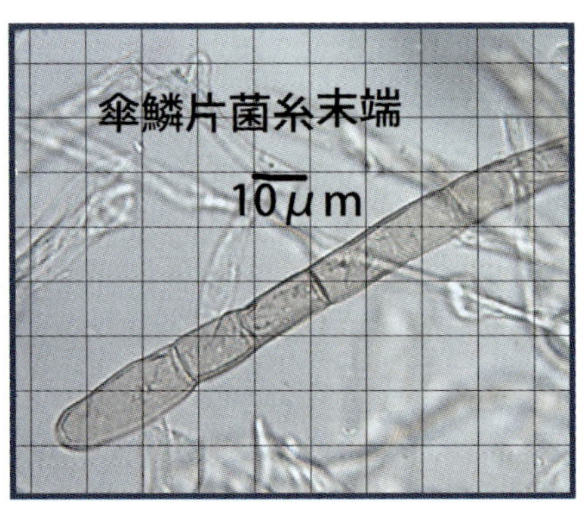

肉眼形質

傘は径 15cm 以下、中央は茶褐色、周辺は白地にセピア色〜茶褐色鱗片が次第に疎らに圧着する。ひだは離生、極めて密、初め白、次第に淡桃色、褐色、黒褐色になる。柄は円筒状、15 x 2cm 以下、ほぼ白色、平滑、資料標本は基部が次第に膨大する。最上部は内皮膜に包まれ、皮膜の下部がつばを形成する。つばは膜質、一重。つばより下は皮膜菌糸による淡いだんだら模様がある。中空で、肉は切断や KOH 水溶液により変色することはなく、特別の臭いもない。

顕微鏡形質

胞子は楕円形、4.5~6×3~3.5μm、褐色、厚壁。担子器は棍棒状、15~20×6~7μm、4胞子生。縁シスチジアは類球形〜棍棒状、15~20×8~13μm、密生（疎生の場合もあるという）。傘鱗片菌糸末端は有色で比較的短節、径 8~10μm。

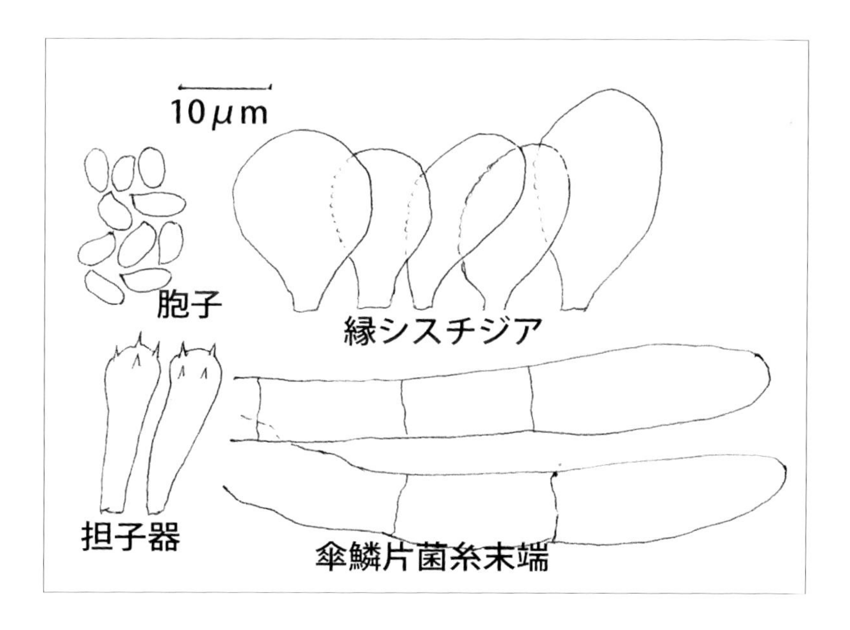

分布・生態

ヨーロッパには広く分布。神奈川県内ではしばしば観察。本資料は秦野市、2011.10.12 採取。同種と判断されるものを小田原市、平塚市でも確認。何れも雑木林林床に少数群生。

メモ

ハラタケモドキ *A.placomyces* は本種に類似するようであるが、柄基部を傷つけ、こすると黄変し、また縁シスチジアを欠くというから識別は容易である。本種は柄が平滑で、肉に変色性がなく、主として類球形〜短棍棒状の縁シスチジアがある。日本きのこ図版 №1527 コハラタケモドキ（青木）は本種かと思われるが、小型であるとの認識に疑問があり、また同図版№1407 のハラタケモドキ（ナガエノハラタケ）は誤認と判断されるので混乱を避け、傘鱗片の色を冠した和名を提唱した。文献：41,45,73

ニセモリノカサ *Agaricus subrufescens* Peck

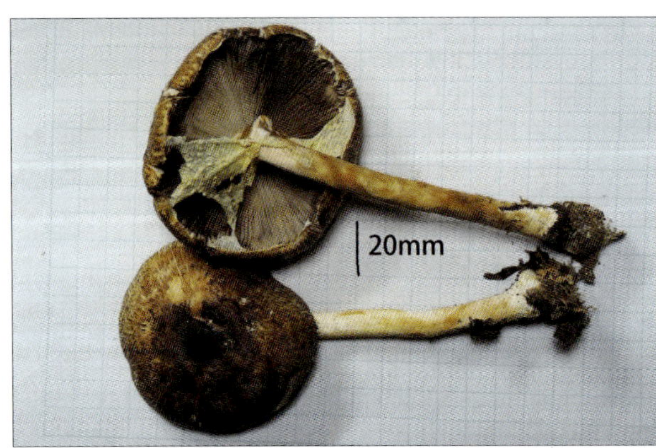

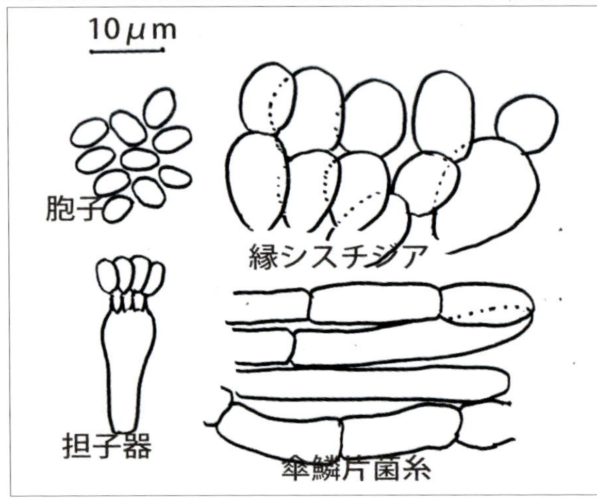

肉眼形質　傘は径 15cm 以下、丸山形からほぼ平らに開き、全面に茶褐色小形鱗片を密布し、はじめ辺縁に内皮膜を付着する。肉は白色、ひだは離生して極めて密、胞子の成熟に伴い淡紫紅色から黒化する。柄は円筒状、15×5cm 以下、淡褐色を帯び、上部につばがあり、つばより下には初め内皮膜破片が疎着、基部はやや急に膨らむことが多い。KOH 水溶液で黄褐色になるが明らかな黄色反応ではない。

顕微鏡形質　胞子は楕円形、6~8×3~4μm（文献記載は 6~8×4~5μm)、担子器は棍棒状、ほぼ 20×7μm、4 胞子型。縁シスチジアは連球形で球状～楕円形の細胞が 2~3 個連結し、各細胞の径は 6~15μm。傘鱗片菌糸は径 3~5μm、並列する。

分布・生態　欧州、北米、南米、日本に分布。林床腐植地や落葉堆積地に生える。本資料は相模原市津久井城山公園、林床で 6 月採取。

メモ　欧州で *A.rufotegulis* として記載され、ブラジルでは *A.blazei* と誤認された経緯がある。抗がん剤「アガリクス」で著名なヒメマツタケは実は本種であったという。北米では古くから食用とされていた歴史がある。文献：45

ザラエノモリノカサ（仮称）*Agaricus* sp.

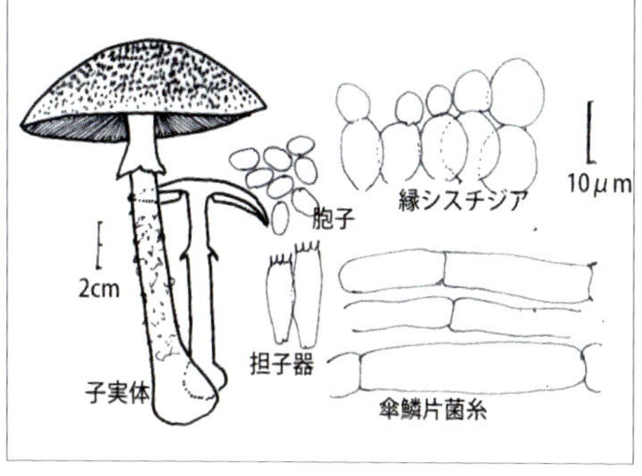

肉眼形質
傘は径 10~15cm、全面にやや小形の暗褐色（雀茶色）鱗片を密布する。ひだは離生し極めて密。胞子の成熟とともに黒変する。柄は円筒形、ほぼ 10×1cm、上部にスカート状のつばがあり、つばより下部は綿くず状の鱗片に覆われ、ややささくれ状である。基部は膨らむものが多い。KOH 水溶液で黄色に反応する。

顕微鏡形質
胞子は楕円形、5~7×3~4μm。担子器は円筒状、ほぼ 15×7μm、4 胞子型。縁シスチジアは連球形（だるま形）が多く、大球の径は 10~17μm、小球は 6~7μm、密生する。傘鱗片菌糸は径 5~10μm、並列する。

分布・生態　神奈川県では比較的普通種。本資料は相模原市中央緑地、9 月、雑木林林床に発生。恐らく国内の暖温帯域では広く分布すると推測される。

メモ　本種は柄の綿くず状鱗片の量や密度にかなり違いがあり、密に付着しているものは一見ザラエノハラタケに似る。しかし、本種は傘鱗片がより小形であり、KOH 水溶液で黄色反応を示すので識別できる。検鏡して縁シスチジアが連球形であることが分かれば確実である。ニセモリノカサ *A.subrufescens* （p.88）にも似るが、それは柄がささくれ状ではなく、KOH 水溶液で明らかな黄色反応を示さないので識別できる。ただし、縁シスチジアが連球形であるなど類似点も多い。ヨーロッパに分布する *A.augustus* に形態的にほぼ一致し、縁シスチジアが連球形になる特徴もまた一致する。しかし、その胞子サイズは 7~9×5~6μm で、本種より大きいので同一分類群とは認め難い。胞子小形の変種と考えても良いように思われる。本種は大形の *Agaricus* で傘に褐色鱗片があり、柄にささくれ状鱗片が着き、KOH 水溶液に黄色反応し、縁シスチジアが連球形であることを確かめれば他種と識別できる。欧州分布の近似種 *A.augustus* は古くから食用とされていたという。文献：41

ウコンカラカサタケ *Lepiota aurantioflava* Hongo

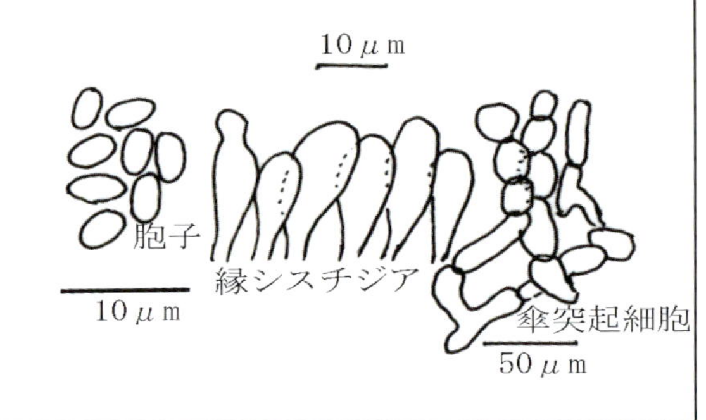

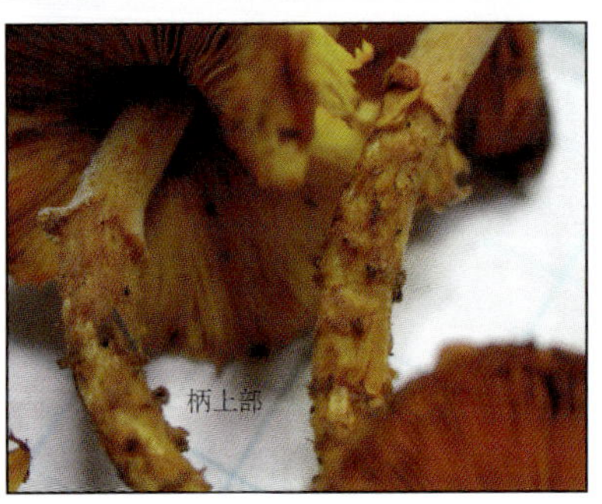

肉眼形質

傘は径 50mm 以下、ほぼ平らに開き、傘上面は黄色地に黄褐色刺状の粉質突起が多数分布する。傘肉は黄色。ひだは上生～離生、大ひだ 50、小ひだ 2、初め黄色、のち橙褐色を帯びる。柄は円筒状、50×5mm 以下、上部につばがあり、つばから下は黄色地に橙褐色の鱗片を密に着ける。子実体は全体に軟弱で壊れやすい。

顕微鏡形質

胞子は楕円形、3.8~4.2×2.2~2.6μm、偽アミロイド。縁シスチジアはやや不揃いな棍棒形、20~25×6~9μm。傘の刺状突起は球形～長楕円形～円柱形、20~60×15~20μm の細胞よりなる。

分布・生態

各地に記録があり、恐らく国内に広く分布すると思われるがやや稀である。本資料は神奈川県葉山町、2005.09.11、および平塚市、2009.07.16、採取。

メモ

鮮やかな色彩と刺状の突起が残っている子実体であれば、肉眼で他種との識別は容易である。出会いの機会が少ないのでやや稀な種類であろう。文献：⑩

トゲミノカラカサタケ *Echinoderma calcicola* (Knudsen) Bon

Lepiota calcicola Knudsen

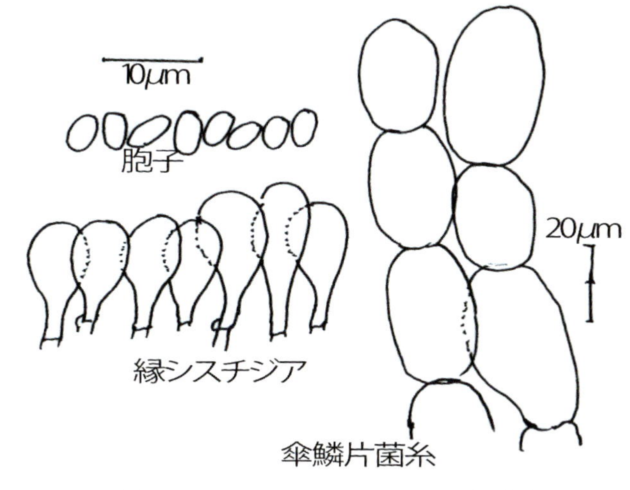

肉眼形質

子実体は高さ40mm、傘は丸山形で径30mm、傘も柄も著しい永存性の暗褐色、長さ2~3mmの軟質の刺状鱗片に覆われる。膜質のつばは形成しない。ひだは離生し、やや密、縁取りはない。

顕微鏡形質

胞子は楕円形、平滑、4~5×2.2~2.5μm、強偽アミロイド。4胞子型。縁シスチジアは棍棒状、15~30×4~8μm、無色、密生。側シスチジアはない。傘、柄の刺状鱗片は幅15~25μmの類球形～楕円形細胞の連なりからなる。ひだの実質菌糸は並列型、菌糸にはクランプがある。

分布・生態

ヨーロッパ、日本に分布。東京都、神奈川県では確認。本資料は神奈川県葉山町産。雑木林の林内に生える。

メモ ツノカラカサタケ *E.hystrix* に似るが、本種は初めから膜質のつばを欠き、ひだに縁取りがなく、胞子はより小さいなどの点で異なる。和名は「刺蓑」の意味かと思うが、従来、胞子に刺状突起のあるキノコに「刺実の」と形容した和名が多いのでまぎらわしい。文献：100

コナカラカサタケ *Cystolepiota hetieri* (Boud.) Singer

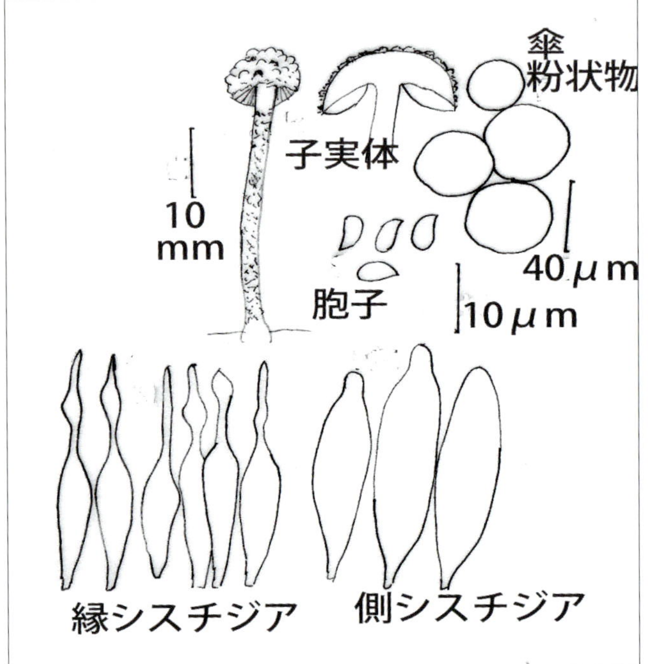

肉眼形質 傘は円錐形〜丸山形、径8~20mm、ほぼ白の地に粉物質がこぶ状に隆起して覆い、斑点状に茶褐色である。傘周辺にはつばの名残が付着する。ひだは離生し、やや密、初め白色のちやや褐変する。柄は20~40×2~4mm、傘と同じような粉物質に覆われ、つばは粉質で不完全である。**顕微鏡形質** 胞子は楕円形、4~5×2~2.5μm、非アミロイド。縁シスチジアは頂部が不規則な長いくちばし状に伸びた紡錘形、密生。側シスチジアは文献では無いとされているが本資料では稀に見つかり、紡錘形、ほぼ30×23μm。傘や柄の粉物質は径25~50μm、球形の細胞で構成されている。**分布・生態** ヨーロッパ、日本に分布。日本での確認は比較的少ない。本資料は鎌倉市で2002.06.23、採取。広葉樹、針葉樹の林床に生えるとされているが本資料の子実体1個は小枝材上に生育していた。**メモ** 本種に類似する形状のキノコは多いので肉眼同定は極めて困難であろう。類似種との識別には傘や柄が球形細胞で構成された粉物質を被り、頂部が伸びた紡錘形の縁シスチジアの存在を確認することが必須である。文献：74

コケシコナカラカサタケ（仮称） *Cystolepiota* sp.

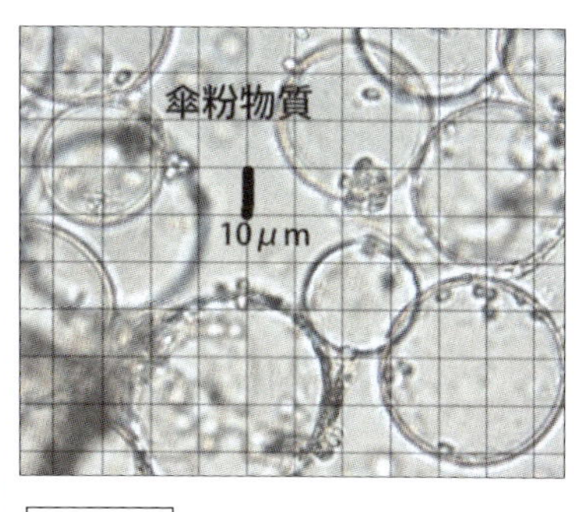

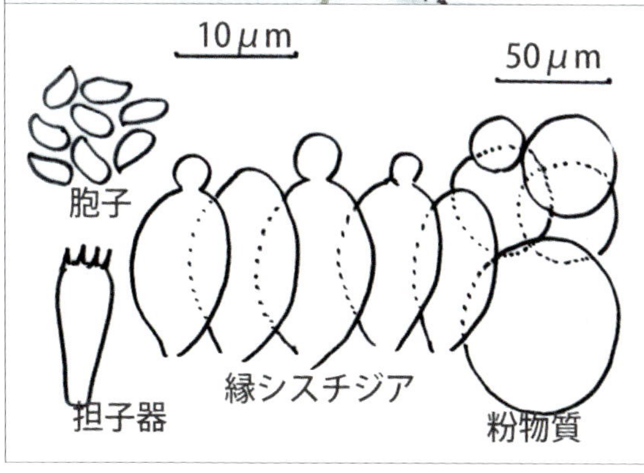

肉眼形質 傘は丸山形からほぼ平らに開き、径 25mm 以下、肉紅色を帯び、粉物質に覆われ、こぶ状突起が全面に分布するが特に中央部に多い。ひだは離生、柄は円筒状、35×5mm 以下、中空、つばは形成しないが、粉物質からなる皮膜破片が綿をちぎって不規則に付着した状態に見える。それらは触れると脱落する。

顕微鏡形質 胞子は楕円形、4~5×2~2.5μm、非アミロイド。担子器は棍棒状、15×6μm、4 胞子型。縁シスチジアは嚢状、紡錘形、こけし人形型、15~20×6~10μm、頂部に球形を載せるこけし形が必ず存在する。傘・柄を被覆する粉物質は径 25~50μm の球形細胞で構成される。

分布・生態 八王子市高尾山、神奈川県秦野市頭高山で確認。広葉樹林林床に生える。本資料は秦野市頭高山、2016.07.02、採取。

メモ 本種はコナカラカサタケ（p.92）に似るが縁シスチジアは球嚢状やこけし人形形という特徴がある。仮称は縁シスチジアのコケシ形を冠した。文献：74

コムジナタケ *Cystoagaricus silvestris* (Gillet) Örstadius & E. Larss.

Psathyrella silvestris (Gillet)Konrad & Maubl.

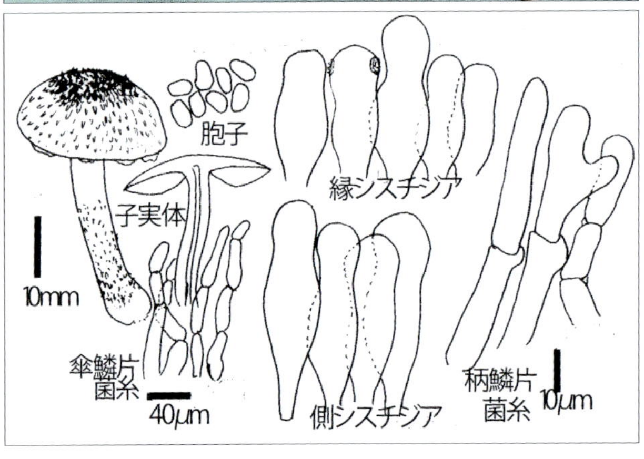

肉眼形質

傘は暗褐色、丸山形からほぼ平らに開き、径 30mm 以下、密に永存性の繊維状鱗片に覆われる。特に中央部が著しい。辺縁に被膜の破片を着ける。ひだは上生し、暗紫褐色、大ひだ 25、小ひだ 3。柄は円筒形、35×5mm 以下、中空、頂部は白く、綿毛状鱗片があり、つばは作らないが被膜破片が着く、つば帯より下は白地に傘同様の暗褐色繊維状鱗片がやや密につく。

顕微鏡形質

胞子は豆形～卵状楕円形、6.5~7.5 × 3.5~4μm、暗褐色、発芽孔はごく小さい。縁シスチジアは円頭紡錘形～くびれのある紡錘形、25~45×11~15μm、密生。側シスチジアもほぼ同形であるが内部に油脂状内容物を含み、45~55×11~15μm、多数分布。傘鱗片は 20~70×5~15μm の楕円形～円柱形細胞の連なる菌糸で構成され、柄鱗片もほぼ同様である。菌糸にはクランプがある。

分布・生態　ヨーロッパ・日本に分布する。国内では埼玉、神奈川県などで確認されている。本資料は神奈川県逗子市の腐木に 10 月、発生。メモ　やや稀。学名は 2015 年に標記に変更された。日本きのこ図版No.316 に青木の記載がある。

タカネイタチタケ *Homophron spadiceum*

(P. Kumm.) Örstadius & E. Larss.

Psathyrella spadicea (P. Kumm.) Singer

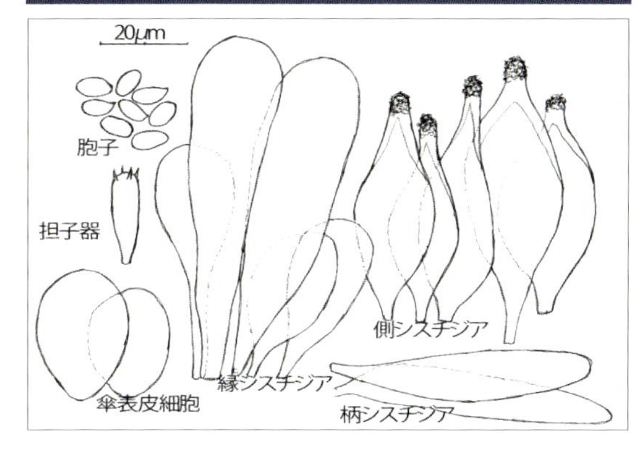

肉眼形質 傘は低い山形からほとんど平らに開き、径60mm以下、赤褐色～茶褐色、平滑。傘肉は厚さ3mm、淡赤褐色を帯びた類白色、ひだはほぼ直生し、幅5mm以下、傘と同色を帯び、大ひだ25~30、小ひだ5~7、長短の小ひだが多く密に見える。柄は円筒状、70×5mm以下、白色、表面は微細なささくれ状、中空。**顕微鏡形質** 胞子は楕円形、8~9×4~5μm、淡褐色、発芽孔は認められない。担子器はほぼ25×8μm、4胞子型。縁シスチジアは薄壁の棍棒形～円筒形、30~90×10~30μm、密生。側シスチジアはメチュロイドで厚壁、紡錘形、35~70×8~25μm、頂部に結晶を着け、多数分布。柄シスチジアは薄壁の棍棒形～紡錘形、50~100×10~20μm、上部に密生。傘表皮は径ほぼ30×20μmの嚢状～類球形細胞で構成される。クランプあり。

分布・生態 北半球に広く分布するが普通種ではない。神奈川県では大磯町高麗山（写真上）、真鶴半島（本資料）で採集。広葉樹の埋もれた材や落枝に生える。

メモ 本資料は青木記載の日本きのこ図版№1563タカネイタチタケに一致し、縁シスチジアは薄壁でメチュロイドではない。ただし、同図版では縁シスチジアに稀にメチュロイドがあるという。村田義一氏が記録した日菌報20（1979）ではシスチジアがメチュロイドと記録され、それが縁・側シスチジアの両者を含むか詳細不明。多くの文献では標記学名の菌は縁シスチジアが側シスチジアと同様のメチュロイドであるという。同定に疑問が残るがここでは変異の範囲と考えた。暖温帯沿海地にも分布するキノコの和名に高嶺を冠するのは滑稽の感があるが初めに高尾山で採集されたからという。側シスチジアが特徴的なメチュロイドなので他種との識別は容易である。文献：㉝,66

ハイイロイタチタケ（ウメネズイタチタケ）*Psathyrella cineraria*

Har.Takahashi

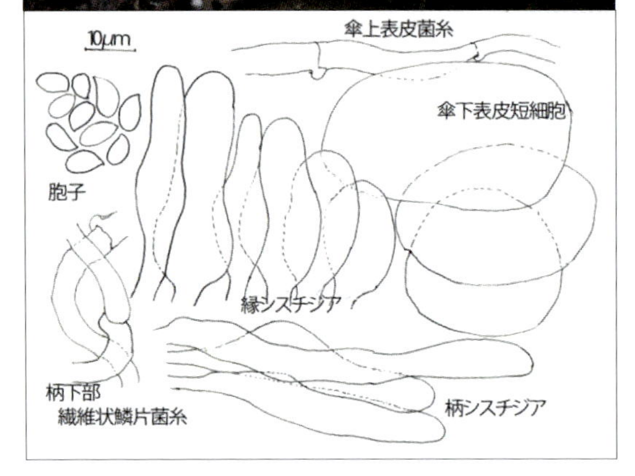

肉眼形質　傘は低い山形、径60mm以下、灰色～梅鼠色、初め薄く繊維状被膜を被り、放射状繊維紋がある。ひだは上生、密、幅ほぼ6mm。柄は円柱状、70×8mm以下、中空、上部は粉状、下部は繊維状鱗片に覆われる。

顕微鏡形質　胞子は広楕円形、6~9×4～5µm、淡褐色。担子器は棍棒状、ほぼ30×8µm、4胞子性。縁シスチジアは円筒状～紡錘形～卵形、30~60×10~20µm、密生。側シスチジアはない。傘上表皮菌糸は径6~8µm。傘下表皮の細胞は亜球形～楕円体、25~80×20~40µm。柄シスチジアは叢生、円柱状、40~70×10~20µm。柄鱗片菌糸は径5~6µm。菌糸にはクランプがある。

分布・生態　神奈川県低地では各地で発生を見る比較的普通種である。全国分布状況は明らかでないが暖温帯域では広く分布すると思われる。広葉樹の落枝、埋材に生える。

メモ　平塚市博物館資料№46 キノコ類標本目録（1997）に仮称で記録されたウメネズイタチタケが同種である。文献：⑱㉙

ハゴロモイタチタケ　*Psathyrella delineata* (Peck) A.H.Smith

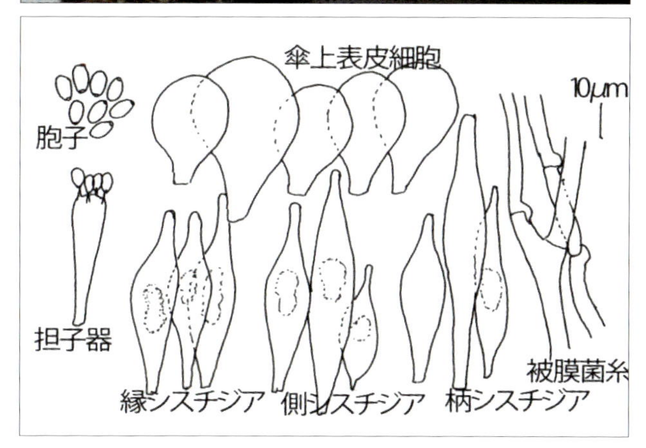

肉眼形質　傘は径 40mm 以下、初め鐘形のち低い山形からほぼ平らになる。明褐色で放射状しわが目立つ。縁部には白色膜状の被膜を着ける。傘の肉は中央部で厚さ 4mm 程度。ひだはやや密で直生～上生し、幅 6mm 程度、褐色。柄は円筒状、50×15mm、上部でやや細まるか上下ほぼ同大、白色、繊維状、被膜の破片を着けるがつばは形成しない。基部には白色菌糸束がある。顕微鏡形質　胞子は楕円形、褐色、7~8×4.5~5μm、発芽孔がある。担子器は棍棒形、ほぼ 25×8μm、4 胞子を着ける。縁シスチジアは密生、側シスチジアは多在し両者ほぼ同形の紡錘形、30~60×10~17μm、内部に不定形の大形油滴状の内容物がある。柄頂部にもほぼ同様のスシチジアがある。傘上表皮細胞は脚のある嚢状で、25~40×20~30μm。被膜の菌糸は径 3~10μm。菌糸にはクランプがある。分布・生態　北米、日本に分布する。国内では東京都、滋賀県で知られていた。本資料は神奈川県丹沢山地で 2005.06.28 に採集。広葉樹の腐木材上に生える。メモ　文献によっては本種を *P.gossypina*（ヨーロッパ分布）のシノニムとするものもあり、そのシスチジアは紡錘形で油滴状内容物を持つなどよく類似するが、Index Fungorum では別種としている。文献：45,58

ミヤマイチメガサ *Conocybe intermedia* (A.H.Sm)Kühner

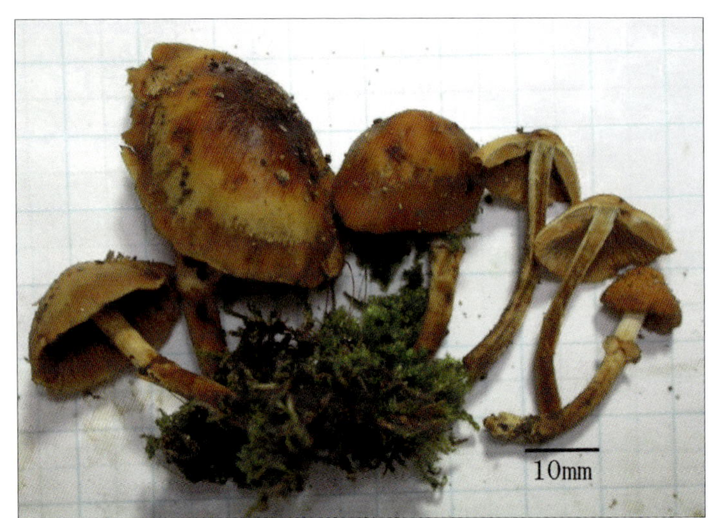

肉眼形質 傘は径40mm以下、栗褐色～褐色で平滑、条線はなく、湿時、粘性がある。若いとき傘周辺に外皮膜の名残をつける。ひだは褐色で上生し、やや密、柄は円筒状、45×5mm以下、鱗片が散在し、上部に永存性膜質のつばがある。

顕微鏡形質 胞子は楕円形、6.5~7.5×3.5~4.5μm、黄褐色、平滑、発芽孔は不明瞭、4胞子型。傘の表皮は子実層状で構成細胞は脚部のある球嚢状、頭部の径は10~20μm。縁シスチジアはこけし人形型、25×8~10μm、頭球の径は4~6μm、密生。クランプあり。側シスチジアはない。柄シスチジアは類円筒形～類紡錘形、ほぼ 35×8μm、散在。

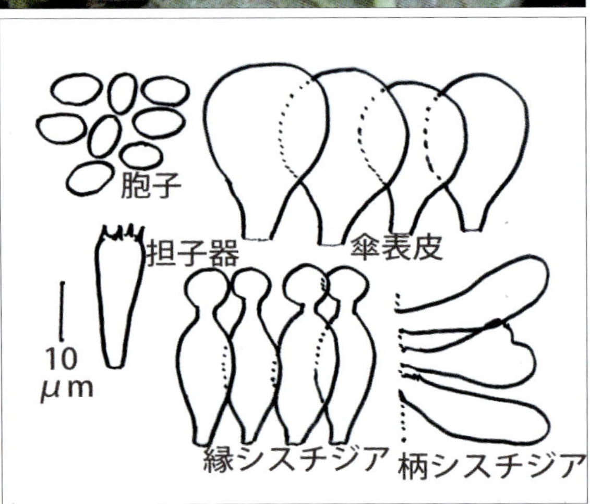

分布・生態 ヨーロッパ、日本に分布。日本では鳥取県大山、神奈川県丹沢山塊で確認されている。ブナ林林床の腐木に生える。冷温帯種で暖温帯には分布しない。本資料は神奈川県丹沢山堂平ブナ林で2005.05.13、採取。

メモ 永存性のつばがあるのでコガサタケ属ツチイチメガサ亜属 *Pholiotina* に所属するが、この亜属でこけし人形型のシスチジアを持つものは、ごく限られるので同定は容易である。神奈川キノコの会では初め雨に濡れた子実体を採集し、粘性が強かったのでヌメリツバコガサタケと仮称、記録していた。文献：㉕、49

ニセキッコウスギタケ　***Hemipholiota heteroclita*** (Fr.) Bon

Pholiota heteroclite (Fr.:Fr.) Quél.

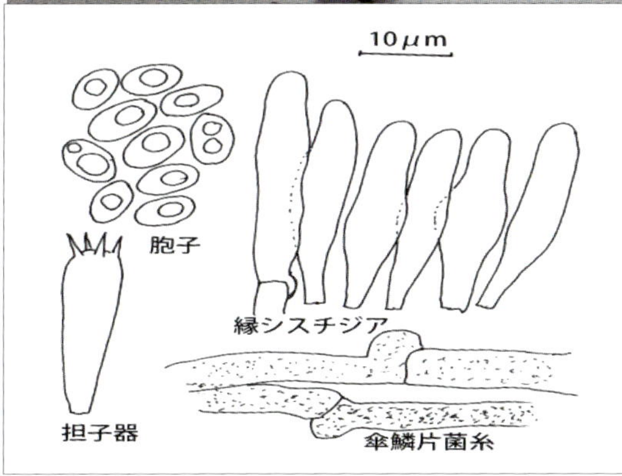

肉眼形質　傘は径 10cm 以下、低い丸山形、初めほぼ白色〜淡黄褐色のち黄褐色、同色の軟らかい鱗片に覆われる。湿時やや粘性がある。辺縁には皮膜の名残が垂れる。傘肉は白色で極めて厚く充実、中央部では 25mm に達する。カビ臭が強く、味は温和である。ひだは淡褐色、上生してやや密。柄は円筒状、50~70×15mm、上部に綿毛状の不明瞭なつばがあり、つばより下は綿毛状鱗片を被る。傘、柄の鱗片は採取後褐変した。柄下部では褐色の水滴を分泌。

顕微鏡形質　胞子は楕円形、褐色、7~9×4~5μm。担子器は棍棒状、40~45×7~9μm、4 胞子型。縁シスチジアは類円筒状〜狭紡錘形、45~50×8~11μm、傘鱗片菌糸は径 3~ 7 μm、クランプがある。

分布・生態　ヨーロッパ、日本の高冷地に分布。ハンノキ属やカバノキ属の枯れ木に生える。本資料は富士山太郎坊のダケカンバ枯木に 9 月、発生。

メモ　本資料を初めキッコウスギタケ *H. populnea* と同定していた。キッコウスギタケは傘鱗片が亀甲状というほど明瞭で、甘い強い匂いがあり、縁シスチジアが頭状で、主としてヤマナラシ属に生え、他にはニレ属、シナノキ属の発生例があるという。それに対し、本資料は若い子実体でも傘鱗片がそれほど発達せず、カビ臭があり、縁シスチジアに頭状のものは見られず、ダケカンバ枯木に発生しているので同種とするのは無理であると考え直した。上記の形質は標記 *H. heteroclita* にほぼ一致する。しかし、その担子器は 2 胞子が優勢であるという点で一致しない。しかし、その種内変異の範囲と判断した。文献：㉜,67

クリイロツムタケ（青木仮称）　*Pholiota* sp.

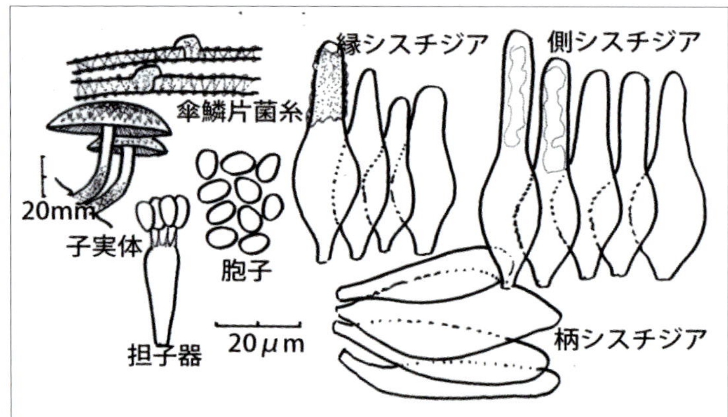

肉眼形質　傘はほぼ平らに開き、径60mm以下、中央は茶褐色、周辺は次第に淡黄褐色、同心円状に鱗片を配列。粘性はごく弱い。ひだは弱い湾生で短い垂糸があり、初め黄色。大ひだ35、小ひだ 3。内皮膜は糸状で消失性。柄は上部白色～淡黄褐色、粉状。下部は赤褐色、繊維がある。

顕微鏡形質　胞子は褐色、楕円形、7~8×4~5µm。担子器は棍棒状、25×8µm、4 胞子型。縁シスチジアは首長の紡錘形、40~50×10~15µm、密生。側シスチジアは縁シスチジアより首の長い形が多く、45~60×15~20µm。クリソシスチジアや不明の内容物を含むもの、首部に粘性物質を被るものがある。柄シスチジアは類紡錘形、40~55×8~20µm、柄頂部に束生する。傘鱗片菌糸は径 2.5~4µm、らせん状模様被で、クランプがある。傘表皮菌糸にゼラチン化したものを見ない。

分布・生態　埼玉県、神奈川県では雑木林の広葉樹倒木などに発生し、しばしば採集されている。類似種と誤認されている場合も多いと思われる。本資料は小田原市いこいの森の地上倒木で、2015.09.13、採取。メモ　チャナメツムタケなどに似る。色調や内皮膜が貧弱で消失することなどは特にキナメツムタケ *P.spumosa* に近い。しかし、本種は粘性がごく弱く、傘表皮にゼラチン化菌糸が見られないことで識別される。なお、キナメツムタケについて柄シスチジアの有無を筆者は確認していないが、手元の文献には記載がない。もし、不存在であるなら本種との大きな相違点になる。日本きのこ図版№1215に青木実の記載がある。なお、本種の傘鱗片はほとんど目立たないものが多いが、本資料は特に顕著である。文献：㉘

ハグロチャツムタケ（青木仮称）*Gymnopilus* sp.

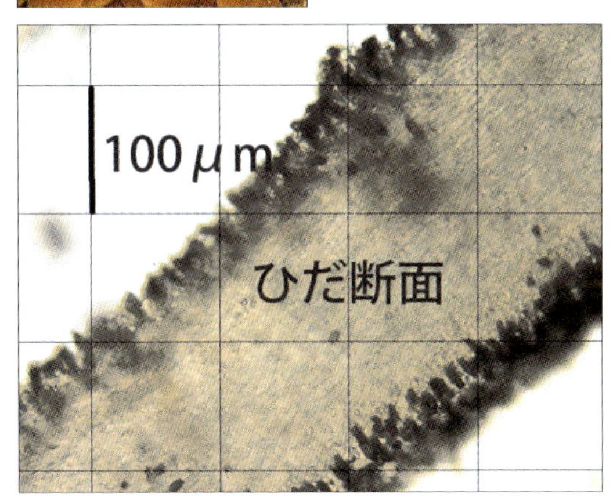

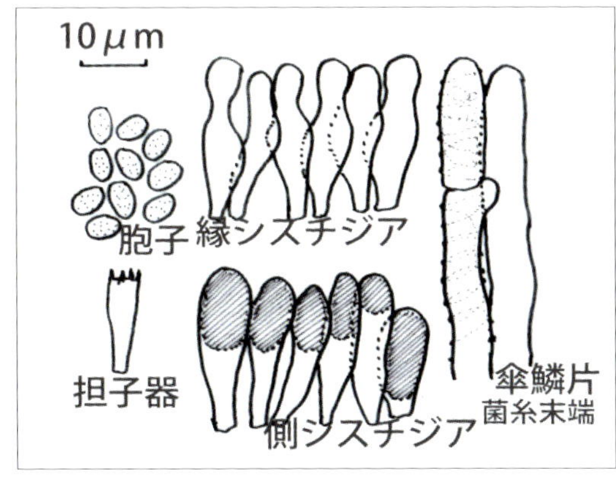

肉眼形質　傘は丸山形から平らに開き、径60mm以下、黄土褐色〜橙褐色、繊維状細鱗片が圧着して一見平滑に見えるものからささくれ状の鱗片に覆われるものまで、また傘縁部の内皮膜破片の付着が明瞭なものからほとんど認め得ないものまで変異が大きい。傘肉は淡褐色、味温和、特異臭なし。ひだはほぼ直生し、密で、初め鮮黄色、古くなると褐色になる。柄は円筒状、7×1cm以下、繊維状ときにややささくれ状。顕微鏡形質　胞子は広楕円形、5.5~5.5×4~4.5μm、偽アミロイド、微いぼがある。担子器はこん棒状、ほぼ18×7μm、4胞子型。縁シスチジアは主として頭球紡錘形、25~30×5~8μm、密生。側シスチジアは類紡錘形〜こん棒状、細胞壁は無色、ほとんどが不透明な黄色色素を内包し、密生する。そのため、顕微鏡下ではひだ側面が黒粒に覆われているように見える（左図）。この色素の反射光は黄色なのでひだは鮮黄色である。なお、この色素はKOH液で溶解する。傘表面の繊維状鱗片の菌糸は径5~10μm、色素を凝着、並列、クランプがある。分布・生態　ブナ帯（丹沢山系）でも確認例はあるが恐らく国内の暖温帯に広く分布する普通種と思われる。倒木（広葉樹、針葉樹）材上に群生ときに単生。本資料は神奈川県秦野市、9月、広葉樹材に発生。左下写真2枚は参考資料（平塚市、横須賀市）。

メモ　本資料は比較的多く観察される型であるが変異が多く肉眼的、顕微鏡的に多少相違するものも少なくない。本種について青木実の記載が日本きのこ図版№1234にある。近縁と推定される異なる分類群にも共通して側シスチジアに不透明色素を内包し、顕微鏡では黒粒として観察される特徴のあるものがある。

チャムクエタケモドキ　*Tubaria furfuracea* (Pers.:Fr.) Gill.

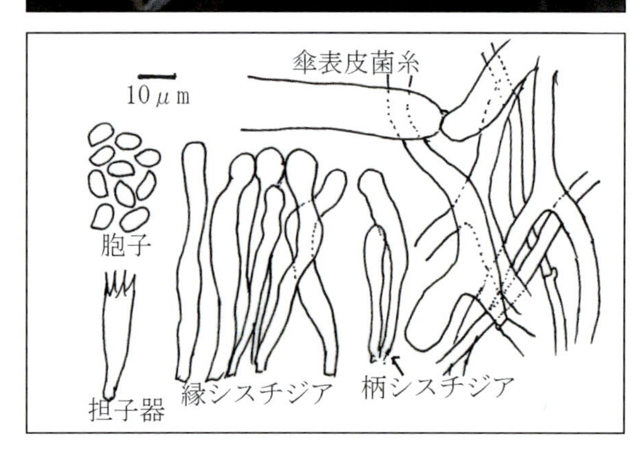

肉眼形質　傘は径 30mm 以下、丸山形から平らに開く。吸水性、湿時褐色で放射状条線があるが乾燥時は黄土褐色になり条線は消える。初め縁部には被膜の名残りが着く。ひだは直生〜弱垂生、幅広く、褐色、やや疎。柄は長さ 4cm 以下、褐色、中空、初め被膜の名残が着く。

顕微鏡形質　胞子は楕円形、平滑、7~8×4.5~5.5μm、淡黄土色。担子器は 4 胞子を着ける。縁シスチジアは波状屈曲する円柱形、40~70×5~8μm、頂部に丸みを持つものが多い。側シスチジアはない。柄シスチジアは柄頂部だけに分布、細い円柱状、30~50×5~6μm。傘表皮菌糸は幅 5~15μm、粗く分岐し錯綜する。菌糸にクランプがある。

分布・生態　ほぼ全世界分布。地上〜植物残骸上に生える。早春に発生することが多い。

メモ　広く分布する普通種ではあるが、生育時の新鮮な子実体でなければ、よく似た近縁種との識別は容易ではない。吸水性で湿時明瞭な条線があり、初め傘縁部や柄に被膜の名残を着ける（脱落しやすい）ことが確認でき、検鏡して縁シスチジアが波状屈曲の円柱形であれば本種とほぼ判断できる。文献：⑩

ビロードムクエタケ（新称）*Simocybe centunculus* (Fr.) P. Karst.

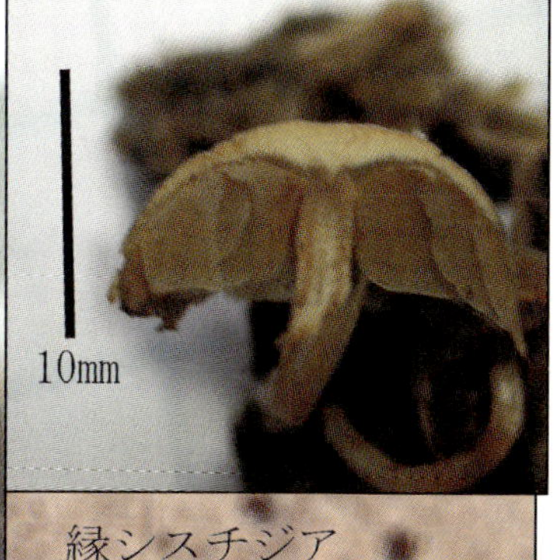

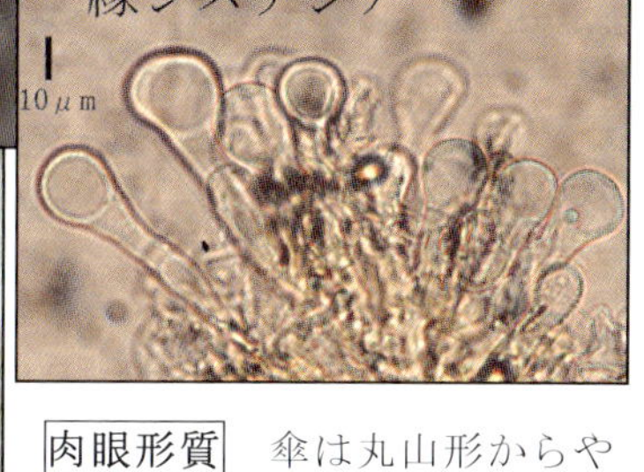

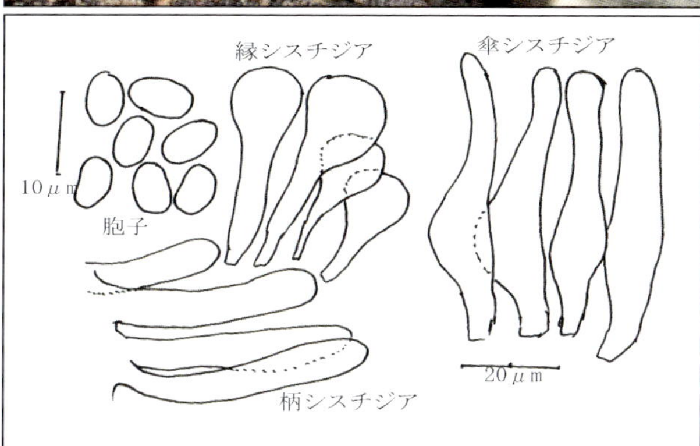

肉眼形質 傘は丸山形からやや平らに開き、径ほぼ25mm以下、褐色、平坦、平滑。肉は淡褐色で薄い。ひだは直生、淡褐色、疎で大ひだ18~20、小ひだ3~7、幅は約5mm。柄は円筒形、25×2mm以下、頂部には垂糸があり傘とほぼ同色、基部には白色菌糸叢がある。

顕微鏡形質 胞子は広楕円形、6.5~7.5×4~4.5μm、淡褐色。縁シスチジアは棍棒状、30~50×10~20μm。側シスチジアはない。傘シスチジアは類紡錘形で首部が長く、30~70×10~13μm。柄シスチジアはほぼ円筒状、30~50×6~8μm。菌糸にクランプあり。**分布・生態** 埼玉県、神奈川県に記録がある。広葉樹の枯れ木に生え、孤生～少数群生。本資料は神奈川県真鶴町、2005.06.23、採取。

メモ 青木実が日本きのこ図版No.289とNo.1677に標記の名で記載している。日本菌類集覧（勝本）には採録されてないので改めて新称として提唱したい。同種かと思われる子実体を調べてもそれぞれに多少の相違があり、変異の多い種類であろうと推定される。ビロードムクエタケ属*Simocybe*は日本原色新菌類図鑑（I）に属の検索表で解説されている。

文献：57,67,82

シモフリムクエタケ（青木仮称）*Simocybe* sp.

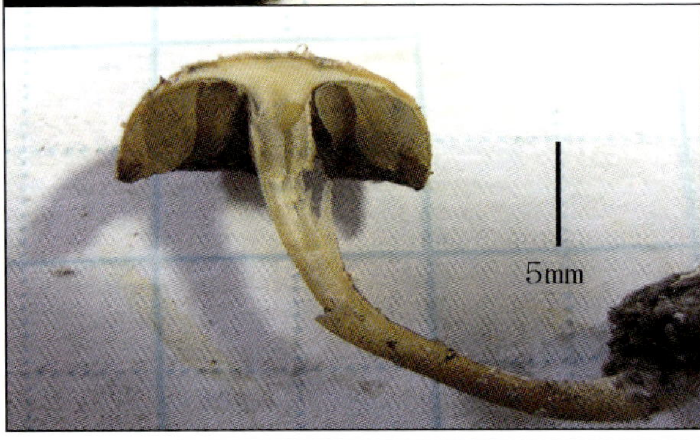

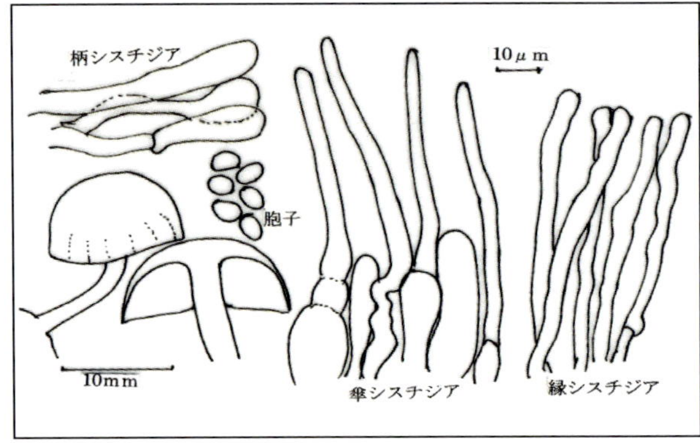

肉眼形質　傘は黄土褐色～暗褐色、丸山形、径 15mm 以下、ほぼ平滑。傘肉は淡褐色を帯び、厚さ 1mm。ひだは黄土褐色、直生、大ひだ 25~30、小ひだ 2~3、幅は広く 4mm。柄は淡褐色、円筒状、25×2.5mm 以下、中空。

顕微鏡形質　胞子は楕円形、6~8×5μm、淡褐色。縁シスチジアはやや歪みのある円柱状、60~70×4~5μm、密生。側シスチジアはない。傘シスチジアは基部が球状～楕円状の細胞が単一または 2~3 個連なり、その先に細い円柱状の細胞が着く、25~90×5~15μm、密生。柄シスチジアも円柱状、ときに頂部が膨れる、散在。

分布・生態　関東南部には広く分布すると思われる。暗褐色で目立たない小菌なので見過ごされることが多いと考える。本資料は神奈川県平塚市霧降の滝付近の腐木に 7 月発生。

メモ　ビロードムクエタケ属 *Simocybe* について日本きのこ図版に青木氏が数種紹介しているが、学名の確定された種はないようである。この属の子実体の外形は類似のものが多く、肉眼的に本種を識別するのは困難であるが本種は傘シスチジアの形状が特異的なので検鏡すれば他種との識別は容易である。日本きのこ図版No.324 に青木実が埼玉県入間市でしいたけ栽培ほだ木に発生したものについての記載がある。

ヒイロチャヒラタケ　*Crepidotus cinnabarinus* Peck

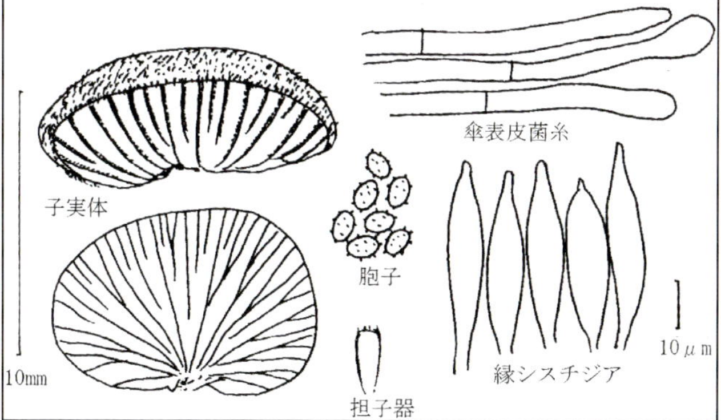

肉眼形質

貝殻形で初め全体鮮やかな朱紅色、径20mm以下、傘表面は平坦で毛を被る。ひだは、大ひだ約10、小ひだ3~5、紅色を帯び、縁部は濃紅色に縁どられる。柄はごく短い。比較的早く退色し汚白色になった子実体は別種のように見える。

顕微鏡形質

胞子は楕円形、褐色、粗面、6~7.5×4~5μm。縁シスチジアは狭紡錘形、35~40×8~10μm、密生。傘の毛の菌糸は幅ほぼ5μm、クランプはない。

分布・生態

ヨーロッパ、日本に分布がある。ごく珍しいとされ、日本では初め北海道だけとされたりしたが、その後、ぼつぼつ各地で観察されているようである。広葉樹腐木に生える。本資料は神奈川県平塚市で10月、倒木に群生。

メモ

文献では胞子は細点状または細かいしわとされているが本資料は明らかな微突起の粗面である。

子実体が小さくて、かなり早く退色するので見逃すことが多いと思われる。分布範囲は冷温帯域～暖温帯域の広いものであろう。

文献：⑩,58

セピアコナカブリモドキ *Crepidotus sepiarius* Peck

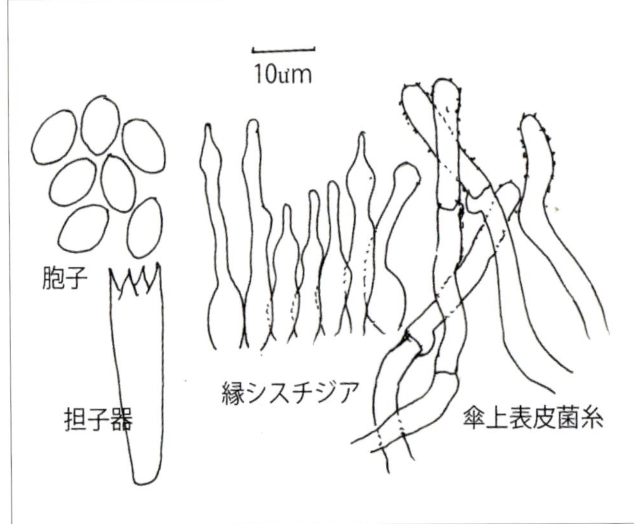

肉眼形質

傘は径5mm程度、淡褐色～セピア色、乾燥すると白っぽくなる。微細な毛状鱗片を被る。傘裏面は褐色、ひだは疎、傘の一部で基物に着生し、柄はない。

顕微鏡形質

胞子は広紡錘形～広楕円形、褐色、9~10×5~6μm。担子器は30×8μm、4胞子を着ける。縁シスチジアは基部が膨らみ、頂部が細く尖ったり、ひょうたん状になったり、細首状になるなど変化の多い細棒状、20~35×5~10μm、密生。側シスチジアはない。傘上面の毛状鱗片菌糸は径4~5μm、ゆるく屈曲し、淡褐色、クランプがある。外面に小粒子を密にまたは疎に付着する。分布・生態　アメリカ、ヨーロッパ、日本に分布。神奈川県では大磯町と鎌倉市で記録がある。本資料は鎌倉中央公園で広葉樹落枝に少数群生。メモ　傘中心部で基物に背着し、セピア色で傘の径が8mm未満の小形種は肉眼で本種と推定できる。文献：⑩

ウスキマルミノチャヒラタケ（仮称）　*Crepidotus* sp.

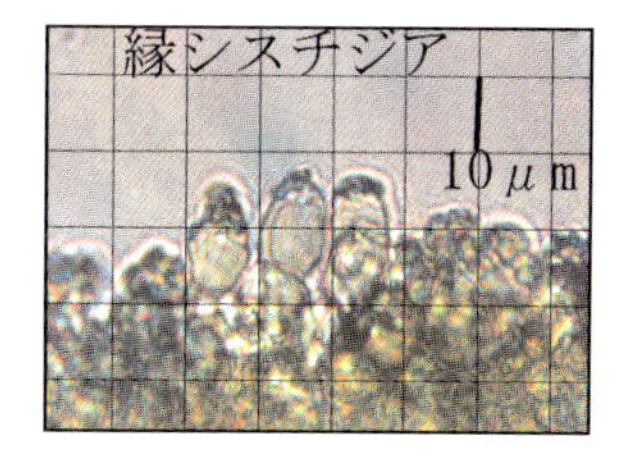

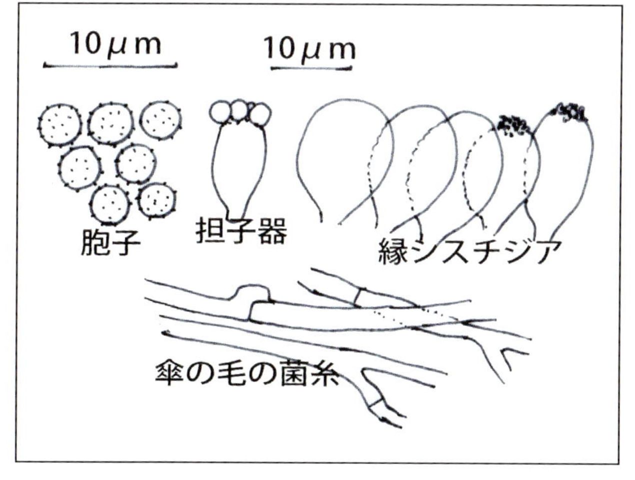

肉眼的形質　傘は径 10mm 以下、扇形で硫黄色を帯び、フジチャヒラタケに似るがそれより淡色で小形である。上面は毛被からなり、無柄、傘上面基部で基物に着き、着生部は毛叢が目立つ。ひだは初め硫黄色、のち茶褐色。

顕微鏡的形質　胞子は淡黄褐色、球形、径 3.5~4.5μm、微細で不明瞭な突起がある。担子器は 4 胞子をつける。縁シスチジアは狭卵形～嚢状、10~20 × 8~12μm、密生し、頂部に結晶を着けるものも多い。側シスチジアはない。ひだ実質は並列型、傘毛被層の菌糸は径ほぼ 4μm。菌糸にクランプがあるが、頻繁ではない。

生態・分布　広葉樹の立ち枯れ、倒木、落ち枝に生える。神奈川県の平塚、真鶴、鎌倉などで比較的多い普通種である。恐らく国内の暖温帯域には広く分布すると推定される。本資料は平塚市万縄の森雑木林、2011.07.21 採取。

メモ　フジチャヒラタケが似ているので同定には胞子確認が必要。フジチャヒラタケの胞子は径 8~9μm、刺状突起が明瞭なので本種との識別は容易。湘南地方ではフジチャヒラタケより本種の方が出会う機会は多い。標記仮称は旧仮称チビマルミノチャヒラタケを改めた。

キヒダコゲチャウラベニタケ（仮称）　*Rhodocybe* sp.

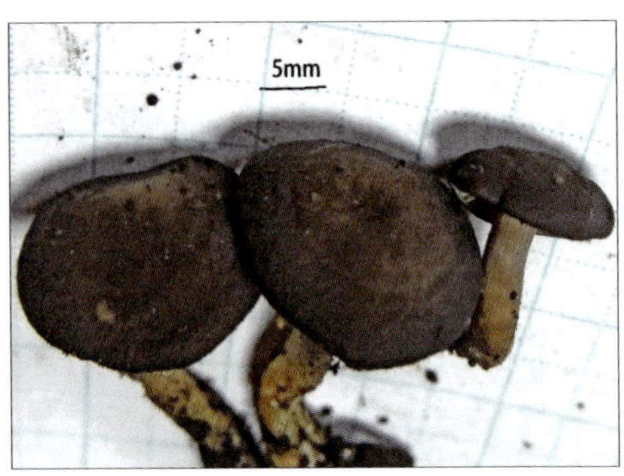

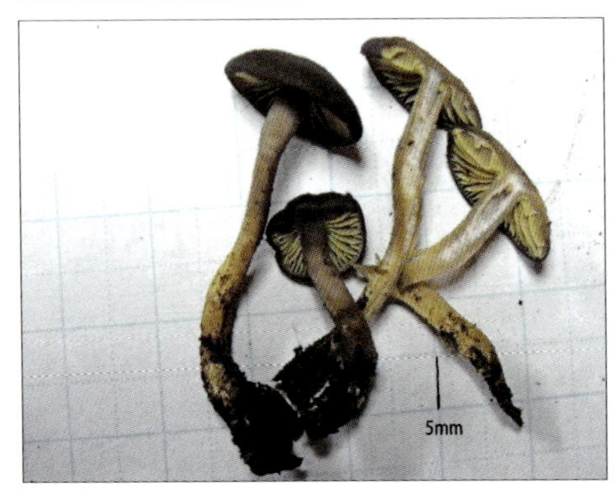

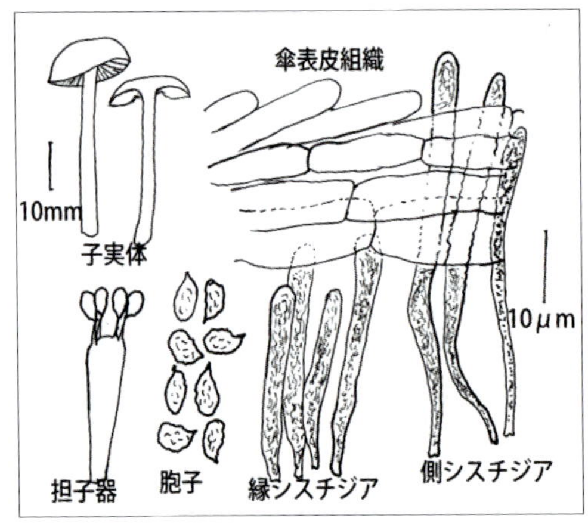

肉眼形質　傘は径 20mm 以下、中凸の山形からほぼ平らに開き、焦げ茶色で平坦、明らかな環紋はない。肉は褐色。ひだは黄色、湾生、大ひだ 25~28、小ひだ 1~3。柄は円筒状、淡褐色、30×5mm 以下、中心髄化し中空。**顕微鏡形質**　胞子は楕円形～広楕円形、6~8×3~4μm、不規則ないぼ状隆起がある。担子器は棍棒状、ほぼ 25×7μm、4 胞子型。縁シスチジアは部分的に歪みのある円筒状、30~40×4~5μm、側シスチジアは同形でやや長く、40~70×4~5μm、褐色の内容物で満たされる。これらは偽シスチジア pseudocystidia であって、何れも肉にある導管類に接続する。傘表皮は径 4~8μm のほぼ並列する菌糸からなる。菌糸にクランプはない。**分布・生態**　本資料は神奈川県愛川町の広葉樹林林床に少数群生、2013.09.14、採取。**メモ**　本種はムツノウラベニタケ属イナバノウラベニタケ節の特徴があり、*R. caelata* に近いと思われるが、そのひだの色は whitish~cream beige というから別種であろう。また日本きのこ図版№.211 コゲチャウラベニタケ（青木仮称）にもやや類似するのでその名にキヒダを冠して仮称とした。乾燥標本では全体ほとんど黒色になる。文献：⑩,67

クロムツノウラベニタケ(青木仮称) *Rhodocybe* sp.

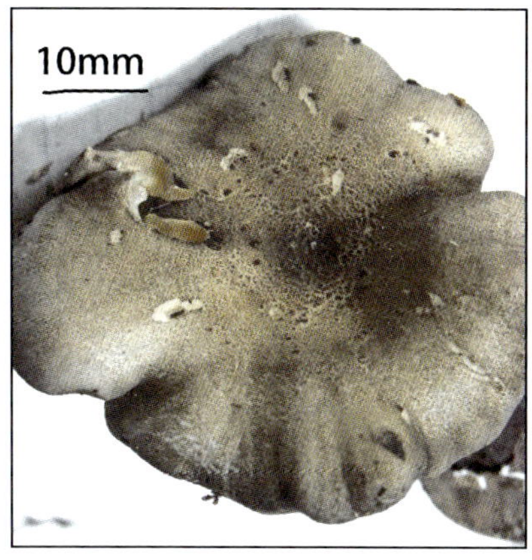

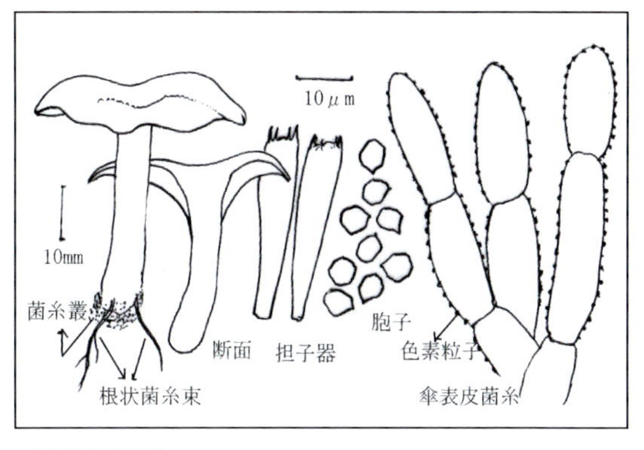

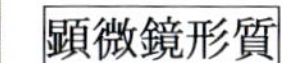

肉眼形質

傘は径 50mm 以下、中央は凹み、焦げ茶色、中央部は表皮が細かく裂けてひびわれ状、辺縁はやや内曲。ひだは淡クリーム色、大ひだ 35~40、小ひだ 3~5、垂生。柄は傘とほぼ同色、中実、基部に白色菌糸叢と根状菌糸束がある。

顕微鏡形質

胞子は不明瞭な角ばりのある類球形、無色、径 4~6µm。担子器は 4 胞子をつけ、25~30×7~8µm。縁シスチジア、側シスチジアはない。傘表皮菌糸末端部は暗褐色を帯び、径 7~12µm、比較的短節で、外部に色素粒が凝着する。すべての菌糸にクランプはない。

分布・生態

日本きのこ図版№1457 に埼玉県のヒノキ林中で 9 月に採集された記録があり、本資料は横浜市こども自然公園の雑木林の林床に発生。2011.09.18、採取。

メモ

日本きのこ図版№1457（青木記載）は根状菌糸束の有無について触れていないが、その他の形質はよく一致するので同種と判断した。ムツノウラベニタケ *R.popinalis* に似るが、本種は傘や柄が焦げ茶色であることで肉眼的に識別できる。顕微鏡的には傘表皮菌糸の径が 10µm を超える大きさであることが目立つ相違点である。文献：⑩

キイロウラベニタケ　*Entoloma luridum* Hesler

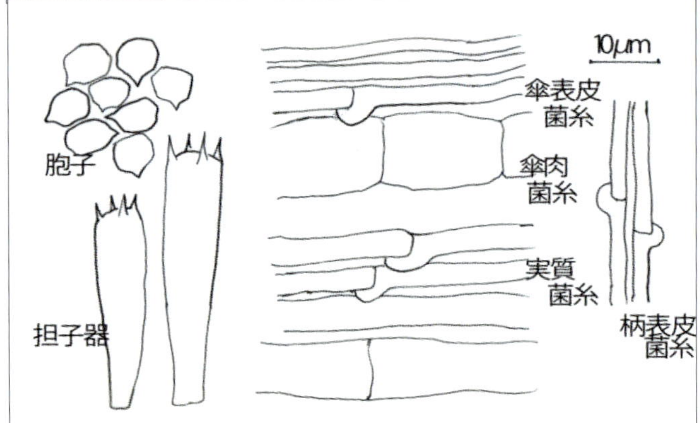

肉眼形質

傘は径 10cm 以下、黄色～黄金色、平滑、ほぼ平らに開くが中央に丸い中丘があり、縁部はやや内に巻く。肉は白色～部分的にわずかに黄色を帯びる。ひだはほぼ直生し、初め淡黄色、成熟に伴い肉紅色、柄は円筒形～下部やや膨らみ、傘と同色、平滑、初め中実のち不完全中空、基部を白色綿状菌糸束が包む。

顕微鏡形質

胞子は多少角ばりのある類球形、6~7 × 5~6μm、胞子紋は肉紅色。担子器はほぼ円筒形、36~45 × 7~8μm、4胞子を着ける。縁、側シスチジアはない。実質菌糸は並列型、径 3~15μm。傘上表皮層菌糸は平行し、径 3~5μm。傘肉菌糸は径 12~18μm、比較的短節。柄表皮菌糸は径 2.5~4μm。菌糸にはクランプがある。

分布・生態　アメリカ、日本に分布。日本ではややまれ。本資料は神奈川県南足柄市地蔵堂（標高 450m）のコナラ、イヌシデ等林縁地上、2012.10.05、採取。

メモ　本種は日本きのこ図版No.1389 キシメジモドキ（青木仮称）とNo.1494 キイロイッポンシメジ（青木仮称）が何れも同種と判断され、標記の学名、和名で日本産菌類集覧に収録されている。

ワカクサウラベニタケ *Entoloma incanum* (Fr.) Hesler

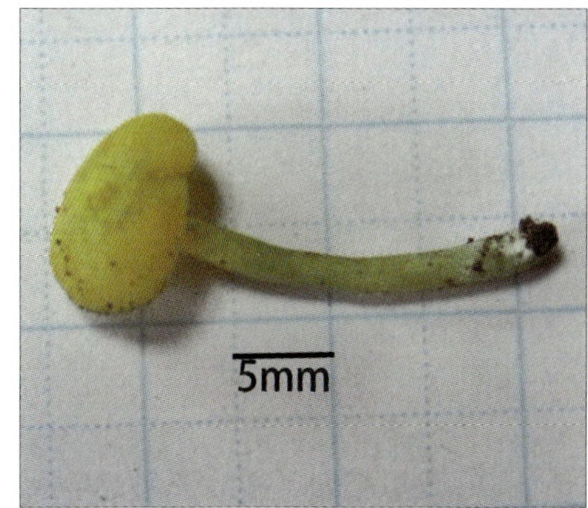

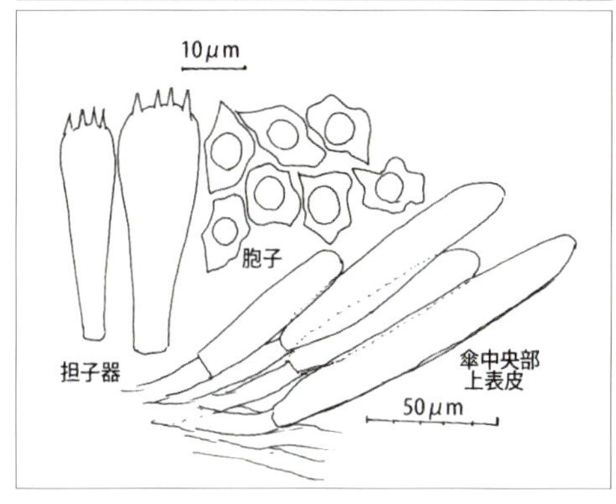

肉眼形質　傘は径 12mm、オリーブ色を帯びた黄色、粘性はない。ひだは弱く垂生し大ひだ 18、小ひだ 4~5、初め帯オリーブ黄色のち淡肉色。柄は円筒状、20×3mm、傘よりオリーブ色～緑色が強く、黄色い色調は淡い。肉は黄白色地にオリーブ色～緑色が混じる。

顕微鏡形質　胞子は楕円状多角形、9~15×6~9μm、淡肉色。担子器は棍棒状、30~45×10~13μm、2~4 胞子をつける。傘上表皮は 5~7μm の平行菌糸よりなるが中央部では斜めに立ち上がり、末端細胞が径 15~20μm となるものがある。

分布・生態　ヨーロッパ・アメリカ・アジアに分布し、草地などの地上に生える。稀とする文献もある。本資料は 2013.07.26 東京都高尾山で採集された。色調が重要な特徴なので生時の標本でなければ同定は困難である。

メモ　本種ワカクサウラベニタケ *E. incanum* はアオエノモミウラ節 *Leptonia* に属し、オリーブ色～緑色の色調を持つのが特徴である。傘の色は褐色から黄色までの変異があり、黄色の強い系統を変種 var.*euchlorus* として扱う文献もある。文献：58,67,75,82

ビロードウラベニタケ（青木仮称）*Entoloma* sp.

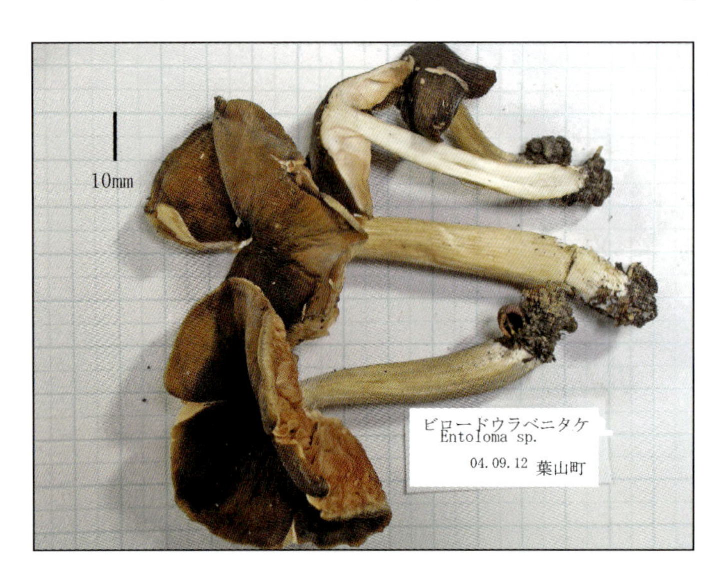

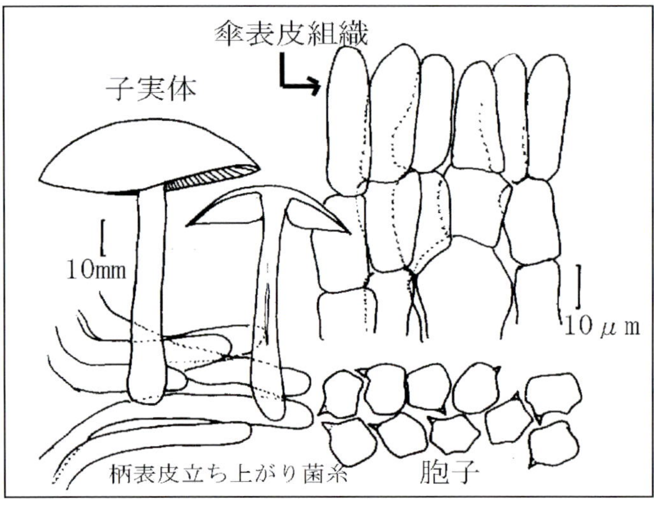

肉眼形質
傘は暗褐色～焦茶色、径60mm 以下、目立たない程度のしわがあるがほぼ平坦、平滑、ビロード感がある。ひだは上生、肉色、幅 6mm 以下。柄は円柱形、70×10mm 以下、淡褐色繊維状鱗片があってやや褐色をおび、ほぼ中実。肉は白色。

顕微鏡形質
胞子は多角形、12~13×7~9μm、淡肉色。縁･側シスチジアはない。傘上表皮は短節の円柱状細胞が柵状に並び、末端細胞は25~35×8~10μm。柄表皮には菌糸末端が不規則に立ち上がり微毛状になる部分がある。

分布･生態　八王子市高尾山と今熊山の記録がある。本資料は 2004.09.12、神奈川県葉山町の雑木林林床に少数群生。稀である。

メモ　イッポンシメジ属で傘表皮構造が柵状であるものは極めて珍しいので傘表皮を検鏡すれば他種との識別は容易である。担子器は２胞子型というが本資料では未確認。日本きのこ図版No.361、補足No.196 に「ビロウドウラベニタケ」として記載がある。

ウスイロドングリタケ　*Disciseda candida* (Schwein.) Lloyd

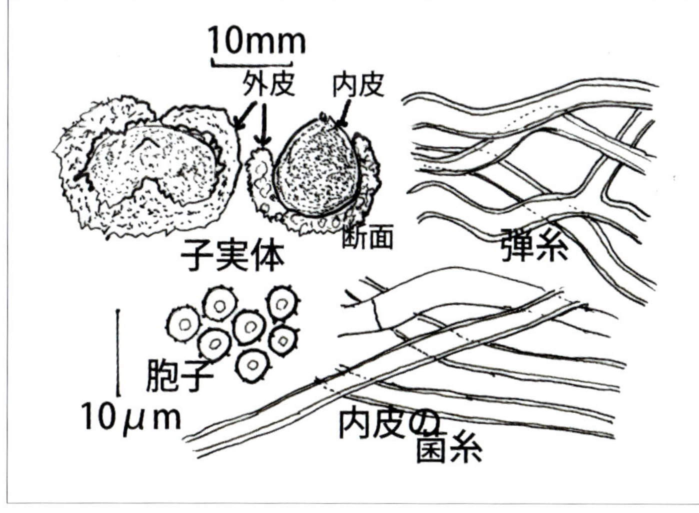

肉眼形質
子実体は偏球形、径25mm以下。外皮は土粒などをまとう粗い構造で厚さほぼ2mm、初め全体を包むが後に上半部は崩壊して剥離し、下半部が椀状に残る。内皮は丈夫な紙質で褐色、頂部に小孔を開く。基本体（グレバ）は褐色。無性基部はない。

顕微鏡形質
胞子は類球形、径4~4.5μm、褐色で微刺がある。弾糸capillitiumは厚壁であるがやや脆く、稀に分岐し、径3~4μm、隔壁はない。内皮は厚壁菌糸と隔壁のある少数の薄壁菌糸からなり、径3~5μm。外皮には薄壁菌糸が多い。

分布・生態　世界的に広く分布し、放草地、グランド、粘土質の土などに生える。幼菌は地中にあるが成菌は地上に出る。日本の記録は少ない。本資料は平塚市の住宅の庭で2013.11.21採取。

メモ
本種を近縁のドングリタケ *D.bovista* と誤認している例が多いのではないかと推察される。吉見氏遺稿（ミクロの世界へ第一歩）に記されている愛知県産のドングリタケの図は胞子の大きさから本種の可能性が高い。近縁のドングリタケが砂地を好むのに対し、本種はむしろ粘土質の土壌環境を好むようである。文献：⑪㊲,103

コツブダンゴタケ　*Lycoperdon asperum* (Lév.) Speg.

Bovista aspera Lév.

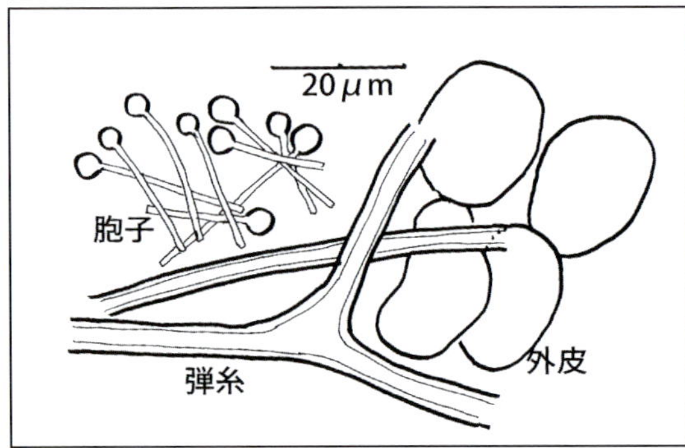

肉眼形質

径 20~30mm、白色の偏球形～類球形、柄部は無いかまたはごく短小、基部に根状菌糸束が着く。外皮は微小な集合刺からなる小いぼ状またはぬか状の微刺である。標本では集合刺の状態がわかり難くなる。断面では基本体 gleba が褐色、無性基部 subgleba は白色～淡褐色である。無性基部は小さい。

顕微鏡形質

胞子は類球形、径 4~4.5μm、褐色、ほぼ平滑で、10~30μm の永存性小柄 pedicel を着ける。弾糸は褐色、厚壁、幅 3~6μm、疎らに又状分岐する。外皮は無色で、20~40 × 15~25μm の類球形、長楕円形細胞の連鎖で構成される。

分布・生態

アフリカ、オーストラリア、南米、アジアに分布。神奈川県の平地（暖温帯）の採集例はないが丹沢山域および周辺の冷温帯域では珍しくない。恐らく冷温帯域では全国的に分布があると思われる。広葉樹林林床、林縁の地上に生える。本資料は神奈川県清川村堂平（丹沢ブナ帯）、2004.10.14、採取。

メモ

本種の生品は白色、偏球形で、ルーペで観察すると外皮が微細な集合刺であることがフィールドでの同定の手がかりになる。顕微鏡的には胞子に長い小柄が着く特徴がアラゲホコリタケモドキ *L.caudatum* に類似する。アラゲホコリタケモドキの外皮も集合刺であるが、それは裸眼でも明らかな大きさであり、無性基部 subgleba が発達している。日本菌類集覧では本種をシバフダンゴタケ属 *Bovista* とするが Index fungorum がホコリタケ属 *Lycoperdon* とするのに従った。文献：50

チクビホコリタケ（オキナホコリタケ・ワタゲホコリタケ）

Lycoperdon mammiforme Pers.

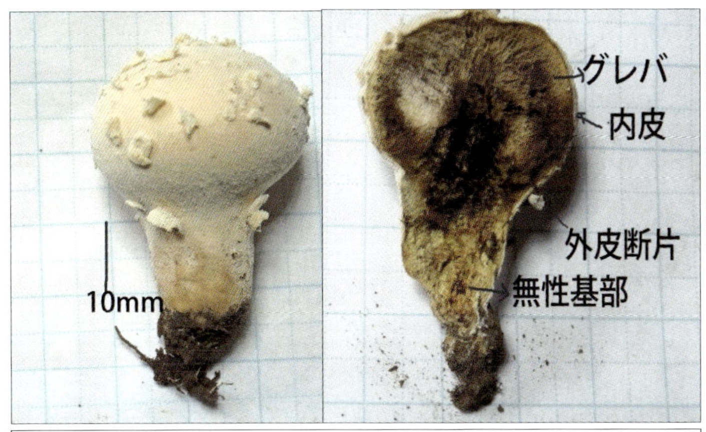

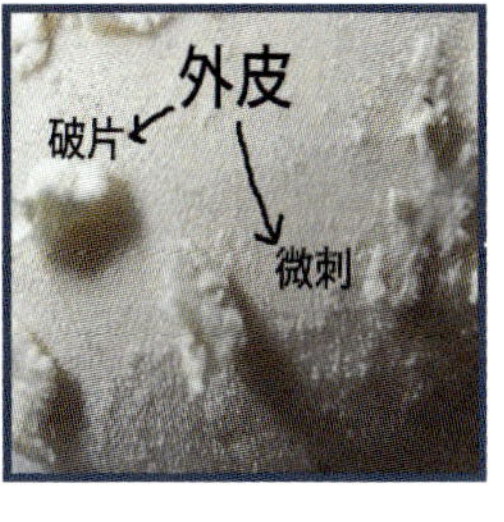

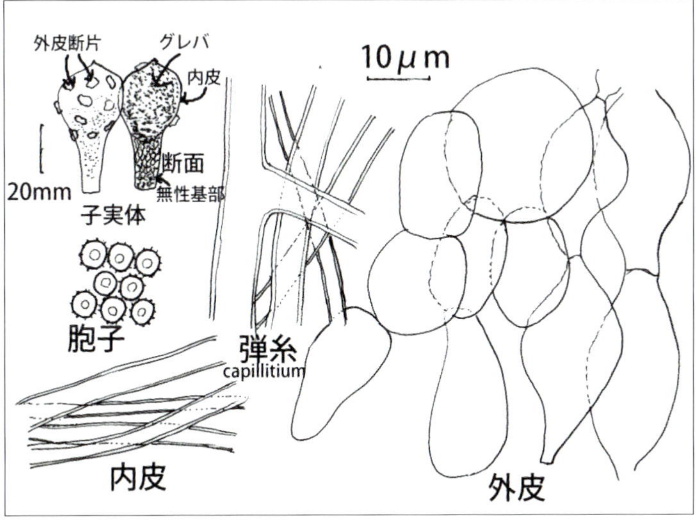

肉眼形質

洋梨形、70×60mm以下、初め白色で次第に黄褐色になる。外皮は小裂片に断裂し、破片の一部は内皮に付着して長く残るので、それが特異な形態的特徴となる。外皮の底部は微細な刺状突起となって内皮表面に長く残る。無性基部はよく発達し、スポンジ状。成熟したグレバは褐色。

顕微鏡形質

胞子は類球形、4~4.5µm、褐色、微刺がある。弾糸 capillitium は径 3~8µm、ときに分岐し、隔壁はない。内皮は厚さ 150～200µm で径 2~4µm のほぼ並列する菌糸からなる。外皮は厚さ 300～500µm で 15~30×15~20µm の類球形～紡錘形細胞の連なりからなる。

分布・生態　ヨーロッパ、日本に分布が知られているがまれである。文献によって腐植土、石灰質土壌とするものや、やせた広葉樹林内地上に生えると記す。本資料は神奈川県秦野市の雑木林の林縁に発生、2013.10.13、採取。

メモ　本種の和名については標記の３つが提唱されている。学名訳のチクビを使うのが良いと思う。まれな種類ではあるが恐らく国内でも分布は広いものであろう。外皮の断裂片が付着した状態であれば肉眼同定も容易である。文献：㉑,53,81

クロゲチャブクロ *Lycoperdon purpurascens* Berk. & M.A.Curtis

Morganella purpurascens (Berk. & M.A. Curtis) Kreisel & Dring

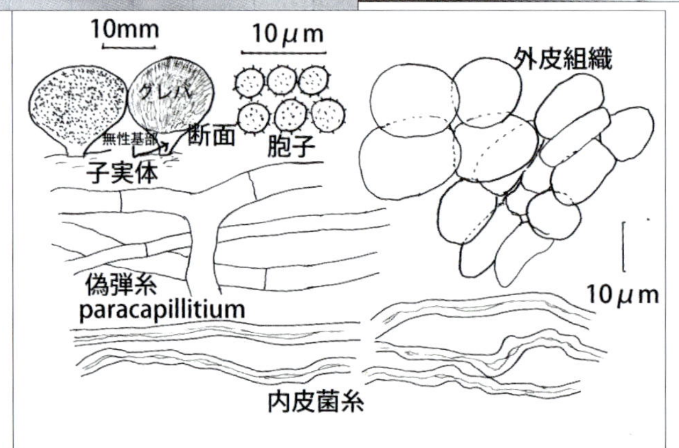

肉眼形質

ほとんど無柄の偏球形、径25mm以下、暗紫褐色〜暗茶褐色。表面は微細な疣状突起の外皮に覆われ、突起の先端に甚だ脱落しやすい毛状部がある。淡褐色の強靭な内皮に包まれ黄土褐色の基本体（グレバ）と小さいが明瞭な無性基部がある。

顕微鏡形質

胞子は類球形、褐色、径3.5~4μm、微刺がある。真正弾糸は存在せず、偽弾糸は無色、薄壁で隔壁があり、径3.5~7μm、まれに分岐する。内皮構成菌糸は径2~3.5μm、厚壁で隔壁を欠き、分岐しない。外皮は径10~30μm、類球形〜楕円形の薄壁で有色の細胞が連結する。

分布・生態　オーストラリア、東南アジア、中国、日本に分布し、腐材に生える。国内では白山など高冷地での分布も確認されている。本資料は高尾山の地上に半ば埋もれた材上に発生、2013.08.25、採取。

メモ　本種をウスイロホコリタケ属 *Morganella* として扱う研究者もあり、日本菌類集覧（勝本）ではその扱いになっているが、ここでは Index Fungorum に従った。

文献：④⑦⑨㉞㉟㊲,81

ネッタイツブホコリタケ（コゲホコリタケ）

Lycoperdon umbrinoides Dissing & Lange

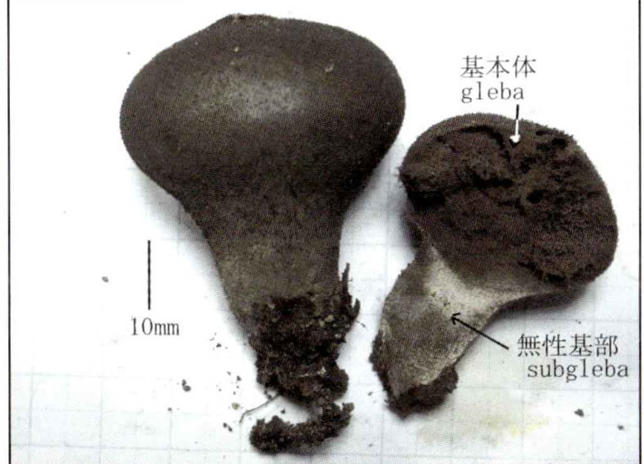

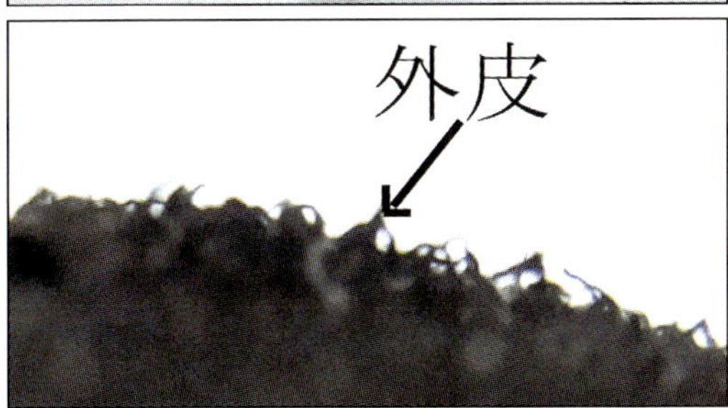

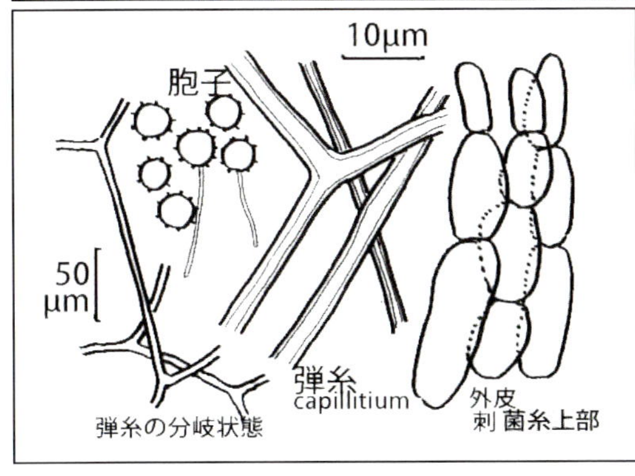

肉眼形質

ホコリタケ形で、頭部は径 40mm 以下、高さは 50mm 以下。ほとんど黒く見える黒褐色。外皮は黒色の細い刺状、ほぼ 1mm、直立せず湾曲するものが多い。内皮は黒褐色、紙質、平滑である。

顕微鏡形質

胞子は径 4~5.5µm の球形、0.4µm 程度の刺状微突起がある。小柄 sterigma はほとんど離脱しているが 20µm ぐらいの小柄を着けている場合もある。弾糸 capillitium は厚壁、褐色、ときに又状分岐し、幅 3~5µm、無孔。細い刺状の外皮の基部は、ほぼ球嚢状細胞、先の方では長楕円状で 15~30×8~15µm の褐色細胞の連鎖よりなる。

分布・生態　ヨーロッパ、アフリカ、日本に分布するという。神奈川県では平地の暖温帯にも分布するが、むしろ丹沢山系などの冷温帯に観察の機会が多い。広葉樹林林床に単生または少数群生する。本資料は神奈川県山北町丹沢山麓、1981.10.04、採取。

メモ　黒いホコリタケ形の子実体で表面に細い糸状のやや曲がった 1mm ぐらいの刺（外皮）を持つのが本種の特徴である。本種は初めコゲホコリタケの仮称で呼ばれ、後に誤って *L.molle* の学名を当てられていたため、黒くない *L.molle* にコゲホリタケの和名を残し、本種には新たにネッタイツブホコリタケの和名が提唱された。命名上の手続きはとにかく、実体としての本種にはコゲホコリタケの名がよく体を現しており、長らく用いてきた呼び名なのでその名を（ ）内に標記した。*L.molle* には別の和名が定着することを望みたい。

文献：81

イグチ類

イグチ目

担子菌門
ハラタケ亜門
ハラタケ綱
ハラタケ亜綱

キヒダタケ　*Phylloporus bellus* (Mass.) Corner

肉眼形質

傘は丸山形からほぼ平らに開き、径 60mm、暗赤褐色。ひだは強く垂生、黄色、大ひだは約 35。肉は白い。柄は円筒状、60×10mm、ほぼ傘と同色で基部がやや細まる。子実体全体に青変性はない。

顕微鏡形質

胞子は円筒状楕円形、9~12×4~5μm、オリーブ黄色。担子器は円筒状、50×10μm、4 胞子を着ける。縁シスチジアは下部にやや膨らみのある円筒形、90~110×12~18μm。側シスチジアもほぼ同形同大(文献記載の大きさは 32~67×12~17.5μm)。柄シスチジアは棍棒状、20~50×10~20μm、叢生する。傘上表皮は径 10~15μm の菌糸よりなり、菌糸の頂部はやや柵状に立ち、短節で細胞の長さは 20~40μm。

分布・生態

日本、東南アジアに分布し、日本では各地の雑木林に比較的普通に生える。変異が多いので同一分類群に属するか疑問の子実体も少なくない。本資料は鎌倉市の雑木林で 2012.07.22 に採集されたもので標準的なキヒダタケと考えたが縁・側シスチジアが文献記載値よりかなり長い点、疑問もある。**メモ** 本種はイグチ類ではあるが子実層托がひだ状である。日本きのこ図版ではキヒダタケ類を 12 種類も紹介している。それらがそれぞれ独立種なのか変異品であるか判然としない。本資料はほぼキヒダタケの典型品かと思う。シスチジアの長さには変異が多いのであろう。文献：⑪

カマクライロガワリキヒダタケ（仮称）*Phylloporus* sp.

肉眼形質

傘はほぼ平らに開き、径30mm、赤褐色。ひだは垂生、黄色、青変性があり、やや密で連絡脈が顕著である。傘肉は白色で空気に触れ弱く青変する。柄は円筒形、20×5mm、傘と同色、柄の肉は下部に向かって次第に赤褐色。

顕微鏡形質

胞子は長楕円形〜円筒形、7~8×3~4μm、黄褐色。担子器は円筒形、25×8μm、4胞子を着ける。縁シスチジアは細い紡錘形、頂部は細く、40~60×8~10μm。側シスチジアも同形。柄シスチジアは棍棒状、10~30×5~10μm。傘上表皮菌糸は径6~8μm。柵状、10~30×5~10μm。**分布・生態**　本資料は鎌倉市のスギを交えた雑木林林床で2012.07.22、採取。**メモ**　キヒダタケ *P. bellus*（p.119）、イロガワリキヒダタケ *P. bellus* var.*cyanescens* に較べ、ひだは密で基部はやや網状、胞子がやや小さく9μmに達しない点で区別される。仮称は採集地名を冠した。文献：⑪

ヒイロウラベニイロガワリ　***Boletus generosus*** Har.Takah.

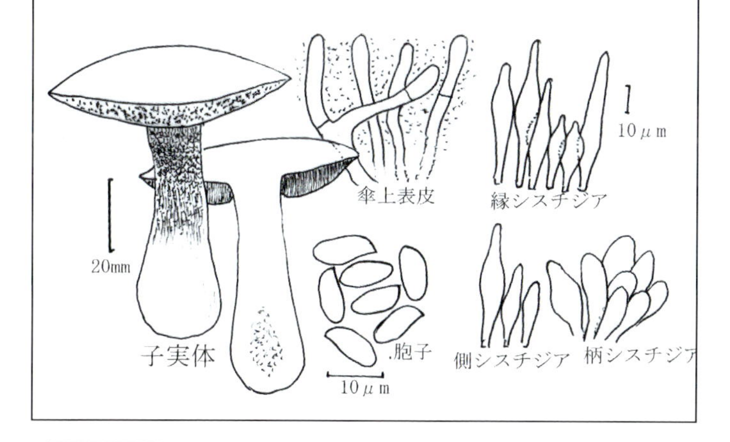

肉眼形質

傘は径 15cm 以下、紅赤色、強い粘性。管孔は黄色、孔口は微細で紅赤色。柄は長さ 10cm 以下、径 5cm 以下、上部より微細、明瞭な網目がある。表皮・肉・管孔ともに強い青変性がある。肉は淡黄色であるが柄基部中心は赤みを帯びる。

顕微鏡形質

胞子は円柱形、9~11 × 4.5~5.5μm、淡褐黄色。縁シスチジアは頚部に長短のある紡錘形、20~40 × 5~8μm、密生。側シスチジアはほぼ同形、縁部近くにだけ分布。柄シスチジアは紡錘形、棍棒状、嚢状など多形、10~30 × 7~15μm。傘表皮はゼラチン化しており末端菌糸はほぼ円柱状。

分布・生態

東京都高尾山や埼玉県で記録され、神奈川県では津久井、宮ケ瀬、秦野で確認。コナラ・イヌシデ等の雑木林地上に夏、発生。

メモ

柄の網目が頂部だけの子実体や中部以下まであるものなど変異がある。柄に網目のある類似種のバライロウラベニイロガワリは冷温帯域に生え、傘に粘性がない。それは強い毒性がある。文献：㉓

ムラサキニガイグチ *Tylopilus plumbeoviolaceus* (Snell & E.A.Dick) Singer

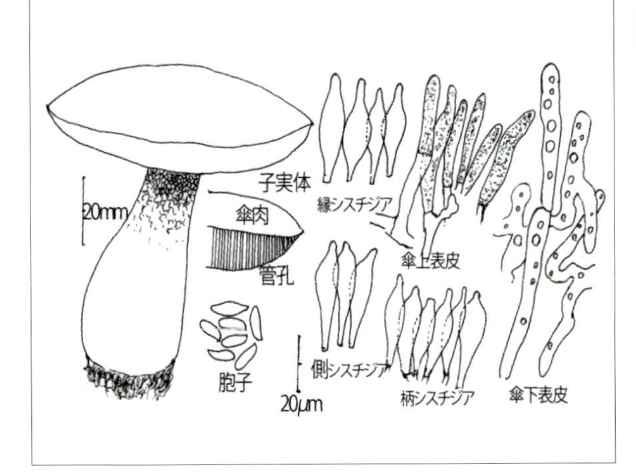

肉眼形質 傘は初め饅頭形のち開いてほぼ平坦、紫～むくげ色、径 90mm、平滑で粘性はない。肉は白色、変色性はなく、傘肉の厚さは 12mm、強烈に苦い。管孔は初め白のち紫褐色、長さ 13mm、孔口は微細で白い。柄は頂部に微細な網目があり、長さ 60mm、上部の径 20mm、下部の径 45mm。中実。

顕微鏡形質 胞子は円筒形～類紡錘形、10~13×3~4μm（Q=2.6~3.4）。縁シスチジアは紡錘形、35~50×7～15μm。側シスチジアもほぼ同形で 30~50×7~40μm、柄シスチジアもほぼ同形で 30~40×7~9μm。傘上表皮は 30~50×7~8μm の有色円筒状菌糸が柵状に並ぶ。下表皮には径 7~10μm、油脂状内容物を含む菌糸層がある。**分布・生態** 北米に広く分布するが日本での分布状況は明らかでない。本資料標本は平塚市雑木林林縁で 12.10.18、採取。

メモ クロムラサキニガイグチ *T. fuligineoviolaceus*（2007）に似るが、その胞子サイズは 7~9×4~4.5μm(Q=1.75~2)で、傘表皮構造は錯綜菌糸からなる毛状被なので検鏡すれば識別できる。文献：㉓、42,43,62

クレナイセイタカイグチ（ヒゴノセイタカイグチ）

Heimioporus betula (Schwein.) E.Horak

Boletellus betula (Schwein.) J.E.Gilbert

小倉辰彦　写

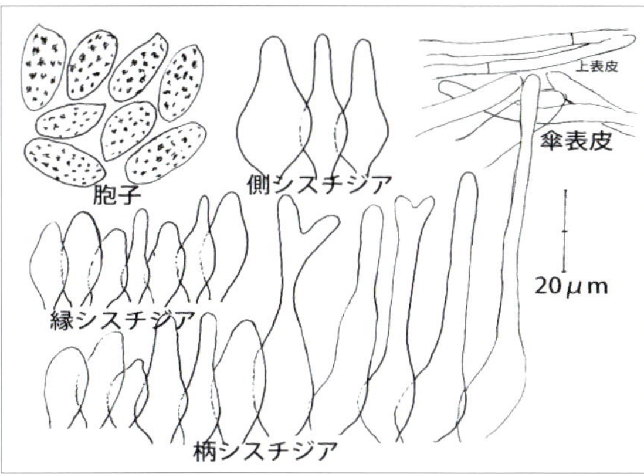

肉眼形質　傘は径 90mm 以下、饅頭形、表面は平滑、湿時粘性、赤褐色～橙赤色。肉は黄色、変色性はない。柄は 20×2cm 以下、粗大な網目隆起に覆われ、上下同大、または下部に向かってやや太くなり、初め黄色で次第に下部から暗赤色となる。基部の菌糸体は白色。管孔は長さ 2cm 以下、緑黄色、変色性はない。

顕微鏡形質　胞子は楕円形、粗面（小孔存在）、褐色、18~20×8~9μm、アミロイド。縁シスチジアは紡錘形、25~35×6~10μm、密生。側シスチジアは頸部のある紡錘形、35~40×10~15μm、散在（子実体によってはごく少ない）。柄表皮は子実層状被で隆起脈稜上は 20~90×8~17μm、棍棒状、紡錘形、円筒状、など多形の柄シスチジアが叢生。傘表皮は径 3~4μm の平行菌糸の下に径 5~8μm の錯綜菌糸があり、共にアミロイドである。分布・生態　北米、メキシコ、中国、日本（山梨県、熊本県）に分布が知られているがごく稀。山梨県北杜市では標高 887m、アカマツ、ミズナラ混成林内地上という。本資料は富士五湖周辺の標高 1000m 付近、マツ、モミ等の混生林地上発生である。2014.09.07、採取。メモ　「ヒゴノセイタカイグチ」の和名で報告されたものは標本が 1 点だけで、詳細な記録がないことから改めて詳しい記載を付して標記の和名が提唱された。右上写真の傘は赤褐色であるが、左上写真の傘は和名のように紅赤色で、色調には変異がある。傘表皮がアミロイドであること、胞子が小孔による粗面であることなどが重要な特徴である。文献：㉓

アカダマタケ *Melanogaster intermedius*（Berk.） Zeller & C.W. Dodge

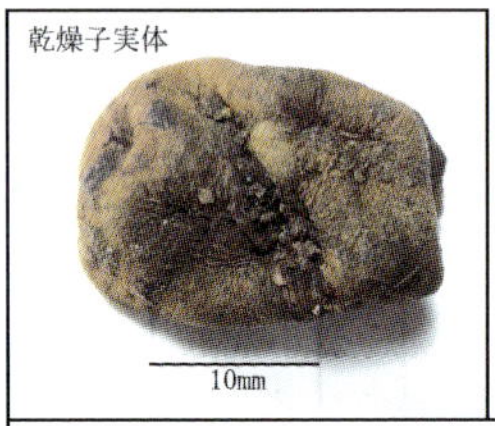

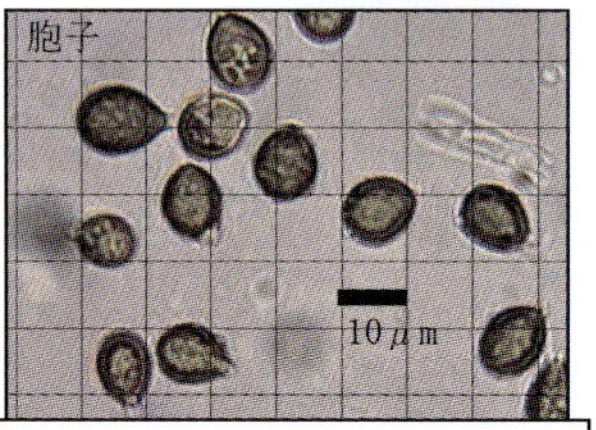

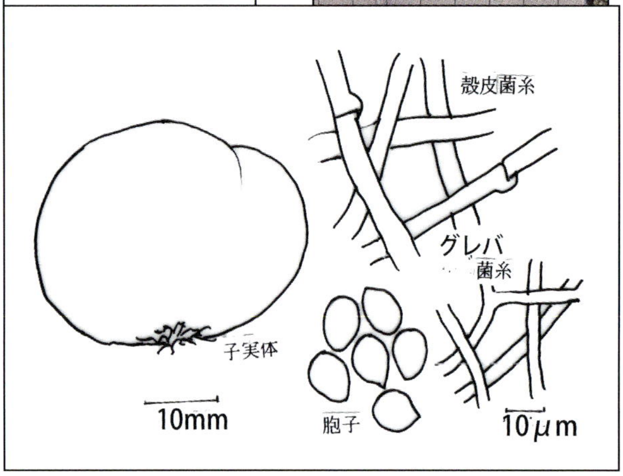

肉眼形質

子実体は径 50mm 以下、赤褐色、若いときは弾力のある類球形〜偏球形、ほぼ平滑。古くなると乾燥、硬化し、凹凸やしわを生ずる。成長中はしばしば表面に黄金色の水滴を着ける。殻皮は 1 層で 0.5mm 以下、内部は白い網目状の基層板と黒色の基本体で満たされる。基本体の若いときは多汁ゼラチン状、古くなると石のように硬くなる。

顕微鏡形質

胞子は広卵形、厚壁で基部が尖り、先が丸く、10~13×7~8μm。暗褐色。殻皮の菌糸は径 4~6μm、基本体の菌糸は径ほぼ 3μm でゼラチン化している。菌糸にはクランプがある。

分布・生態

ヨーロッパ、北米、日本で確認されている。日本では京都府、滋賀県、愛知県、新潟県などで報告があり、本資料は静岡県沼津市、2009.07.11、林床に発生。国内分布は西日本に多いという。多くの地下生菌のように、半地中生なので関心のある人でなければ見つけ難い。ブナ科樹木の林床に発生する。外国文献では針葉樹下にもあると記す。

メモ

文献によって胞子のサイズが 13~18×5~8μm と記載されているものもある。変異の幅が大きいということであろうか。本種が西日本に分布するのに対し、近縁のホソミノアカダマタケ *M.broomeanus* は東日本に分布が多く、西日本には少ないという。佐々木廣海らは近刊著書（2016）でアカダマタケの学名を *M.utriculatus* として記録している。この学名の菌は日本産菌類集覧では和名なしとされていたので表記学名の菌の国内分布の有無、和名について今後検討整理が必要と考えられる。文献：⑩,47,51

ホソミノアカダマタケ *Melanogaster broomeanus* Berkeley

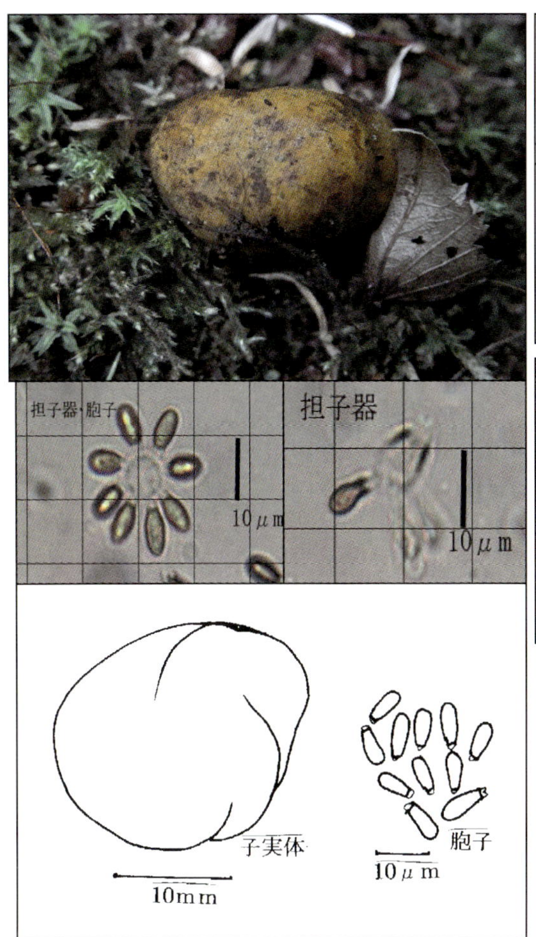

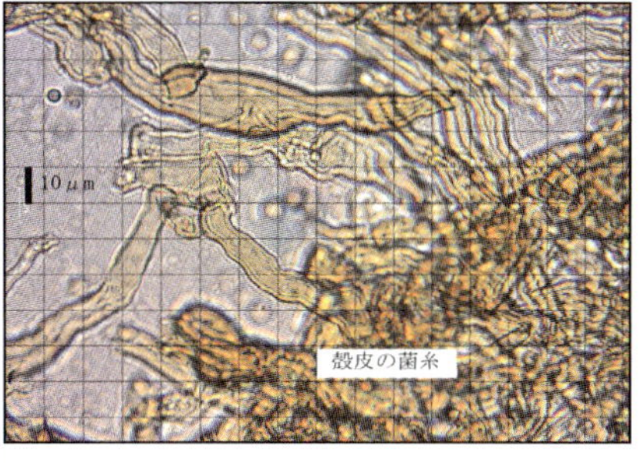

肉眼形質

不整の類球塊状、径 40mm 以下、赤褐色。断面は 0.5mm 以下の殻皮と不規則網状の白色基層板に囲まれた黒色､寒天質の基本体からなる｡芳香と、甘味がある。

顕微鏡形質

胞子は円柱形、7~9×3.5~4.5μm、暗褐色。担子器は 3~8 胞子を着ける。殻皮の外部は径 5~7μm の菌糸が絡み、殻皮は 8~20μm の菌糸よりなる。菌糸にはクランプがある。

分布･生態

世界的に分布し、ヨーロッパでは多様な林床に産する普通種という。国内では石川県、東京都多摩市は採集例がある。神奈川県では平塚、秦野、横浜などの各市で確認。「吉見昭一氏図版」記載の北海道、福島県の資料は本種らしい。関西以西は発生が稀なようで判然としない。神奈川県内の分布は公園など植栽樹下で、半地中生である。

メモ

新鮮な子実体は軟らかい多汁寒天質で丸みがあるが、古くなると硬化して縮み、凹凸が多くなる。資料では担子器に着く胞子が 8 個の場合がある。本種は際立った特性として芳香と甘みがある。トリュフの 1 種に甘みを持つものが知られているが、本種も甘みがある。キノコで甘みがあるのは大変珍しい。本種は DNA 解析に基づく研究が進められており、近く分類位置など変更されるようである。佐々木廣海らは近刊の地下生菌識別図鑑（2016）で本種を *Melanogaster sp.*と記載している。文献：47, ㊿

ラッパタケ・スッポンタケ類

ヒメツチグリ目

担子菌門
ハラタケ亜門
ハラタケ綱
スッポンタケ亜綱

モルガンツチガキ *Geastrum morganii* Lloyd

肉眼形質

幼菌はやや縦長の類球形で頭部が鈍く突出し、西洋梨型である。外皮表面は茶褐色の繊維が薄く張り付いている。外皮は成熟にともない 5~8 片の星形に裂開し反転する。裂開した外皮の径は約 45mm、外皮内面は淡褐色。内皮はやや縦長の袋状でほぼ平滑、径約 20mm、頭部は長く伸びてくちばし状となり、明らかな孔縁盤を形成せず、孔縁には 4~5 条の不規則な折り目がある。

顕微鏡形質

胞子は微刺のある球形、径 4.5~6μm。弾糸は径 2~6μm、厚壁。外皮内層は偽柔組織で構成細胞は径 30～50μm。

分布・生態

アメリカ、フランス、日本に分布が知られている。日本では南方熊楠菌誌に記載があり、まれな種類に属する。しかし、神奈川県では逗子市神武寺、相模原市津久井、大磯町高麗山で採集例があり、恐らく全国的に広く分布すると考えられる。本資料は相模原市、2010.10.25、採取。秋、常緑広葉樹および夏緑広葉樹またはその混生林の林床、林縁に単生または少数群生。

メモ　本種は孔縁の折れ目状しわが特徴的なので、近似種との識別は容易である。「神奈川キノコの会」では長らくクチバシフクロツチガキの仮称で呼んでいた。文献：81

硬質菌類・その他

アンズタケ目
コウヤクタケ目
タマチョレイタケ目
タバコウロコタケ目

担子菌門
ハラタケ亜門
ハラタケ綱
亜綱未確定

アクイロウスタケ *Cantharellus cinereus* (Pers.)Fr.

Craterellus cinereus (Pers.)Donk

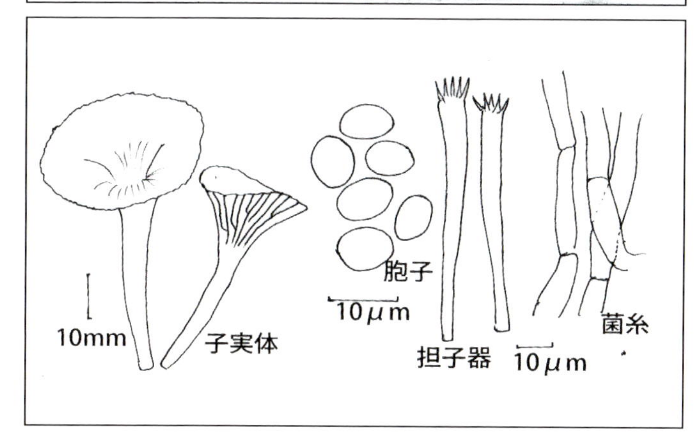

肉眼形質　傘の径は10~40mm、表面は暗褐色で放射状繊維が目立つ。湿時はほとんど黒く、乾時は灰黄褐色、外縁ははじめ外に巻き、中央は柄の基部までろうと状にくぼむ。下面は灰色、ひだ状に隆起脈があり、脈はしばしば不規則分岐するが網目の形成はまれ。柄は暗灰色、ほぼ平滑。顕微鏡形質　胞子は広楕円形、7.5~8.5×5~6μm、無色、平滑、非アミロイド。担子器は円筒状、上部が次第に太くなり、60~70×7~8μm、多くは小柄を5個を出す。菌糸構成は1菌糸型、菌糸は径 5~8μm、クランプはない。分布・生態　世界的に広く分布するが分布密度は低く、国内ではややまれ。本資料は平塚市林床 2010.10.21。採取。メモ　本種はクランプがないのでクロラッパタケ属 *Craterellus* とする見解もあるが Index Fungorum、日本産菌類集覧はアンズタケ属 *Cantharellus* として扱うのでそれに従う。担子器が小柄5個を出すのは興味深い。文献：⑪

カノシタ　*Hydnum repandum* var. *repandum*

シロカノシタ　*H.repandum* var.*album* (Quél.) Rea

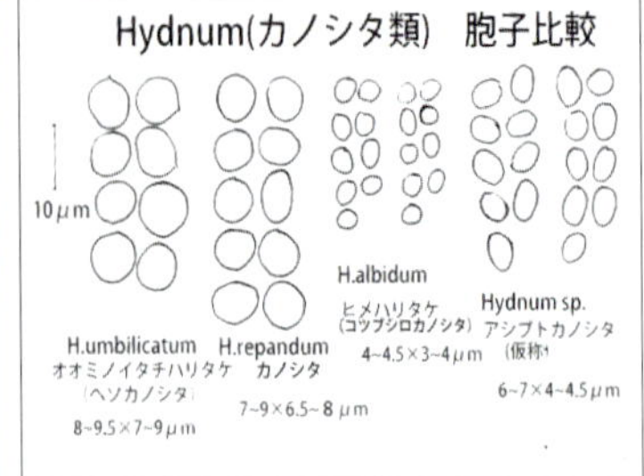

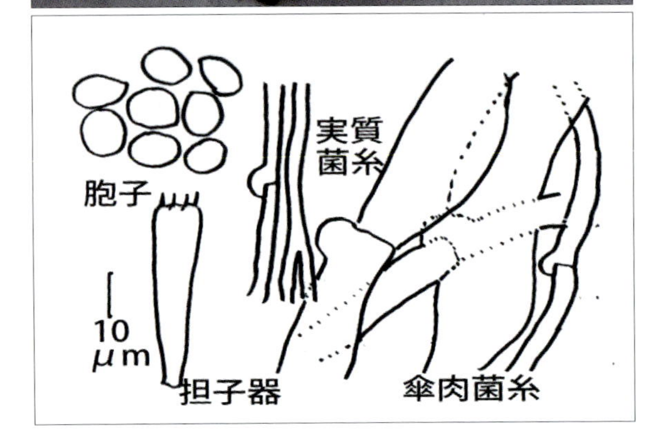

肉眼形質　傘は径 70mm 以下、肉は軟らかい肉質、下面の子実層托は針状、針は 6mm 以下、柄にほとんど垂生しないもの、明らかに垂生するものなど変異が多い。柄は円筒状、70×15mm 以下、子実体に触れたり、採取後、時間を経過すると赤褐色に変色するものが多いが、その変色の程度についても変異がある。**顕微鏡形質**　胞子は広楕円形～類球形、7~9×6.5~8μm、非アミロイド。担子器はほぼ 45×10μm。実質菌糸は径 3~4μm、並列。肉菌糸は径 5~20μm、錯綜する。クランプは頻繁にある。**分布・生態**　世界的に分布し、林床に生える。子実体がカノシタは淡黄褐色を帯び、シロカノシタは白色である以外に両者の相違点はない。

メモ　カノシタはオオミノイタチハリタケ（ヘソカノシタ）(p.131) と誤認されることもあるが傘中央の凹みの有無に注意すれば識別は容易である。しかし、シロカノシタはヒメハリタケ（コツブシロカノシタ）(p.133) やアシブトカノシタ（仮称）(p.132) と肉眼で識別するのは困難なので、同定には胞子の確認が必須である。垂生しない型をイタチハリタケ *H.rufescens* として分ける見解もあったが、現在、イタチハリタケは本種の異名として扱われる。

文献⑪,87,104

オオミノイタチハリタケ（ヘソカノシタ）

Hydnum umbilicatum Peck

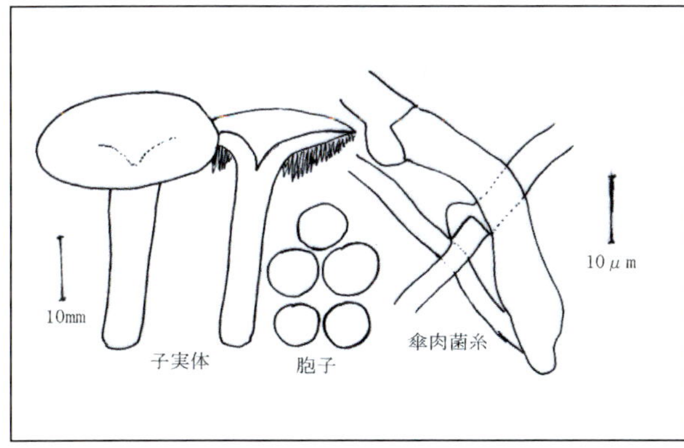

肉眼形質　全体にもろい肉質で壊れやすい。傘は橙黄褐色〜淡黄褐色、径 10cm 以下、中心生、中央はへそ状に凹む。下面の子実層托は針状、針は 8mm 以下。柄に沿下しない。柄は円筒状、50×15mm 以下、淡色。全体にこすったり、時間が経過しても色調に変化はない。

顕微鏡形質　胞子は類球形、平滑、7~9×7~9（8.3×7.5）µm、非アミロイド。文献によって胞子の大きさに違いがあるが本資料の測定値より大きい記載は見ない。菌糸は 1 菌糸型でクランプがある。子実層托の実質菌糸は径 2~3µm。肉の菌糸は径 3~9µm。

分布・生態　北米、ニュージーランドに分布。日本では東北きのこ図鑑（2009、家の光）でオオミノイタチハリタケとして紹介されたが日本産菌類集覧には採録されていない。認知度が低いので各地の採集リストにほとんど記載がない。しかし、分布は広いものであろう。本資料は 2011.09.23、富士山の針葉樹林林床で採取。

メモ　カノシタ *H.repandum*（p.130）とは傘が中心生で中央がへそ状に凹み、針は常に垂生しないことで区別される。子実体の色調は本種は橙褐色、カノシタは淡黄褐色の場合が多いが変異が多い。文献で変色性があるとしているものもあるが資料標本ではその特徴を認めないので変色性についても変異があると考える。提唱されている和名オオミノイタチハリタケについてイタチハリタケは現在カノシタの同種異名（シノニム）なので新称の和名に用いるのは不適当であり、本種の胞子の大きさはカノシタ（6.5~7.5×7~8µm）より僅かに大きいだけでオオミを冠するほどの相違はない。分かり易い決定的な区別点は傘中央がへそ状に凹むことなのでヘソカノシタという別名を提唱したい。

文献：87,104

アシブトカノシタ（仮称）***Hydnum*** sp.

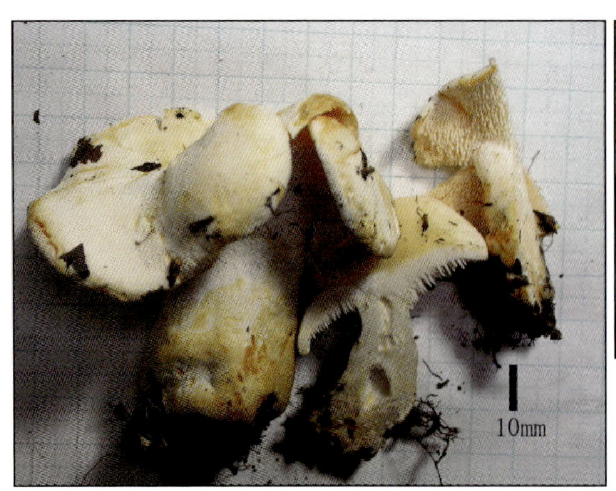

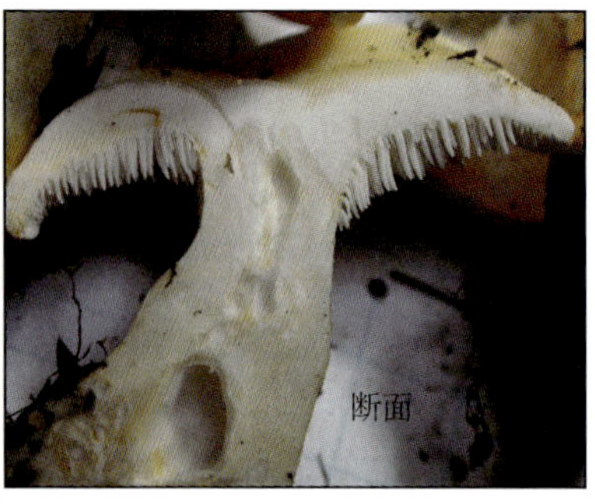

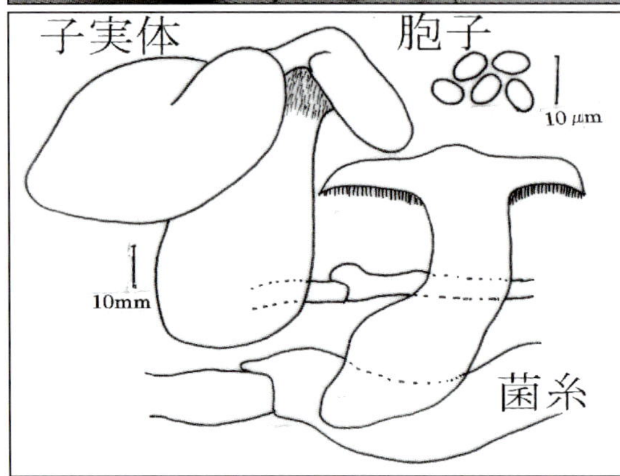

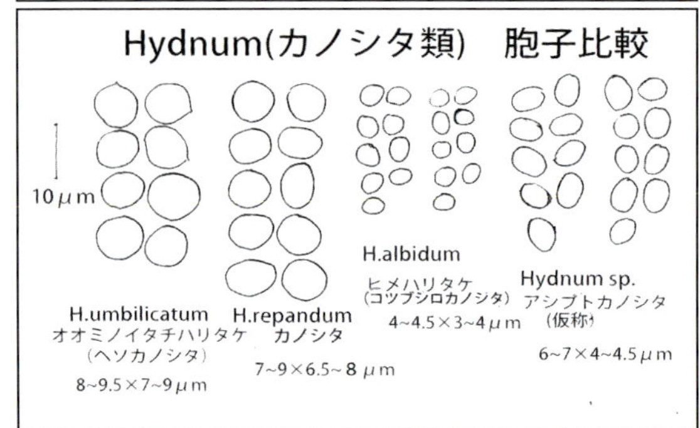

肉眼形質 初め全体白色。時間が経つとやや汚色化し、部分的に橙赤色に染まる。傘は径 80mm 以下、平滑、歪みがあって不整形、平坦ではないものが多い。下面（子実層托）は針状、針の長さはほぼ 5mm、直生～垂生。柄はほぼ中心生、長さ 70mm、径 35mm 以下、中空の部分もある。類似種に比べ柄が太い印象を受けるものが多い。

顕微鏡形質 胞子は広楕円形、6~7 × 4~4.5μm。肉の菌糸は径 5~18μm。細い菌糸、膨大する菌糸が混じる。クランプがある。

分布・生態 初め神奈川県北部採集品で気づき、稀な種類かと思われたが、その後、横浜市、平塚市などでも採集され、比較的分布の多い普通品であると判断された。雑木林の林床、林縁に生える。

本資料は相模原市津久井、林縁、2005.10.03、採取。**メモ** 日本に分布するカノシタ属 *Hydnum* で分布の明らかなものは有色系統のカノシタ（p.130）、オオミノイタチハリタケ（仮称ヘソカノシタ）（p.131）、白色系統のカノシタ、ヒメハリタケ（p.133）と本種がある。日本産菌類集覧の *Hydnum* のうち、イタチハリタケはカノシタの異名、カイメンアシハリタケ *H. velutinum*、*H. wrightii* は何れもコウタケ属 *Sarcodon* と判断される。本種はアメリカで記載された *H. albo-magnum* に子実体の色、胞子サイズなど似ているが、それは柄の短いことを重要な特徴としており、ごく稀な種のようである。本種は少なくとも神奈川県ではかなり分布の多い種である。文献：87,104

ヒメハリタケ（コツブシロカノシタ）　*Hydnum albidum* Peck

Hydnum(カノシタ類)　胞子比較
10μm
H.umbilicatum
オオミノイタチハリタケ
（ヘソカノシタ）
8~9.5×7~9μm
H.repandum
カノシタ
7~9×6.5~8μm
H.albidum
ヒメハリタケ
（コツブシロカノシタ）
4~4.5×3~4μm
Hydnum sp.
アシブトカノシタ
（仮称）
6~7×4~4.5μm

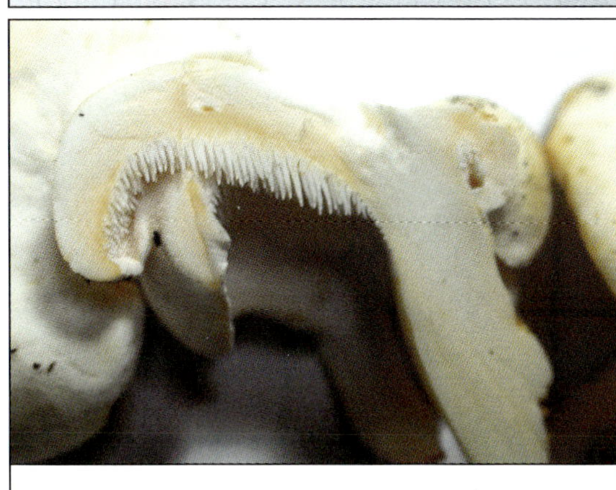

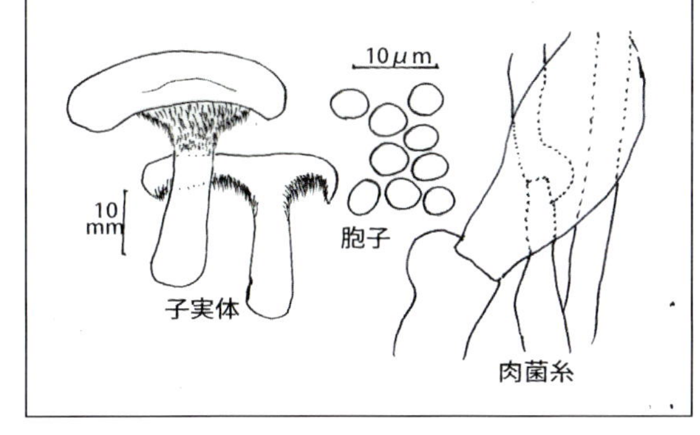

肉眼形質

全体初めほぼ白色、こすったり、時間が経つと部分的に橙赤色に変色する。傘は径 50mm 以下、平滑、ほぼ平坦、縁部は長く内に巻く。下面は針状、垂生し、針は長さ約 4mm。柄は 40×10mm 以下、平滑、中実。肉の味は未確認。文献によれば普通、強い辛味があるという。

顕微鏡形質

胞子は類球形～広卵形、4~4.5×3~4μm。肉の菌糸は径 5~15μm、細い菌糸、膨大する菌糸が混じり、クランプがある。

分布・生態

北米、日本で知られている。雑木林林床に生える。本資料は富士山産。林内地上に生える。神奈川県内ではやや普通。

メモ　本種はシロカノシタ *H.repandum* var. *album*（p.130）やアシブトカノシタ（仮称）*Hydnum* sp.（p.132）などと肉眼で識別は困難である。普通、アシブトカノシタは子実体が大きく、シロカノシタでは新鮮な子実体の柄に凹みやしわ、またはやや粉毛状であるのに対し、本種の子実体はやや小形で、柄はほとんど平滑である。決定的な相違点は胞子なので、傘中央が凹む特性のあるオオミノイタチハリタケ（ヘソカノシタ）（p.131）以外の同定は胞子確認が必須である。子実体がカノシタに比べ、ヒメの名を冠するほど小さくないので、ヒメハリタケの和名よりコツブシロカノシタと呼ぶ方が実体を示して分かり易いので別名として提唱する。文献：㉑,104

ヤナギノアカコウヤクタケ *Cytidia salicina* (Fr.) Burt

肉眼形質

子実体は背着生。初め10mmほどの円盤状、次第に癒着して広がる。厚さ1mm以下。乾燥すると辺縁はめくれて基質から離れる。湿時膠質、乾燥すると革質。子実層面は赤紫色～暗赤色、多少しわ状凹凸はあるがほぼ平滑。辺縁のめくれた裏面はやや白色微粉状。

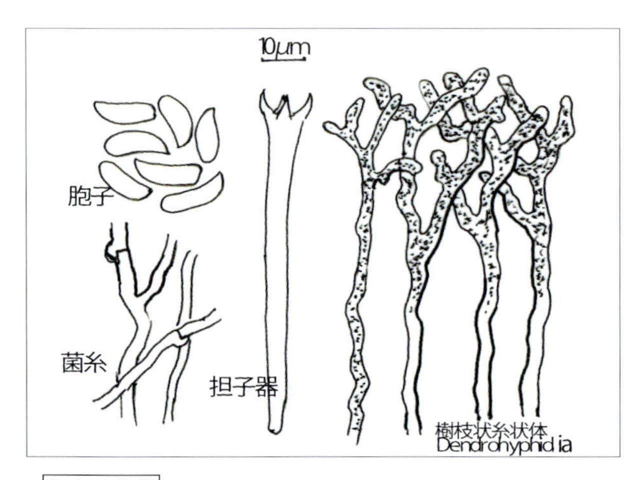

顕微鏡形質

胞子は円筒形～ソーセージ形、13~15×3.5~4.5μm、非アミロイド。担子器は円筒形、ほぼ80×10μm、4胞子を着ける。菌糸構成は1菌糸型、菌糸の径 2~3μm、クランプがある。子実層には樹枝状糸状体dendrohyphidiaが密生し、強く膠着している。糸状体の径 2~3μm、上部は不規則に分岐し、橙褐色。

分布・生態

アジア、ヨーロッパ、北アメリカの冷温帯以北に分布し、主としてヤナギ属 *Salix* の枯れ木や弱っている立木に生える。本資料は北海道のドロヤナギ *Populus maximowiczii* の落枝に発生した。神奈川県では丹沢で観察例がある。

メモ

本種は赤い色が目立ち、膠質であり、検鏡すればソーセージ形大形胞子の存在などで同定に迷うことはない。しかし、組織は強固に膠着しており、樹枝状糸状体や基層菌糸の状態を確認するのは容易ではない。文献：⑭、39,83

シロペンキタケ *Vuilleminia comedens* (Nees : Fr.) Maire

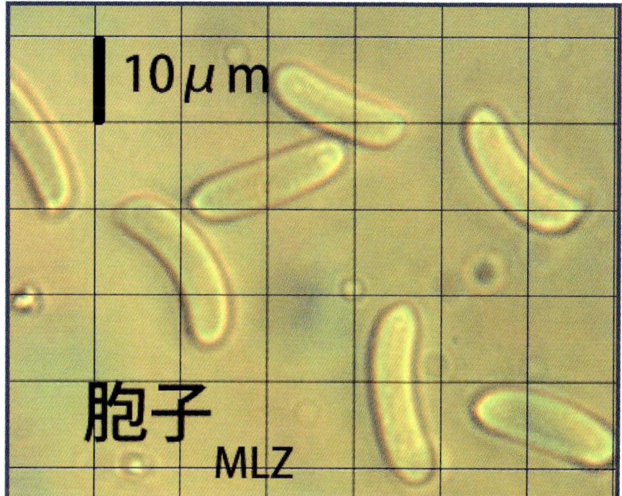

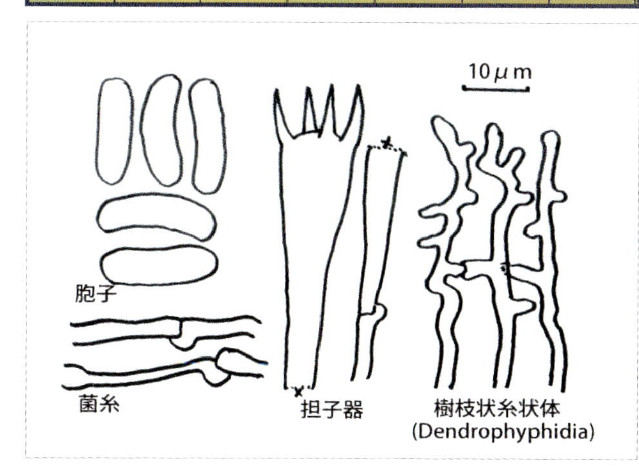

肉眼形質 全背着、平滑、新鮮なものではやや粉状、はじめ白色のち淡褐色～淡橙褐色、厚さ 85μm 以下。樹皮下の材（形成層）に膜状に拡がり、その部分の樹皮は剥落し、白色の子実体が露出する。樹皮の縁がめくれて、材上に白く、薄く拡がり、辺縁の薄い菌糸域は狭い。

顕微鏡形質 胞子はソーセージ形、17~22×5~5.5μm、非アミロイド。担子器は棍棒状、ほぼ 80×10μm、4 胞子型。菌糸は 1 菌糸型、径 1~3μm、クランプがある。菌糸は少なく、多数の樹枝状糸状体 dendrohyphidia が実質の大部分を構成し、ややゼラチン化して不鮮明である。

分布・生態 ほとんど全世界に分布がある。日本でも広く分布すると考えられる。林縁でコナラ属など広葉樹の落枝に着くのが多く観察される。本資料は神奈川県厚木市七沢、2009.03.16、採取。

メモ 日本の *V. comedens* は胞子が小さく、長さ 16μm 以下と文献 83 に記されているが本資料は外国文献記載の胞子サイズに一致する。また、諸文献で子実体の色はクリーム～淡褐色と記すが、本資料標本は和名に示された色そのものである。雑木林にごく普通。文献：①、39,65,83

シロウロコタケ *Cotylidia diaphana* (Schwein) Lentz

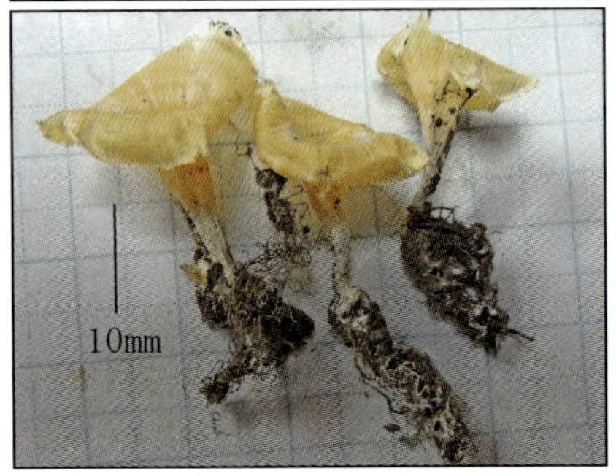

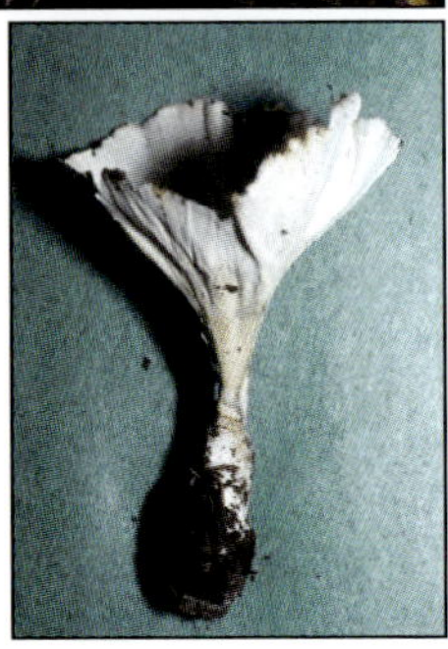

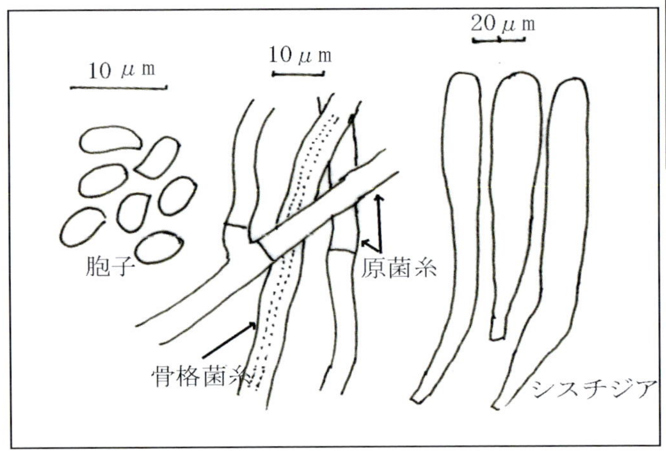

肉眼形質

全体白色、革質、無毛。傘はじょうご形、径10~30mm、表面、裏面ともに放射状のゆるいしわがあり、平坦ではない。肉は薄く1mm以下。柄はほぼ中心生、基部はやや太くなり、毛状菌糸束が着く。

顕微鏡形質

胞子は楕円形、無色、平滑、5~7×3~4μm。菌糸は2菌糸型。クランプはない。骨格菌糸は幅ほぼ8μm、原菌糸は幅3~5μm。シスチジアは円柱形、薄壁、80~150×10~18μm、散在。

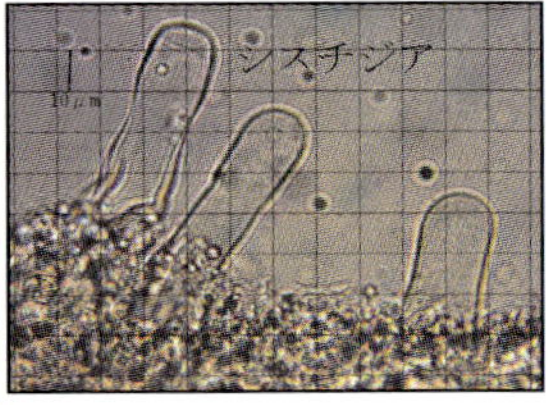

分布・生態

北米、日本に分布し。林内の地上に孤生または少数群生する。国内の分布域は広いと思われるがまれである。本資料は長野県蓼科、2010.07.17、採取。

メモ

新鮮な子実体は純白で清楚な姿である。横浜でも採集例があるが出会える機会は少ない。顕微鏡的には大形のシスチジアが特徴的で子実層面から30~60μm突出する。文献：⑥,46

ウスカワコメバタケ　*Hyphoderma transiens* (Bresadola) Parmasto

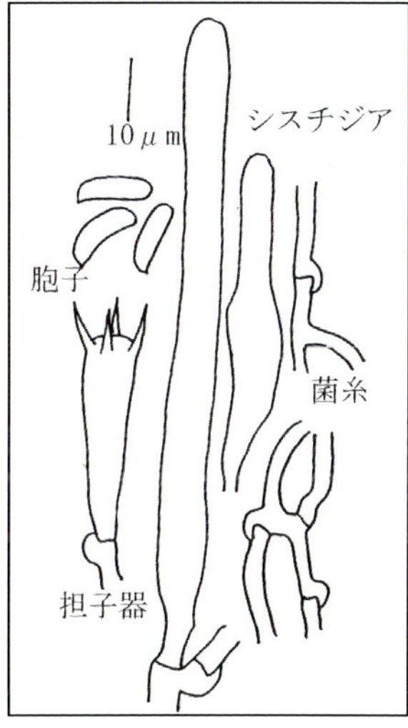

肉眼形質

子実体表面は白色～クリーム色～淡黄土色で、高さ 0.3~0.5mm の刺状突起がやや密生または散在、2～10 個/mm、分布する。周縁部は次第に薄くなり明確な輪郭を示さない。

顕微鏡形質

胞子はややソーセージ型円筒状、10~13×3~4μm、非アミロイド。担子器は円筒状、25~35×6~9μm、4胞子型。菌糸は1菌糸型、菌糸の径は 3~5μm、頻繁にクランプがある。
シスチジアは薄壁、円筒状、35~100×6~9μm。子実層面からはわずかしか突出していないが、組織中に長く伸びているものがある。

分布・生態

ヨーロッパ、ロシア、日本に記録がある。国内では広く分布するが、外観類似のシロコメバタケやミナミコメバタケほど普通ではないようである。全背着で、広葉樹の落ち枝に膜状に張り付く。本資料は横浜市こども自然公園、2014.08.03 及び逗子市神武寺 1997.07.06、採取。

メモ　肉眼的にはミナミコメバタケ *H. odontiaeforme* に類似するが微突起がそれより疎らである。本種の胞子は 10μm を超える大きさなので、その確認ができれば確実に識別できる。かつて記録されていた *H. longisporum* は本種のシノニムである。
本種にはカンバノコメバタケという別名もある。文献：39,83

ウスゲシロコウヤクタケ（新称）*Hyphoderma litschaueri*

(Burt) J. Erikss. & Å. Strid

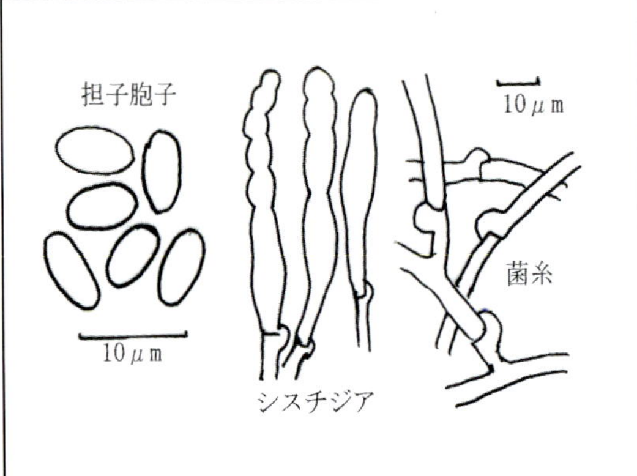

肉眼形質

落枝表面に膜状に張り付いて広がる。白色で一見平坦に見えるが、若い新鮮な部分はレンズ下で微毛状に観察される。周辺は次第に薄くなり、明確な境界を作らない。

顕微鏡形質

胞子は楕円形、7~9×3.5~4μm、非アミロイド。１菌糸型。菌糸は径4~5μm、頻繁にクランプを持つ。シスチジアは薄壁、円筒状～やや数珠状、40~70×8~10μm、多生する。

分布・生態

世界的に広く分布し、広葉樹ときに針葉樹の枯木や落ち枝に生える。本資料は平塚市万縄の森の広葉樹の落ち枝に発生。2011.07.21、採取。

メモ 神奈川のフィールドで枯れ枝に張り付く白くて平滑な最も普通のコウヤクタケはウロコオクバタケ *Basidioradulum radula* で、検鏡すると菌糸にクランプがあり、数珠状のシスチジア状構造物が現れる。本種はそれと近縁ではないが、白くて、クランプがあり、数珠状構造物があるという点で似ている。しかし、本種の数珠状構造物は子実層面に多生するシスチジアであり、ウロコオクバタケの数珠状構造物は組織中に散在する。本種は世界的分布種であるが、前記ウロコオクバタケやウスキイロカワタケなどに比べ、出会う機会は少ない。分布の少ない種類と思われる。文献：83

ミナミウスカワタケ（新称）*Hyphoderma microcystidium*

Sheng H.Wu

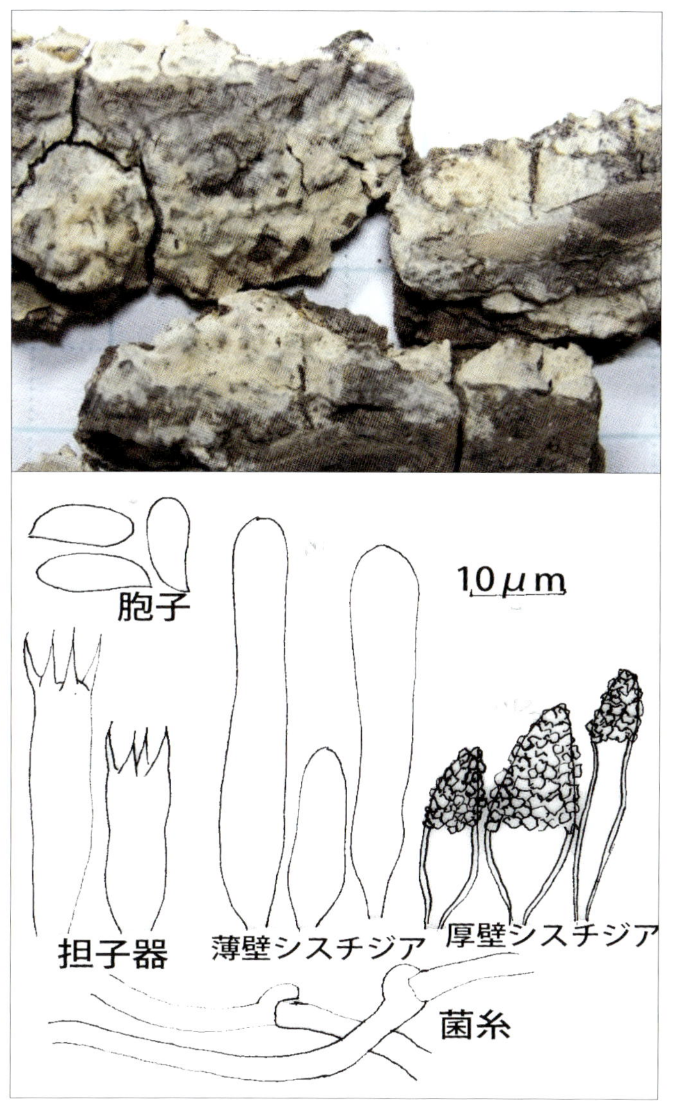

肉眼形質 樹皮に薄く固着して広がる。辺縁は次第に薄くなる。表面はほぼ平滑、色は類白色～淡黄色、古い標本では淡橙褐色を帯びる。

顕微鏡形質 胞子は円筒形、12~14×4~5μm、平滑、非アミロイド。担子器は円筒状、20~40×6~8μm、小柄4個を出す。菌糸型は1菌糸型、菌糸は径2.5~4μm、薄壁でクランプがある。シスチジアは2型があり、1つは厚壁シスチジア lamprocystidia で紡錘形、20~30×5~10μm、厚壁で頭部に厚く結晶を被る。他の1つは薄壁シスチジア leptocystidia で円筒状、薄壁で 25~55×6~8μm。何れも多数観察される。

分布・生態 台湾で記載され、日本では沖縄で初めて確認された南方系の菌であるが、鎌倉市、大磯町でも採集された。広葉樹の倒木、落枝に生える。本資料は神奈川県大磯町高麗山で2002.11.21、採取。メモ 亜熱帯～熱帯系の菌とされているものが神奈川県で採集される例は少なくない。温暖化の影響も考えられるが、過去の調査の不完全によるリスト漏れも推測される。本種も外形的に目立つものではないので顕微鏡考察がなければ存在を知るのは不可能である。和名がないので標記和名を提唱する。文献：83

ヤリノホコウヤクタケ（仮称）***Peniophorella pubera*** （Fr.）P.karst.

Hyphoderma puberum (Fr.) Wallr.

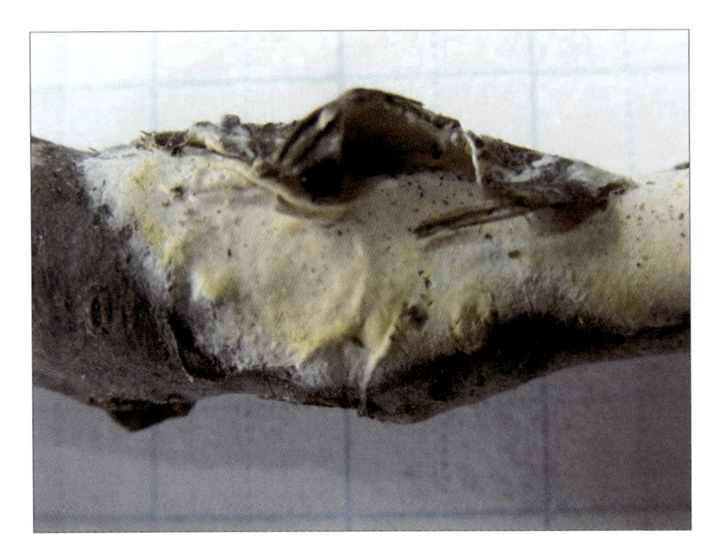

肉眼形質 枯枝などに背着して初め円く、次第に融合して膜状に拡がる。表面（子実層面）は白色～淡褐色～淡橙褐色を帯び、一見平滑であるが高倍率ルーペで見るとシスチジアが微毛状に見える。辺縁の菌糸束は短い。

顕微鏡形質

胞子は楕円形、8~11×4~5µm、非アミロイド。担子器は棍棒状、ほぼ 40×8µm。1 菌糸型で菌糸は径 2~3µm、クランプがある。子実層に多数の厚壁シスチジア lamprocystidia があり、多数超出する。厚壁シスチジアは先の尖った細い円錐形、140×20µm 以下、厚く結晶を被る。

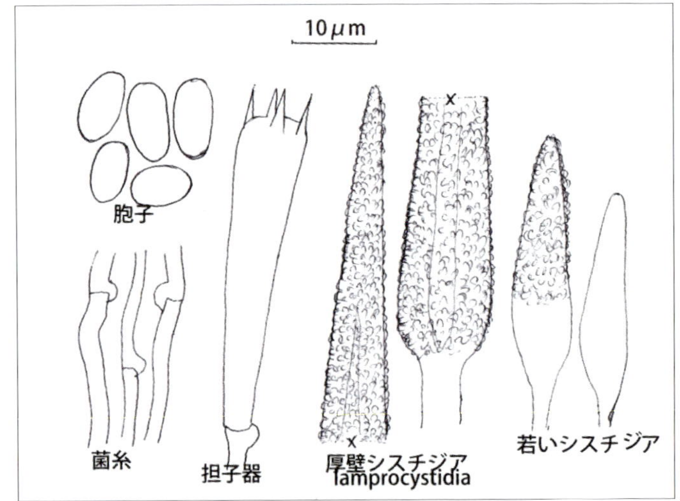

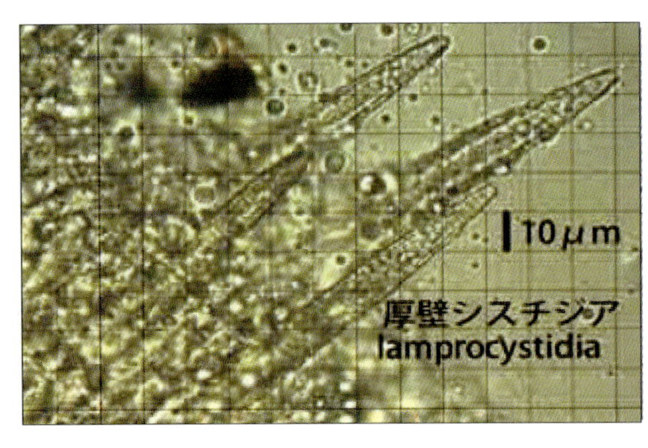

分布・生態 世界的に広く分布し、国内でもやや普通に産する。広葉樹・針葉樹の倒木、落枝に生える。本資料は鎌倉市産。

メモ まれに stephanocyst が検出されるというが、筆者はまだ観察できない。厚壁シスチジアの形状が特徴的なので検鏡すれば他種との識別は容易である。仮称は厚壁シスチジアの形状を槍の穂にたとえた。文献：39,83

オオナガバタケ ***Sarcodontia pachyodon*** (Pers.) Spirin

Spongipellis pachyodon (Pers.)Kotl. & Pouzar

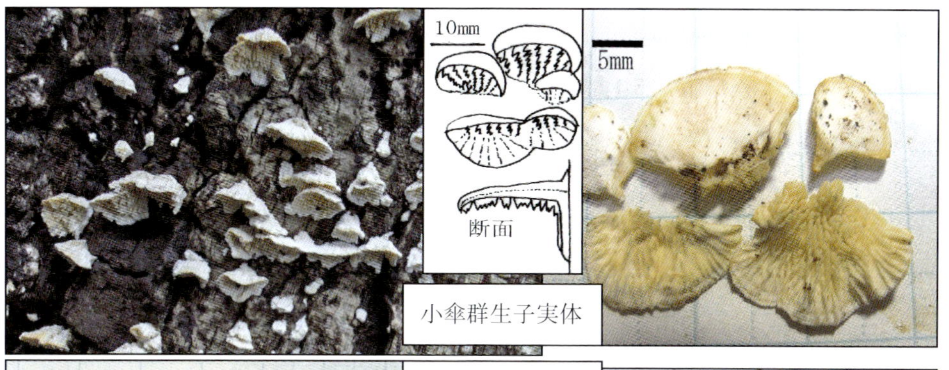

小傘群生子実体

広い背着子実体

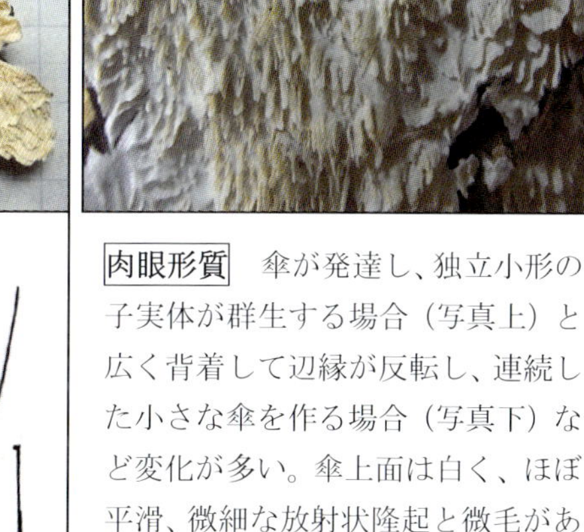

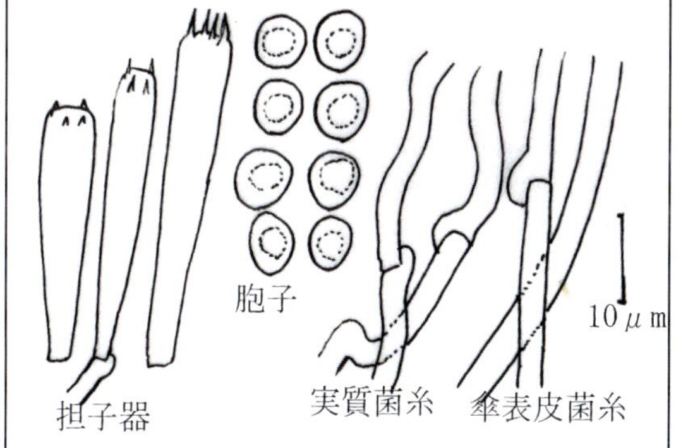

肉眼形質 傘が発達し、独立小形の子実体が群生する場合（写真上）と広く背着して辺縁が反転し、連続した小さな傘を作る場合（写真下）など変化が多い。傘上面は白く、ほぼ平滑、微細な放射状隆起と微毛がある。傘の肉は厚さ 2mm 以下、上半の粗い繊維質の層と下半の緻密な肉質の層からなる。何れも白色。子実層托は不規則なひだ状、薄歯状、幅は 5mm 以下。**顕微鏡形質** 胞子は類球形、非アミロイド、径 5~7μm、1 個の大きな油球がある。担子器は 25~40×5~7μm。1 菌糸型、菌糸にクランプがある。菌糸の径はほぼ 2.5μm。**分布・生態** ヨーロッパ、北アメリカ、日本に分布。しかし、日本では稀で、神奈川県での確認は本資料採取地の大磯町高麗山のみである。立ち枯れタブノキの樹皮に着生。半背着、1 年生。**メモ** 本種は 1998 年、くさびら№20 でコヒツジタケの仮称で紹介した。日本菌類誌（1955）は本種を *Irpex pachyodon* の名で疑問種として挙げている。文献：65,78,90

フサツキコメバタケ　*Steccherinum ciliolatum*

(Berk.&M.A.Curtis)Gilb.&Budington

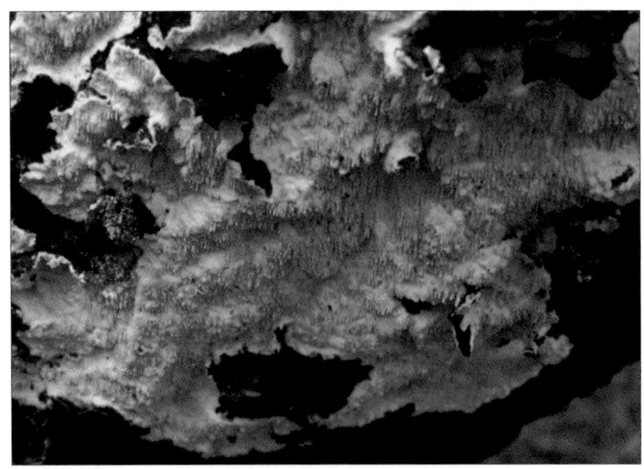

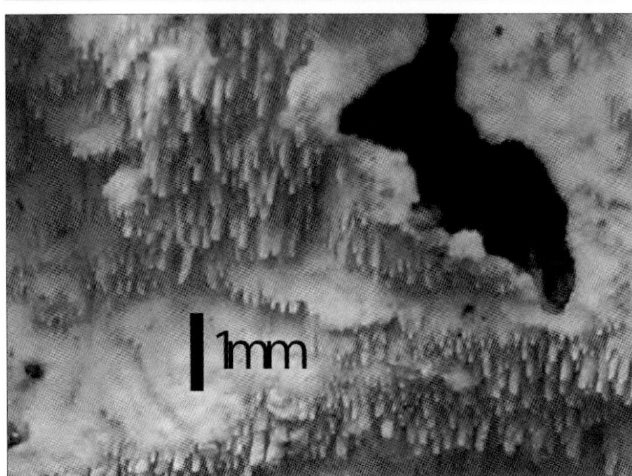

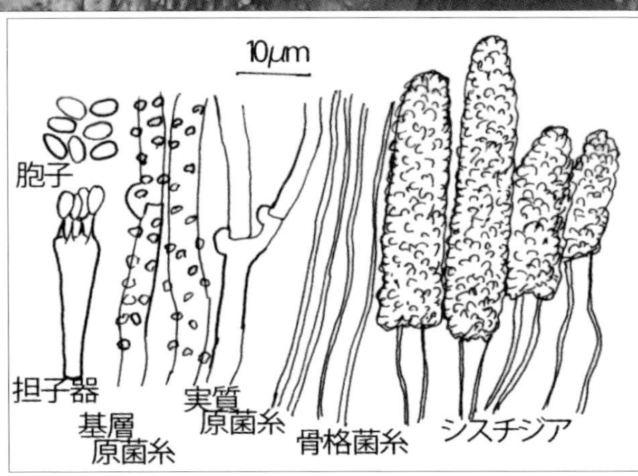

肉眼形質

白色の菌糸層（基層）が基質に広く張り付き、その上に淡肉色の針を密生する。古くなると菌糸層も淡褐色になる。辺縁に菌糸束は発達しない。針は 7~8 個/mm、ほぼ 1×0.1mm 以下で表面はやや微毛状。

顕微鏡形質

胞子は楕円形、無色、4~4.5×2~2.5μm。担子器は棍棒状、15~20×4~5μm、4 胞子を着ける。菌糸は 2 菌糸型。原菌糸はクランプがあり、薄壁ときに厚壁で径 2.5~4μm。基層は原菌糸だけからなる。その原菌糸にはしばしば微粒子を着ける。骨格菌糸は径 3.5~4μm。シスチジアは針の中心から伸びる骨格菌糸の頂部 20~50μm が著しく結晶に覆われ、径 7~9μm になるもので正確には骨格菌糸状シスチジア skeleto-cystidia と呼ばれる型である。

分布・生態

北米、欧州、アジアに広く分布し、広葉樹の枯木、倒木に生える。一年生、背着して傘は作らない。

メモ　本種はコウヤクタケの仲間として扱われていたこともある。ニクハリタケ属 *Steccherinum* の菌は共通して本種のような骨格菌糸状シスチジア skeletocystidia を持つ。

アカチャニクハリタケ（仮称）*Steccherinum* sp.

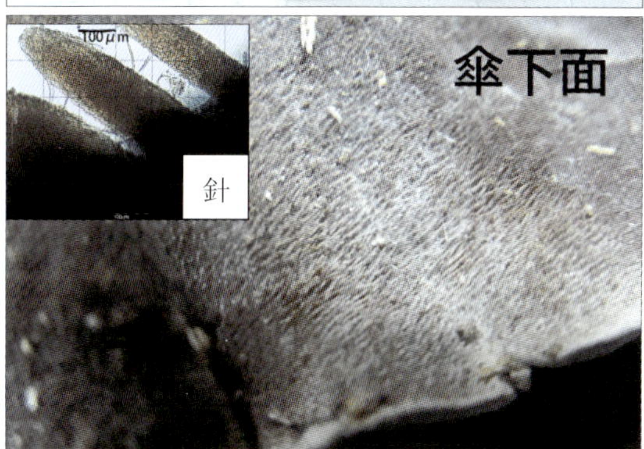

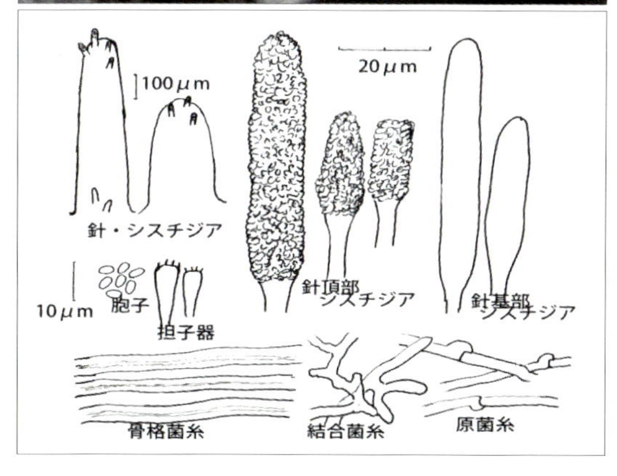

肉眼形質　子実体は半背着生、反転して傘を多数重生、傘は貝殻形であるが、癒着、分裂し、不規則な形状が多く、縁部は乾燥すると波状になる。傘上面は新鮮時、赤褐色。乾燥標本は暗褐色、周辺は淡色。無毛で放射状の内生繊維と明瞭な環紋があり、幅 10cm 以下、厚さ 3mm 以下。傘下面は淡褐色～淡灰褐色、針状、針は 1×0.3mm 以下、鈍頭～円頭、辺縁部の針は次第に短い。

顕微鏡形質　胞子は楕円形、無色、平滑、3.5~4×2μm。担子器は棍棒形、12~15×4~5μm、4 胞子型。構成菌糸は薄壁でクランプのある径 2~3μm の原菌糸と厚壁で分岐、屈曲がなく径 3.5~5μm の骨格菌糸と、屈曲、分岐が多く厚壁で径 3~3.5μm の少数の結合菌糸からなる 3 菌糸型である。シスチジアは円筒状で針の頂部に突出、または内在し、結晶に覆われ、20~60×8~11μm、針基部にはしばしば結晶を被らない円筒状シスチジアがある。シスチジアの分布数は子実体によって変異が大きく、存在を認めない針もある。

分布・生態　本資料は神奈川県葉山町二子山山麓広葉樹倒木上に群生、1993.10.23、採取。

メモ　ニセニクハリタケ *S. murashkinskyi* とは芳香がなく、傘上面が赤褐色で、ビロード感がなく、放射状内生繊維が目立ち、針が短かく、乾燥すると傘辺縁が波状になるなどで肉眼的に識別できる。本種仮称はズシニクハリタケ（仮称）を改めた。文献⑰

ツバマツオウジ（仮称）***Neolentinus lepideus*** (Fr.)Redhead&Ginns

Neolentinus suffrutescens (Brot.) T.W. May & A.E. Wood

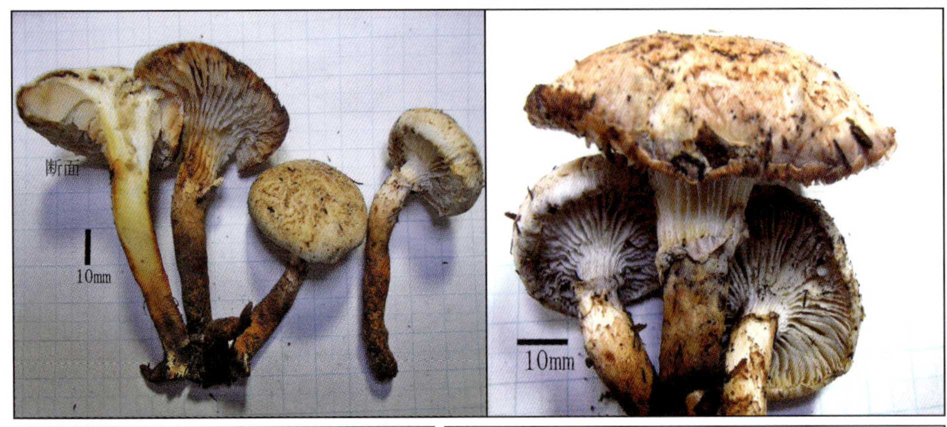

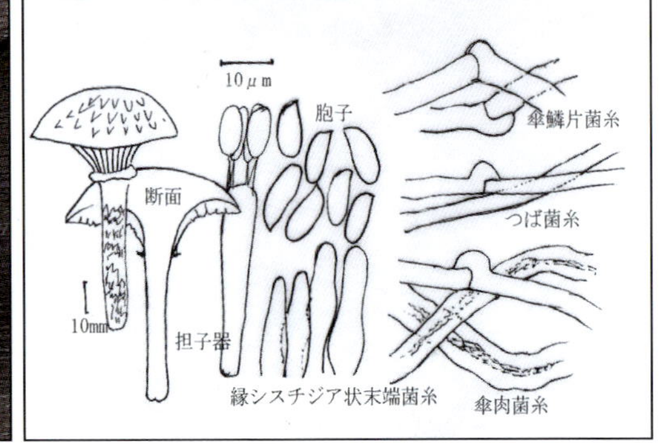

肉眼形質　傘はほとんど類白色〜淡黄土色〜淡黄褐色、より濃色の鱗片を散在。肉は白色、強靭。ひだは垂生、大ひだ 35~40、小ひだ 1~3、縁部は鋸歯状。柄は円筒状、頂部に膜質のつばがあり、つばまでひだが垂下する。つばから下には鱗片が着く。

顕微鏡形質　胞子は円筒状〜長楕円形、10~13×4~5.5μm。縁シスチジア状末端菌糸は15~30×5~8μm。鱗片、ツバの菌糸は薄壁、肉には厚壁菌糸が混じる。

分布・生態　世界的に広く分布し、カラマツ属、トウヒ属、マツ属など針葉樹の枯木に生える。日本では普通冷温帯以北に分布し、富士山、八ヶ岳周辺、北陸（?）ではカラマツに発生、また東北ではスギやアカマツなどに発生するという。暖温帯（鎌倉市）での発生例もある。**メモ**　「原色日本新菌類図鑑」（保育社）や「日本のきのこ」改定新版（山と渓谷社）のマツオウジは写真も解説もつばのない系統を示しているが、その胞子サイズは 10~11×4~5μm と記されている。筆者の複数子実体の計測値は 8~9（10）×2.5~3.5μm でより小さい。再検討が必要と思われる。つばのある系統の胞子サイズは前記のように明らかにそれより大きい。つばのない系統とつばのある本種とは胞子サイズも異なる別の分類群と考えられる。本種の和名をマツオウジとする見解もあるが、その和名は従来のようにつばなしのものに当て、本種はツバマツオウジと呼ぶ方が混乱しない。

カワキタケ　*Panus conchatus* (Bull.:Fr.)Fr..

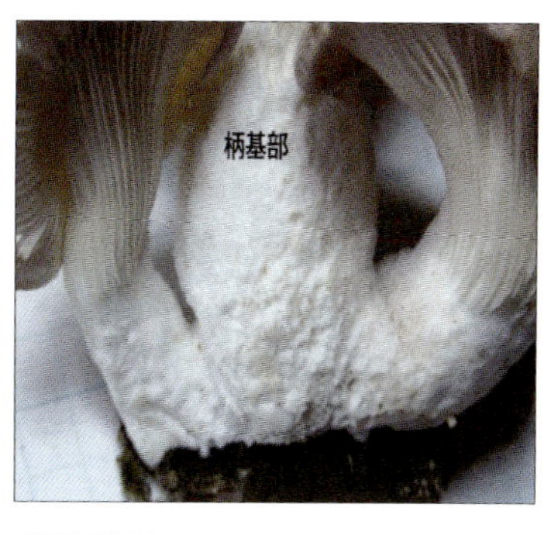

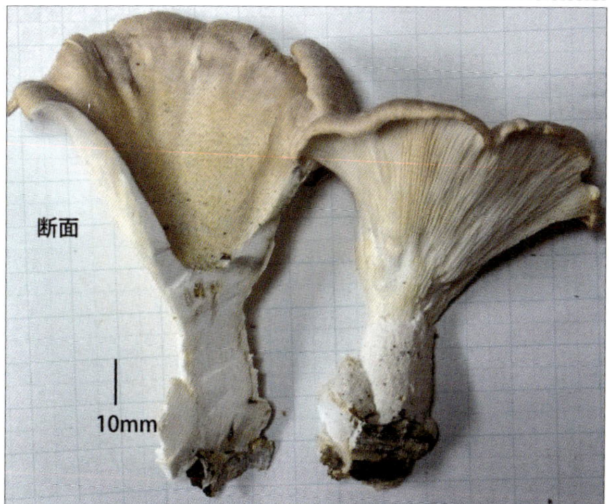

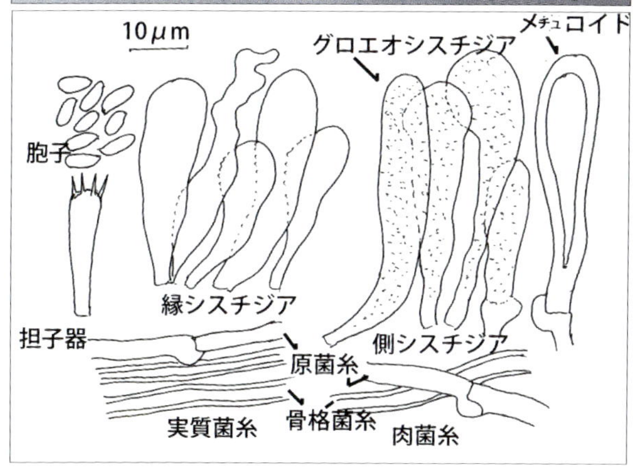

肉眼形質 傘は径 80mm 以下、やや不整の漏斗形、表面は淡紫色～淡紫褐色、ほぼ平滑であるが中央部はより淡色でささくれ鱗片状。肉は白色強靭。ひだは垂生し、分岐、小ひだが多く密、傘と同色～より淡色、幅 3mm 以下で狭く、子実層面に沿って千切れやすい。柄は白色、太短く 10~20×10~15mm、中実、綿毛状菌糸束を被る。

顕微鏡形質 胞子は類円柱形、6~7.5×2.5~3μm、非アミロイド。担子器は 25×5μm、4 胞子型。縁シスチジアは棍棒形が多いが異形もあり、30~50×6~12μm、密生。側シスチジアはグロエオシスチジアが多いが厚壁シスチジア（メチュロイド）も少数あり、25~50×5~15μm。肉も実質も 2 菌糸型、肉菌糸は錯綜し、実質菌糸は子実層面に並列。原菌糸にはクランプがある。分布・生態 カワキタケは北半球の暖温帯以北に広く分布するが、日本では比較的まれ。各種広葉樹ときに針葉樹の枯れ木に生える。本資料は神奈川県相模原市の広葉樹に着生、2013.06.01、採取。メモ カワキタケは形態、色彩に著しく変異が多く、顕微鏡的考察による比較検討が必要である。文献：⑧⑩⑳㉑㉗,82

アシグロタケ　*Picipes badius* (Pers.) Zmitr. & Kovalenko

Polyporus badius (Pers.)Schwein . 、*Royoporus badius* (Pers.) A.B.De

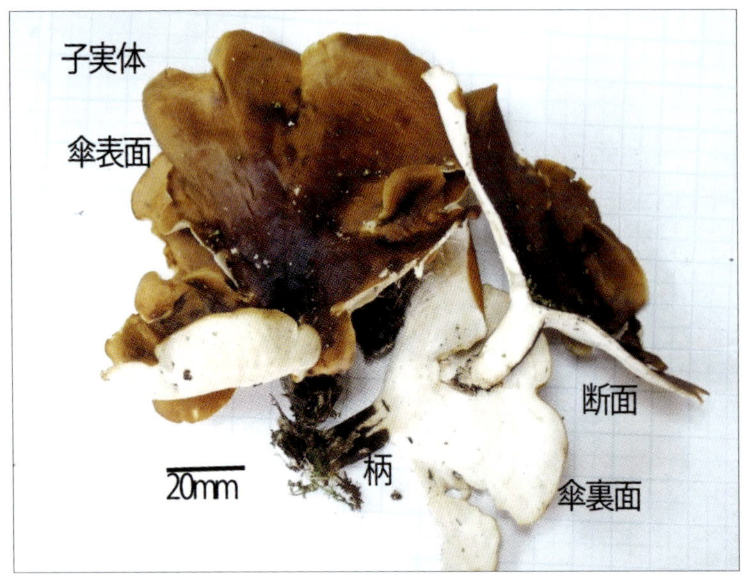

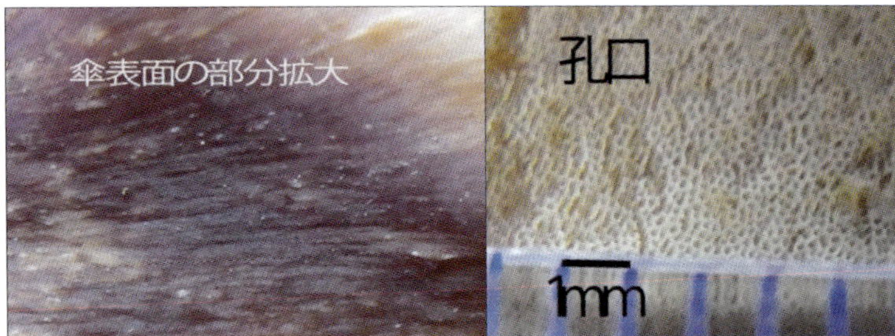

肉眼形質　普通柄は側生し扇形、ときに漏斗形もある。径20cm以下、厚さ5mm以下。表面濃赤褐色～黒褐色、放射状微細なしわを持つことが多い。裏面は白く、孔口は6~8個/mm。柄は30×5mm程度、黒色部がある。

顕微鏡形質　胞子は長楕円形、6~8×3~3.5µm。菌糸は2菌糸型、径3~5µm。傘上表皮や柄黒色部は原菌糸からなり、傘、柄の実質は少数の原菌糸と厚壁でときに分岐する骨格菌糸からなる。ほかに径5~10µmの粘質原菌糸 gloeoplerous hypha（細胞質に油脂を含む）がある。傘下表皮は有色で短節の膠着した菌糸で構成される。原菌糸にクランプはない。分布・生態　世界の冷温帯に分布。本資料は富士山、広葉樹枯木、2012.09.30、採取。

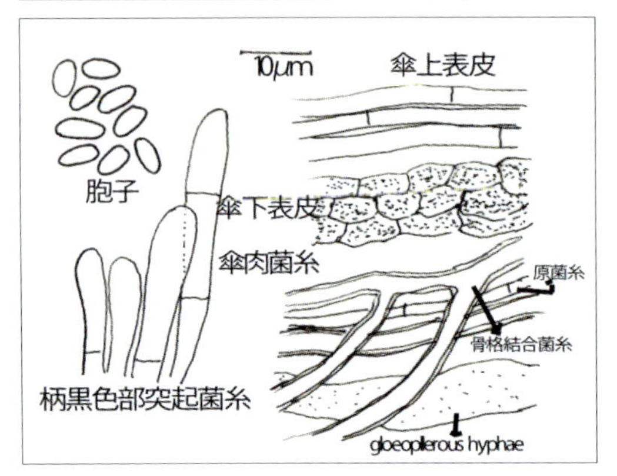

メモ　本種と同じ環境の冷温帯に分布するキノハダアシグロタケ *Polyporus tubaeformis*（p.151）は原菌糸にクランプがあることで区別できるが肉眼的にはよく似ている。それは子実体が漏斗型になる傾向が強いが、貝殻形もあり、本種も漏斗形になる場合もあるので肉眼識別は困難。標記学名変更は2016年。文献：48,78

キアシグロタケ　*Cerioporus varius* (Pers.)Zmitr. & Kovalenko

Polyporus varius (Pers.:Fr.) Fr.

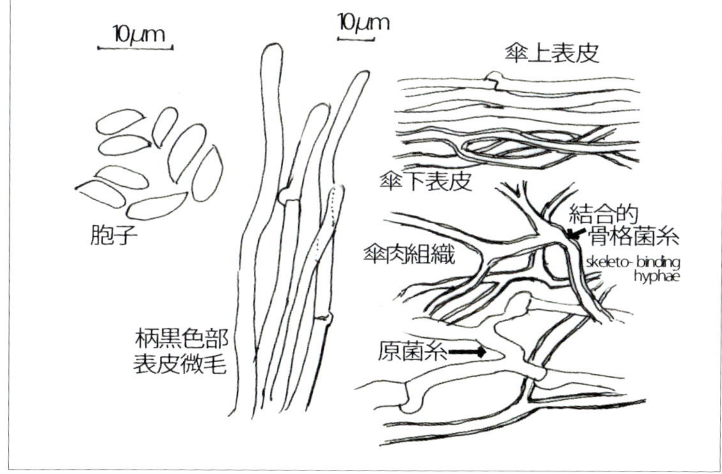

肉眼形質 傘は径 8cm 以下、うちわ形〜漏斗形、黄土色、ほぼ平滑で放射状内生繊維が条線として観察される。柄は偏心生〜中心生、20×7mm 以下、表面は黒褐色でビロード状。傘下面はわずかに淡黄土色を帯び、孔口は 4~6 個/mm。

顕微鏡形質 胞子は円筒形、7~11×3~4μm。菌糸は 2 菌糸型 amphimitic。傘上表皮は平行する径 2.5~3μm の原菌糸の層でごく薄く、古くなると剥落する。傘下表皮は分岐し、やや膠着する厚壁菌糸の薄い層である。傘・柄の肉は厚壁で分岐する骨格的結合菌糸 skeleto-binding hyphae と原菌糸で構成される。柄黒色部表面は暗褐色で原菌糸により構成され、80~120×2.5~3.5μm の毛状菌糸が密生する。原菌糸にはクランプがある。

分布・生態 世界の冷温帯に広く分布し広葉樹の枯木に生える。本資料は富士山太郎坊、2012.09.16 採取。メモ 神奈川県低地には本種に類似するネッタイアシグロタケ *P.leprieurii* (p.150)、アカチャアシグロタケ（仮称）*P.dictyopus* (p.148)、アミキアシグロタケ（仮称）*P.guianensis* (p.149) などがある。以前、これらをキアシグロタケ *C.varius* と誤認した場合が多く、神奈川県低地の分布記録に本種が挙げられているのは恐らく誤認である。本種は冷温帯域の菌で、暖温帯域の神奈川県低地には分布しない。本種の属の変更は 2016 年である。文献：⑬、78

アカチャアシグロタケ（仮称）*Polyporus dictyopus* Mont.

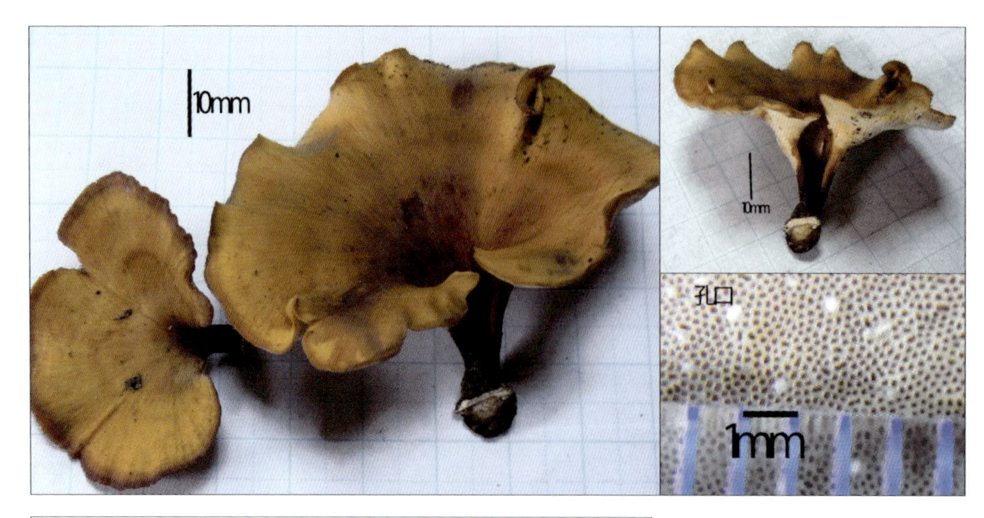

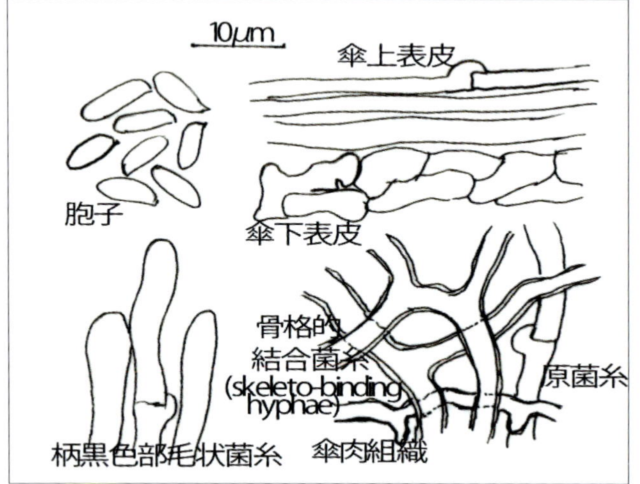

肉眼形質 子実体はうちわ形～漏斗形、径 10cm 以下、傘表面は赤褐色（若いときはクリーム色）、放射状条線があるがときに不明瞭。柄は偏心生の場合が多く、30×10mm 以下、黒褐色、ほぼ平滑。傘の裏面は汚白色～淡褐色、孔口は 5~7 個/mm。

顕微鏡形質 胞子は楕円形、6~8×2.5~3μm。菌糸は 2 菌糸型。傘上表皮は径 2.5~3μm の平行する原菌糸の薄い層があるが古くなると剥落、下表皮は膠着する不定形細胞層である。傘肉は原菌糸としばしば分岐する径 3~8μm の骨格的結合菌糸 skeleto-binding hyphae からなる。柄の黒色部表皮は原菌糸からなり、30×6μm 以下の円筒状～毛状突起がある。分布・生態 世界の熱帯～亜熱帯地方に広く分布し、日本では暖温帯域の分布も稀ではない。神奈川県低地ではしばしば観察される。本資料は小田原市産。広葉樹の倒木、落枝に生える。メモ 本種と同定された子実体に胞子や孔口のサイズのかなり大きな差異のあるものが含まれるので、研究が進めばこの分類群は更に数種に分類されるだろうという。神奈川県などの暖温帯域で、子実体が赤褐色で、傘に放射状条線があり、偏心生の *Polyporus* は本種と判断される。同じ環境で共に観察される柄の細長いネッタイアシグロタケ *P.leprieurii*（p.150）や管孔の大きいアミキアシグロタケ（仮称）*P.guianensis*（p.149）は、それらの特徴が明瞭なので普通肉眼で識別可能である。しかし、発生地不明の標本では冷温帯域分布の、キノハダアシグロタケ *P. tubaeformis*（p.151）、キアシグロタケ *Cerioporus varius* など似ている場合があって識別は容易ではない。文献：78

アミキアシグロタケ（新称）*Polyporus guianensis* Mont.

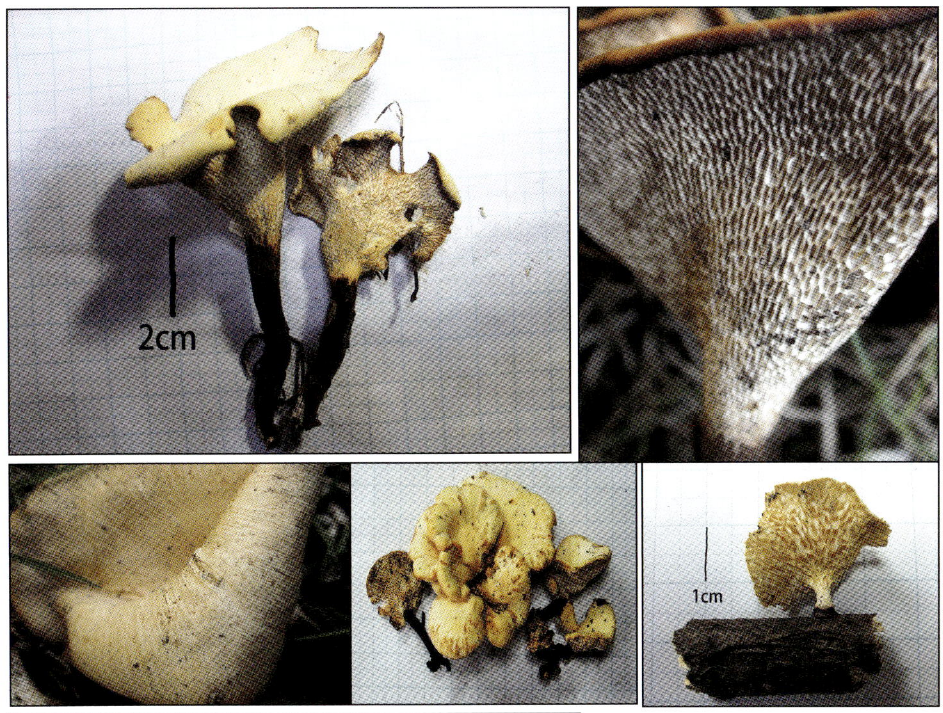

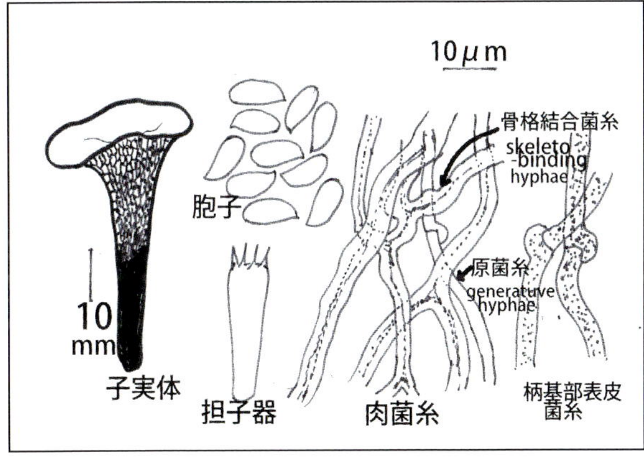

肉眼形質　普通漏斗形で径50mm以下、高さ60mm以下の傘と柄からなり、傘は、褐黄色～黄土色、放射状繊維紋があり、平滑。管孔面は淡色、孔口はほぼ1×0.5mm、放射状に並び、柄上部に及ぶ。柄は中心生、径3～10mm、上部または中部から下は黒色。傘の形状、大きさ、柄の長さなど変異がある。

顕微鏡形質　胞子は円柱形、9~11×3~4.5μm、非アミロイド。菌糸はamphimitic。骨格・結合菌糸skeleto-bunding hyphaeは分岐し、次第に細くなる。幹部で径ほぼ4~7μm。原菌糸は径3~4μm、クランプがある。柄下部の黒色部表皮は有色の原菌糸よりなる。

分布・生態　南米、アジアの熱帯域。日本の暖温帯に分布する。神奈川県内では三浦半島から真鶴半島に至る湘南沿海地域では、しばしば観察され、稀ではない。広葉樹の落枝、倒木に生える、1~2年生。本資料は平塚市南金目、雑木林、2012.09.20、採取。

メモ　日本に分布する *Polyporus* について、研究整理が十分でない点も多いという。本種は主として East Asian Polypores(2001)を参考にして同定した。傘が淡黄土色～淡黄褐色、柄が中心性で、柄下部が黒色、孔口が大きくて肉眼で網状に観察できるという特徴なので容易に類似種から識別できる。文献：78

ネッタイアシグロタケ　*Polyoorus leprieurii*　Mont

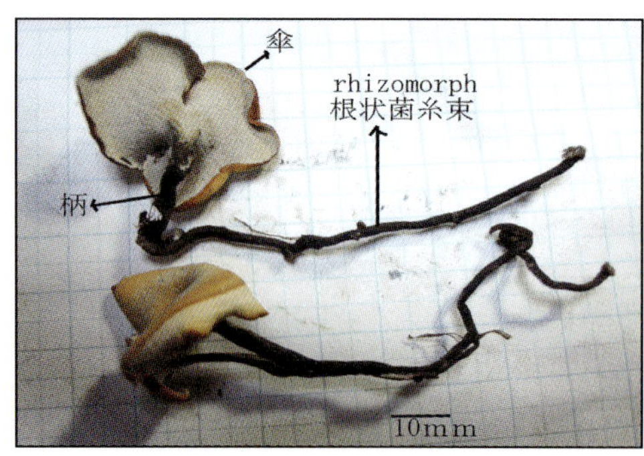

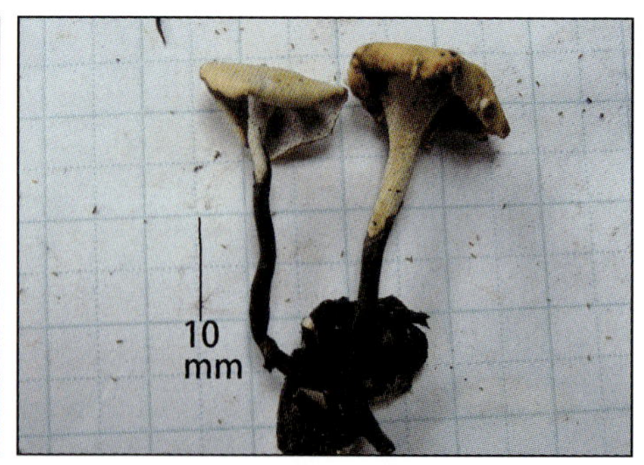

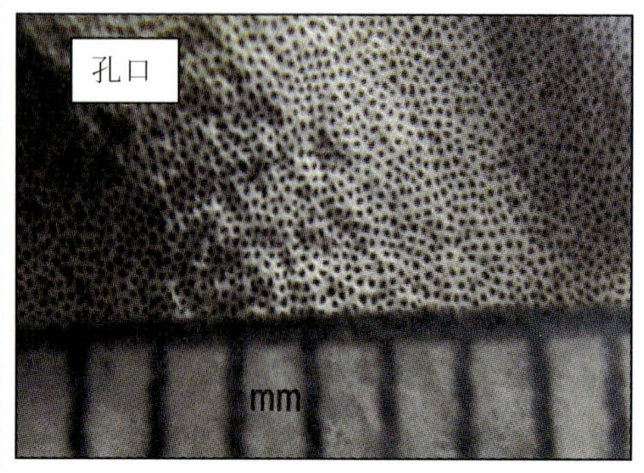

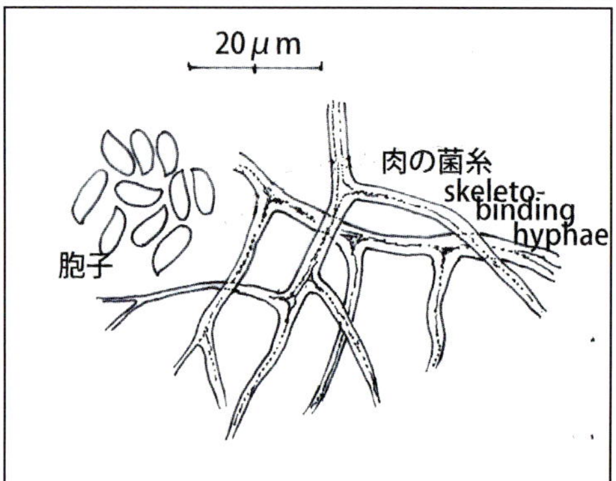

肉眼形質　傘は径 50mm 以下、褐黄色～黄土色、中央は凹む場合が多く、放射状繊維紋がある。孔口は 5~7 個/mm、淡灰褐色、柄の上部に連続する。柄は中心生、黒色、類似種のなかで最も細長く、50×4mm 以下、ときに柄に続いて根状菌糸束 rhizomorph が発達するが、柄との境界が不明瞭な場合もある。

顕微鏡形質　胞子は長楕円形、6~9×2~3.5μm。菌糸は 2 菌糸型、*Polyporus* 共通の特徴として amphimitic である。樹枝状に分岐する骨格菌糸的結合菌糸 skeleto-binding hyphae と原菌糸からなる。原菌糸にはクランプがある。肉の原菌糸は観察困難。

分布・生態　アジア、アメリカの熱帯・亜熱帯地域から、中国、日本の暖温帯域まで広く分布する。神奈川県ではむしろ普通種である。1~2 年生で広葉樹の倒木、落ち枝に生える。**メモ**　柄の状態が典型的な子実体であれば類似種との識別に迷わないが、柄の短い子実体の場合はキアシグロタケ *Cerioporus varius*（p.142）に似る。East Asian Polypores(2001)は管孔面の色調に違いがあると述べているが、それで識別するのは無理。キアシグロタケの方が胞子がやや大きい。他の類似種として孔口の大きいアミキアシグロタケ（仮称）*P. guianensis*（p.149）や偏心生で赤褐色のアカチャアシグロタケ（仮称）*P. dictyopus*（p.148）が 同じ環境に分布する。文献：⑲,78

キノハダアシグロタケ ***Polyporus tubaeformis*** (P.Karst.)Ryvarden & Gilb.

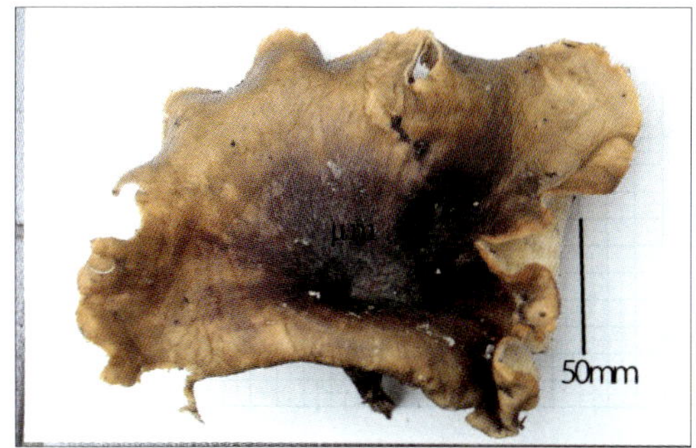

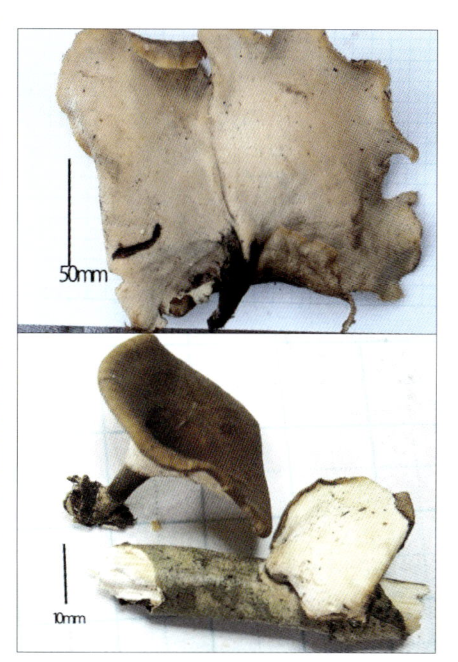

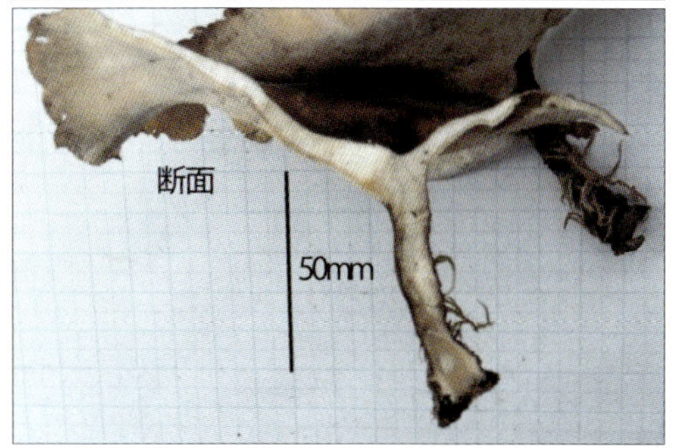

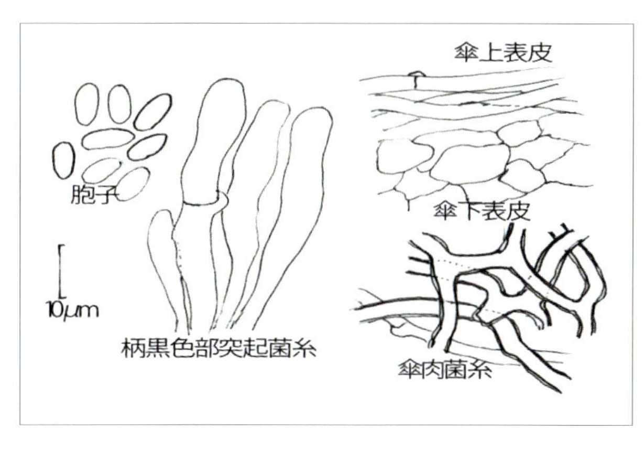

肉眼形質 柄が傘の中心付近に着き、深い漏斗形を示す子実体が多いが、偏心生でうちわ形もある。傘は径 20cm 以下、厚さ 6mm 以下、表面は栗褐色～黒褐色～灰褐色で放射状条線があるが、条線はときに不明瞭。新鮮な状態では平滑、古い子実体では不明瞭な放射状のしわができる。裏面は白色、孔口は 5~7 個/mm。柄は 50×5mm 以下、黒色部がある。**顕微鏡形質** 胞子は細楕円形、6~8×3~3.5μm。菌糸構成は 2 菌糸型。傘上表皮は平行する原菌糸の層であり、傘下表皮は膠着した石垣状細胞層で構成される。柄黒色部表皮には毛状に突起する原菌糸がある。傘と柄の肉は厚壁で分岐の多い骨格菌糸的結合菌糸 skeleto-binding hyphae と少数の原菌糸からなる。原菌糸にはクランプがある。

分布・生態 アジア、北米の冷温帯以北に分布、広葉樹の枯木に生える。本資料は富士山、2012.09.09.、採取。**メモ** アシグロタケ *Picipes badius* (p.146) は形態的によく似るがクランプを欠くので検鏡すれば識別できる。本種は漏斗型を特徴として学名もその意であるが偏心性のうちわ形も少なくないのでアシグロタケとの識別は検鏡が必須である。類似種の *P.melanopus* が日本にも分布するという。それは地上生である。文献：48,71,78

キイロダンアミタケ *Diplomitoporus flavescens* (Bres.)Domanski

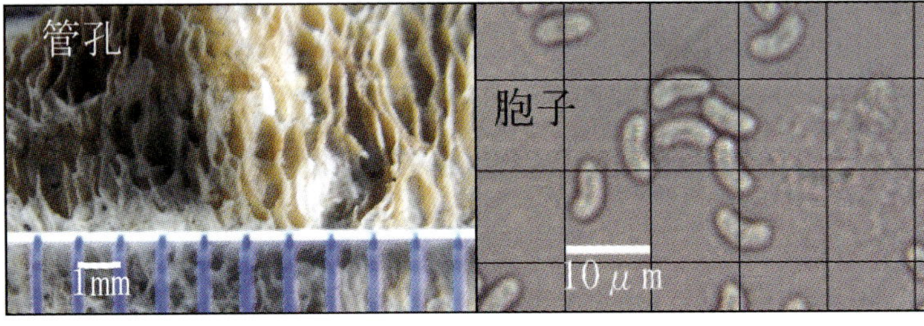

肉眼形質

傘は狭く、30mm 以下、厚さ 20mm 以下、しばしば棚状、初め白く、次第に淡黄褐色を帯び、上面は綿毛を被る。孔口は白色～淡黄色、2~3 個／mm。

顕微鏡形質

胞子はソーセージ形、6~8×3~3.5μm、非アミロイド。菌糸は2菌糸型、クランプがある。骨格菌糸は幅 3~5μm。傘毛被は原菌糸だけからなる。

分布・生態

ユーラシア大陸分布種。マツ属の倒木、落枝に生え、材の白腐れをおこす。半背着生～全背着。群生して階段状になる場合もある。本資料は神奈川県真鶴、マツ落枝、2011.06.26 採取。

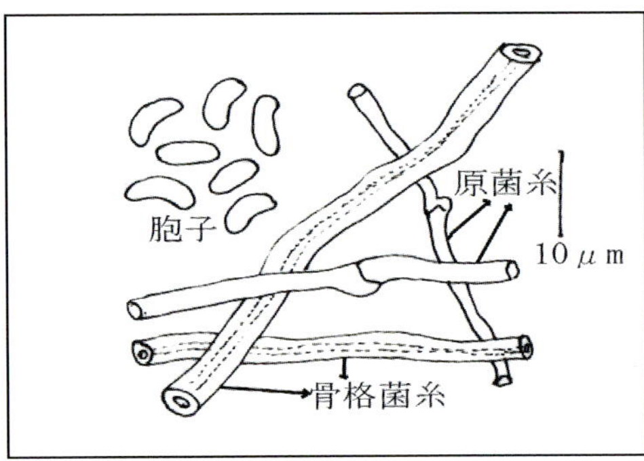

メモ

マツに限って着生し、麦藁色であり、胞子が明瞭なソーセージ形である点などに注目すれば他種との識別は容易である。寄主が限られているので出会う機会は少ない。文献：78

サビハチノスタケ *Echinochaete ruficeps* (Berk & Broome)Ryvarden

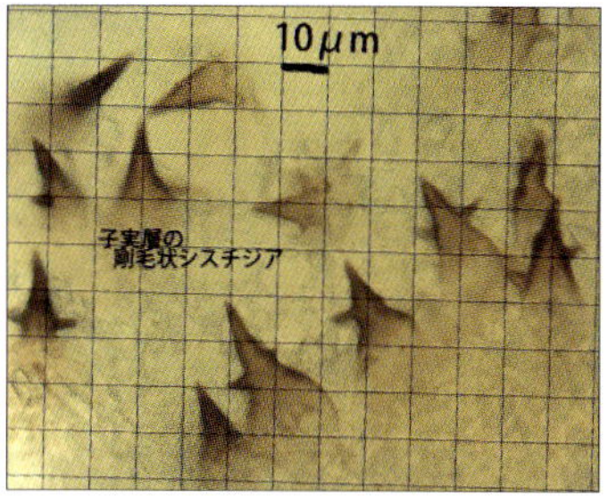

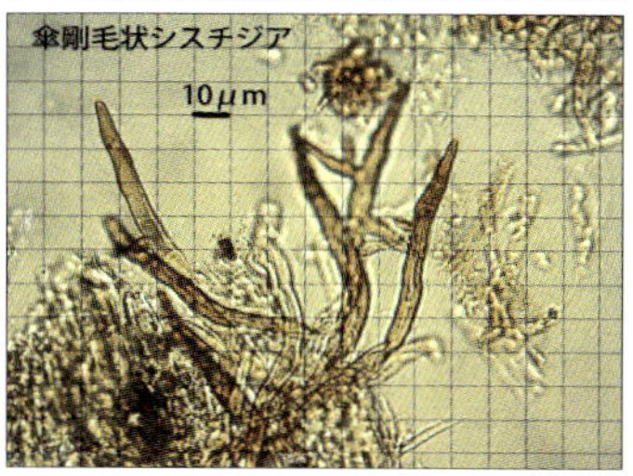

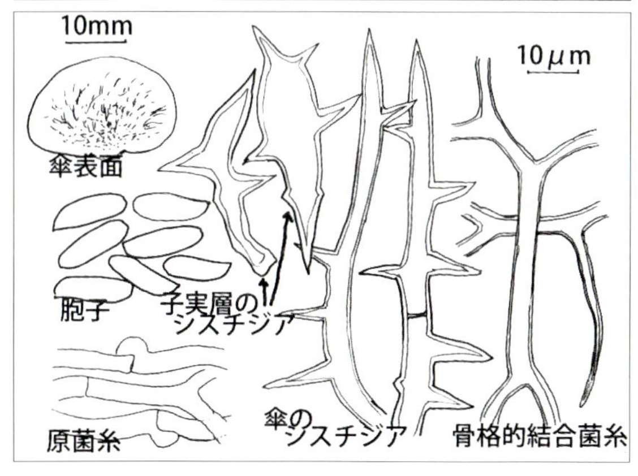

肉眼形質　幅 50mm 以下の半円形、短い柄で基物に着き、表面は茶褐色～黄土褐色、濃褐色の綿糸状鱗片をややまだらに被るが、子実体により肉眼的にそれを認め得ないものもある。傘の厚さはほぼ 5mm、肉、管孔層は白色。傘裏面は淡褐色で孔口は柄裏面まで続き、2~3 個/mm。

顕微鏡形質　胞子は円筒形、15~17×4.4~5.5μm、無色、平滑。菌糸型は薄壁でクランプのある原菌糸と分岐の多い厚壁の骨格的結合菌糸からなる２菌糸型である。子実層の剛毛状シスチジアは暗褐色、厚壁、錨形、30~50×8~20μm、散在。傘表面の綿糸状鱗片にある剛毛状シスチジアは暗褐色～無色、厚壁ときに隔壁があり、疎らに錨状突起のある、先端の尖った太い菌糸状、ときに錨状突起を欠くものもある。60~100×6~8μm。多在するが鱗片が脱落しやすいので古い子実体の観察は注意が必要。

分布・生態　熱帯～亜熱帯から日本の暖温帯域まで広く分布があり、広葉樹の立木枯れ枝、落枝に生える。ややまれ。本資料は相模原市産。メモ　本資料は胞子サイズが文献記載値の 8.5~13.5μm よりかなり大きい点で疑問もあるが他の特徴はほぼ一致するので標記の種と同定した。従来、剛毛状シスチジアの存在を確かめた段階で本種と同定していたが、今後、胞子サイズにも注目の必要がある。文献：78

コガネカワラタケ　*Trametes glabrorigens* (Lloyd) Zmitr.

Coriolopsis glabrorigens (Lloyd) Núñez & Ryvarden

棚状の傘の古い子実体

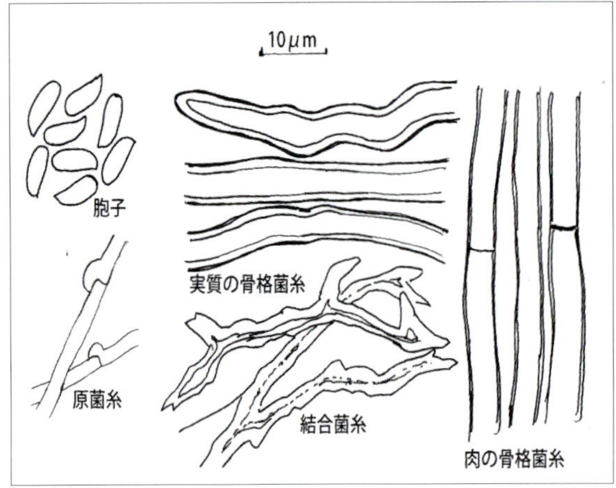

肉眼形質　半背着生の1年生菌で、広く背着し、上縁に狭い傘を作る。傘は幅 30mm 以下、厚さ 5mm 以下であるが横に連なって棚状になることも多い。新鮮なときは子実体全体が橙黄褐色であるが、古くなると退色して汚褐色になる。表面は尖ったいぼ状小突起があり、全体粗荒、やや不明瞭な環紋がある。肉は厚さ 2mm 以下、橙褐色のち褐色。管孔層も同色で厚さ 3mm 以下、孔口は微細、4~6 個／mm。**顕微鏡形質**　胞子は狭楕円形、6~7×2.5µm。菌糸構成は3菌糸型、原菌糸は薄壁、径 1.5~2µm、無色、クランプがある。結合菌糸は厚壁で分岐し、径 4µm 以下、枝の先が尖る傾向がある。実質の骨格菌糸はほとんど分岐せず、径 6µm 以下、明らかに厚壁で、隔壁はない。しかし、稀にやや薄壁で隔壁（二次）のあるものがある。肉の骨格菌糸は分岐せず、径 6µm 以下、やや薄壁で頻繁に隔壁（二次）が観察される。**分布・生態**　アジアの熱帯～亜熱帯が主な分布域で日本の暖温帯南部でも発生を見る。広葉樹の枯木に生える。本資料は神奈川県真鶴半島、2011.06.26、採取。**メモ**　子実体の色調、形態は多様であるが1年生、半背着、黄褐色系、傘表面粗荒で、肉には結合菌糸が少なく、その骨格菌糸はやや薄壁で二次隔壁が多い特徴によって他種と識別できる。神奈川県では真鶴半島に多産し、葉山町にも記録がある。文献：⑲,78

カワラタケモドキ（クリイロカワラタケ）

Trametes ochracea (Pers.) Gilb. & Ryvarden

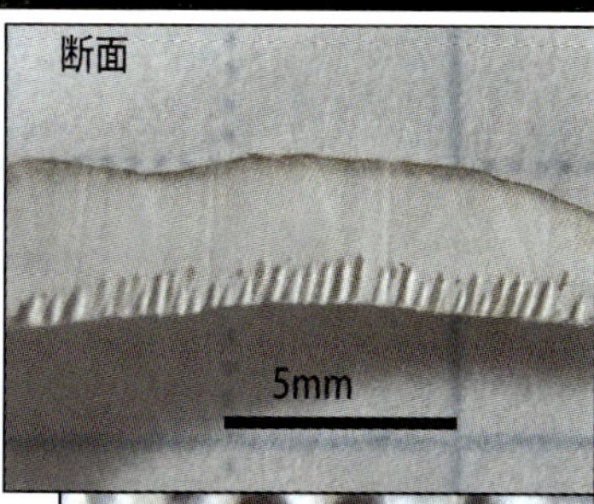

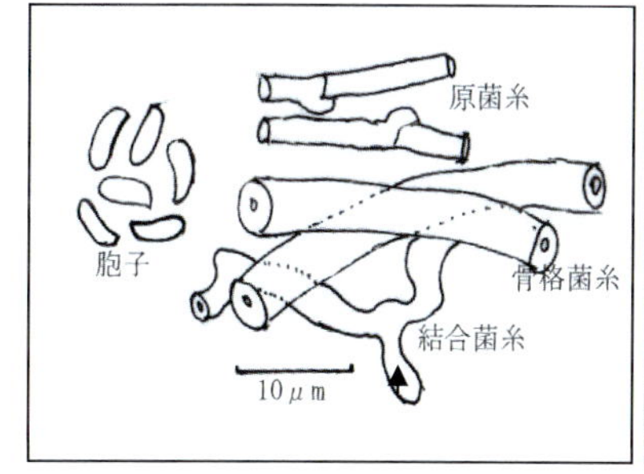

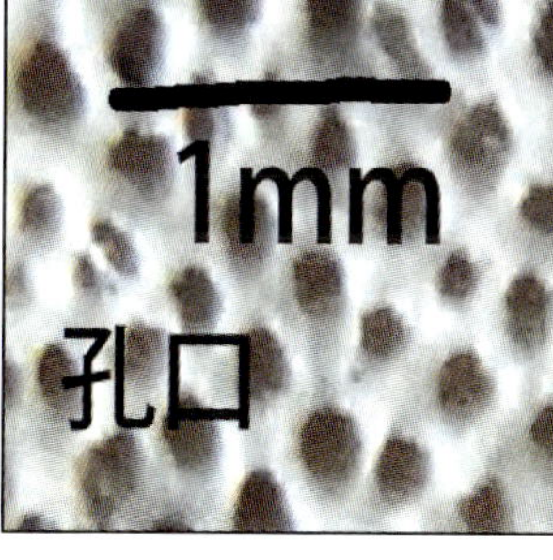

肉眼形質

薄い貝殻状、50×40mm以下、革質、上面は栗褐色～卵黄色～灰褐色、やや不鮮明な環紋があり、濃色帯は無毛、淡色帯は微細毛がある。断面では毛被層の下に褐色の下皮がある。傘肉、管孔は白色。下面の孔口は3~4個/mm。

顕微鏡形質

胞子は円柱形～ソーセージ形、6~8×2~3μm、無色、非アミロイド。

３菌糸型、原菌糸は薄壁、径2~3.5μm、クランプがある。骨格菌糸は厚壁、径5~8μm。結合菌糸は厚壁で屈曲分岐し、径3~5μm。

分布・生態　北極を囲む寒冷な地域に分布する周極要素の菌で、欧州、北米、アジアの北方に分布する。広葉樹まれに針葉樹の枯木に生え、白腐れをおこす。1～２年生。本資料は北海道上川町、2011.09.29、採取。

メモ

カワラタケとは本種の傘の色が栗褐色を帯び、毛がごく微細であり、表面に小さな凹凸があって平滑ではないなどの特徴によって識別できる。文献：⑥,65,69,78

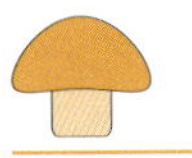

シロアミタケ *Trametes suaveolens* (L.:Fr.) Fr.

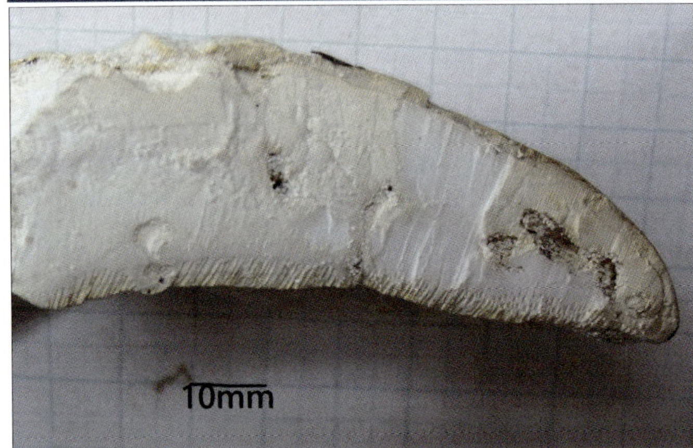

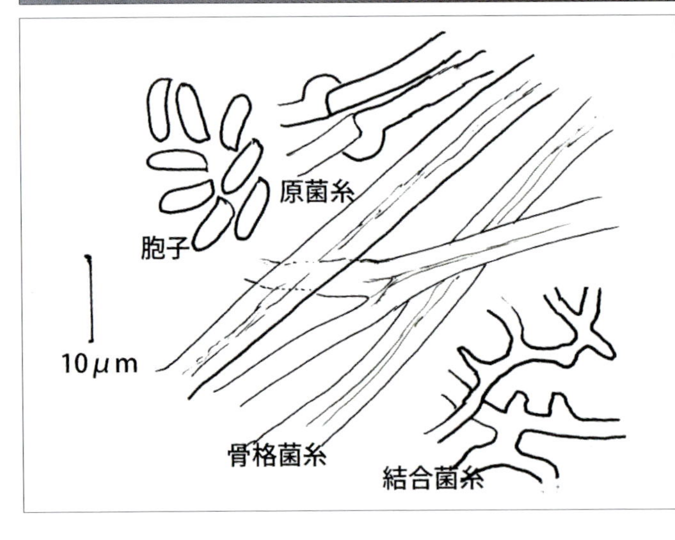

肉眼形質

1年生で、重生せず、半円形、全体ほぼ白色、ふつう幅10cm以下、厚さ4cm以下、表面に初め多少毛があるかほとんど無毛。アニス様芳香がある。管孔は長さ10mm以下、孔口は1~3個/mm、孔壁は厚い。

顕微鏡形質

胞子は円筒状楕円形、7~9×3~3.5μm。3菌糸型、原菌糸は薄壁、径ほぼ4μm、クランプがある。骨格菌糸は厚壁、径5~6μm、まれに分岐する。結合菌糸は屈曲、分岐し、径3~4μm。

分布・生態

世界の寒冷地に広く分布し、ヤナギ類に着生する。本資料は北海道上川町。

メモ

Ryvardenらの文献では胞子サイズが8~12×4~4.5μmと記載され、日菌誌の記載値や本資料の測定値よりも大きい。

文献：⑥,45,48,65,78、

ウサギタケ　***Trametes trogii*** Berk.

Coriolopsis trogii (Berk.) Domański

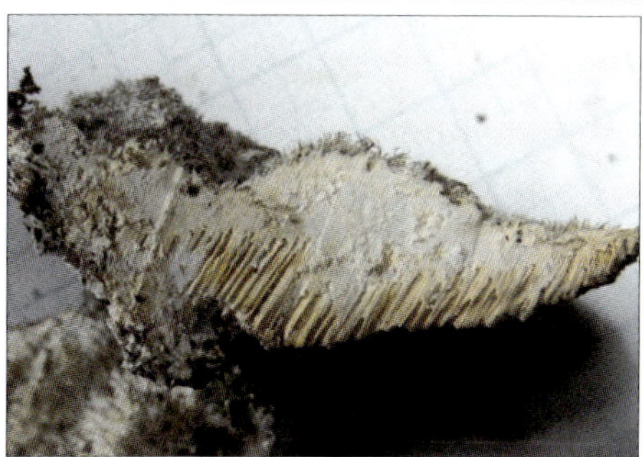

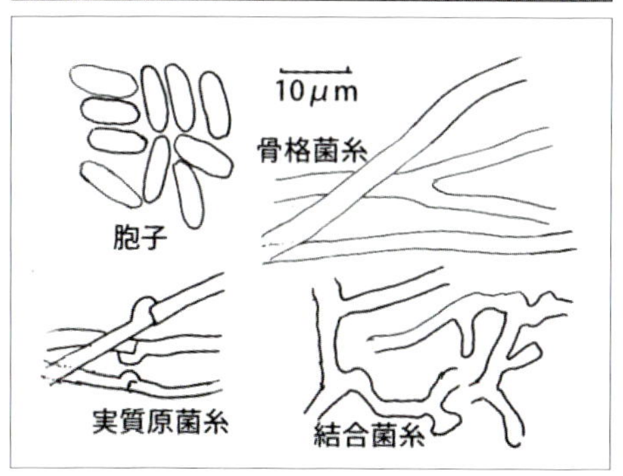

肉眼形質　傘は半円形、径 10cm 以下、基部で厚さ 3cm 以下。表面は粗剛毛を密生し、灰白色～灰褐色、不明瞭な環紋、環溝がある。肉は類白色～帯淡褐色、毛被層の下に境界層はない。管孔も肉と同質、同色で厚さ 1cm 以下、下面の孔口は 2 個/mm、程度でしばしば乱れ、初め白く、やがて褐色を帯びる。

顕微鏡形質　胞子は円柱形、10~12×3~4μm、非アミロイド。3 菌糸型で原菌糸はクランプがある。原菌糸は薄壁で径 2.5~3μm、骨格菌糸は厚壁で径 4～5μm、ときに 2 分岐する。結合菌糸は厚壁で径 2.5~4μm、屈曲、分岐が多い。傘の剛毛は骨格菌糸が束状に接着して形成。

分布・生態　北半球の寒冷地に分布し、広葉樹（主としてヤナギ類）の枯れ木に生え、材の白腐れをおこす。普通、傘を数個重生し、上下が連なる。本資料は栃木県(奥日光)、2013.06.09、採取。

メモ　本種の傘上面は一見、シラゲタケ *Trichaptum byssogenum* やカタシラガタケ *Coriolopsis gallica* に似るが、前者は傘が薄く、孔口は鋸歯状、後者は孔口がより大きく、肉の色がより暗色であるから識別できる。本種は、センベイタケ属 *Coriolopsis* とする見解もあるがここでは Index Fungorum に従って *Trametes* とした。文献：⑩,65,78

ヒメシロヒヅメタケ　*Datroniella scutellata*

(Schwein.) B.K. Cui, Hai J. Li & Y.C. Dai

Datronia scutellata (Schw.)Gilb. & Ryvarden

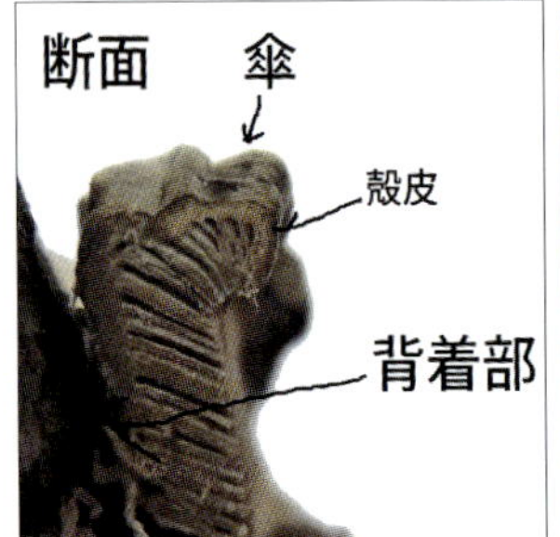

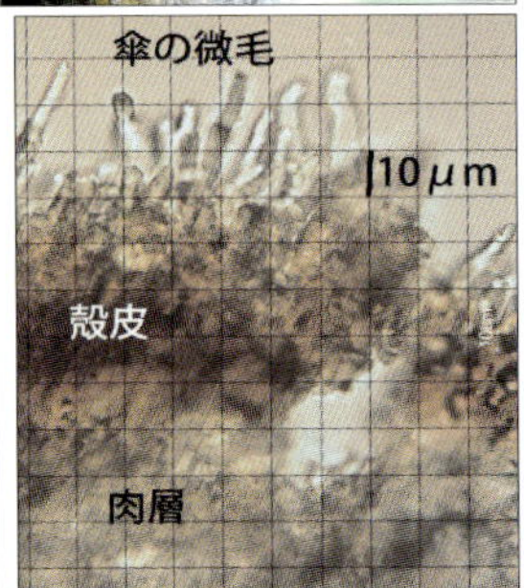

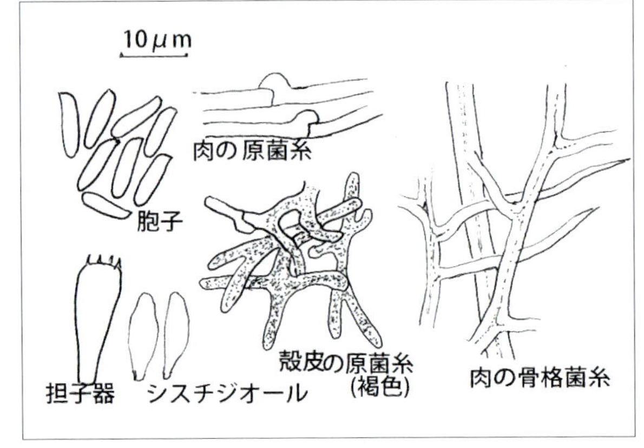

肉眼形質　1年生、半背着生、皿状～棚状に基物に着き、管孔面が周縁の狭い傘に囲まれた姿（ペンダント状）で、径30mm以下、厚さ10mm以下。傘表面に脱落性の微毛があり、殻皮は明瞭。肉層3mm以下、管孔層は5mm以下で孔口はほぼ4個／mm。**顕微鏡形質**　胞子は円筒状、9~12×2.5~3μm。菌糸構成は2菌糸型 amphimitic で、原菌糸は径2.5~3μm、薄壁でクランプがある。骨格菌糸的結合菌糸は厚壁で主幹部は径3~4μm、樹枝状に分岐する。殻皮を構成する菌糸は著しく分岐して結合菌糸状、暗褐色で実質や肉の菌糸とはかなり様子が異なる。担子器は棍棒状、ほぼ20×6μm、シスチジオールは類紡錘形、ほぼ15×5μm、散在する。**分布・生態**　北米～アジアに広く分布する。小さく目立たないので見逃しやすい。広葉樹材に生え、白腐れをおこす。本資料は北海道上川町、2013.09.19採取。神奈川県では神武寺、高麗山で採集記録がある。

メモ　amphimitic とは2菌糸型の1型で、原菌糸と骨格菌糸的結合菌糸から構成される菌糸型をいう。本種は小さくて、倒木の下側などに生える場合もあるので存在に気がつきにくい。傘は小さくて狭いので分かり難いが、ルーペで観察すると褐色、粉毛状で不明瞭な環溝がある。本種は円筒状の大きな胞子と、骨格菌糸的結合菌糸や殻皮の著しい分岐菌糸などを確認すれば他種と識別できる。文献：⑥⑰,78,89

サカズキカワラタケ　*Poronidulus conchifer* (Schwein.) Murrill

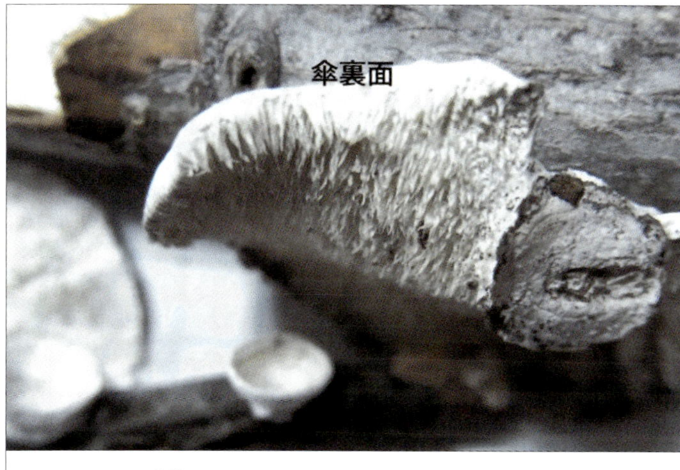

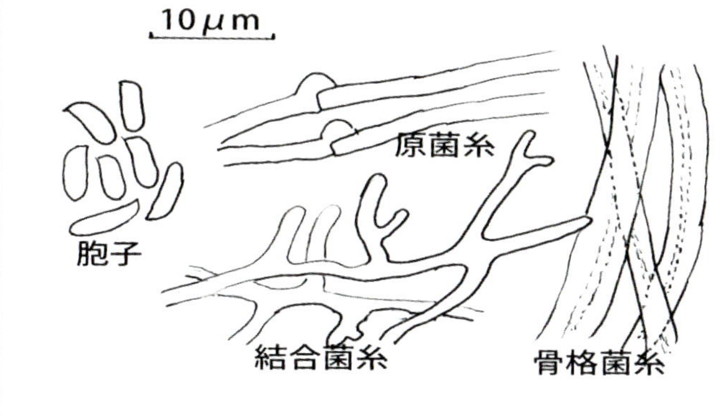

肉眼形質

傘は半円形、幅40mm以下、厚さ3mm以下。傘表面は白色、無毛、放射状の細かいしわ、不明瞭な環紋がある。傘の基部に杯状の付属体を形成する特性があり、杯状体の内面にはやや褐色の環紋がある。傘の下面の子実層托は薄歯状、白ときに淡黄色。傘の肉は白、皮層の分化はない。

顕微鏡形質

胞子は円筒形、5~7×1.5~2μm。3菌糸型で原菌糸は薄壁、径2~3μm、クランプがある。結合菌糸はよく分岐し、厚壁で径3~4μm、骨格菌糸は厚壁で径3~5μm、ほとんど分岐しない。

分布・生態

アメリカ、アジアの主として冷温帯域に分布し、広葉樹の枯れ木に生える。本資料は軽井沢産。

メモ　傘基部に杯状体ができる場合、杯状体を形成していない場合、杯状体だけが単独に生えている場合など変化が多い。杯状体がないときはヤキフタケに似ている。文献：⑪,90

エゾシハイタケ ***Trichaptum laricinum*** (P.Karst)Ryvarden

肉眼形質

半背着生で重生する。傘は革質、強靭で貝殻状、上面はやや開出する毛があり、数個の明らかな環紋を持つ。肉は極めて薄く、淡紫褐色で厚さ 1mm 以下。下面は粗いひだ状で、ときに迷路状の部分もある。縦断面のひだの幅 3mm 以下。

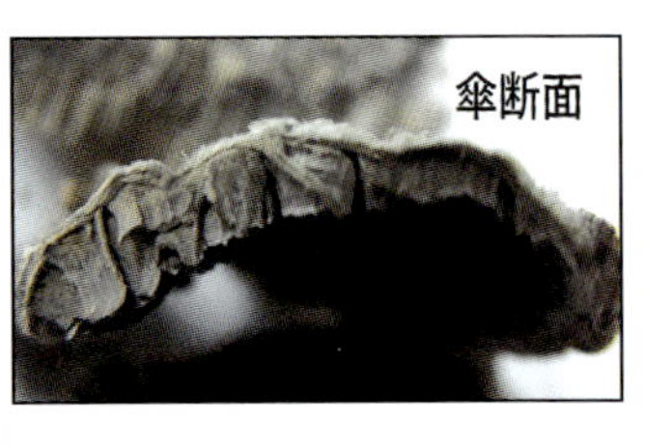

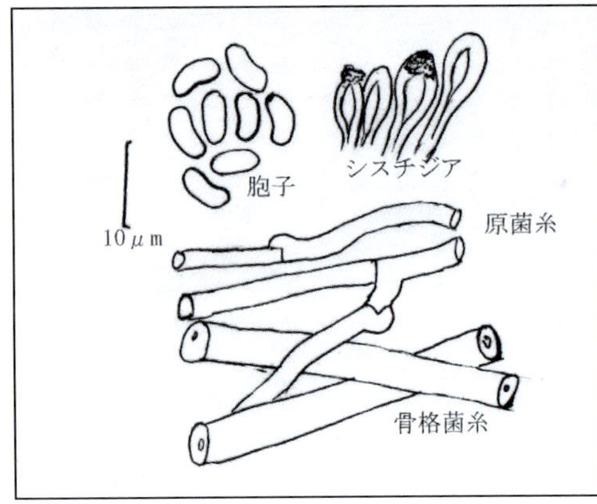

顕微鏡形質

胞子は長楕円～ソーセージ形、5~7×2~2.5μm。菌糸は２菌糸型、原菌糸にはクランプがある。シスチジアは厚壁で、紡錘形、10~15×5~7μm、ふつう頂部に結晶を被るが被らない場合もある。

分布・生態

世界の寒冷地に広く分布し、針葉樹の枯木に生える。１年生。文献によっては主としてマツ属としているが北海道ではトドマツ（モミ属）・カラマツ（カラマツ属）にも記録されている。本資料は 2010.07.03、北海道上川町、エゾマツ（トウヒ属）倒木に群生。

メモ

本種はシハイタケ *T.abietinum* によく似ているが、より大形で、環紋が明瞭、子実層托はひだ状なので識別は容易。日本での分布の確認は北海道だけのようであるが、富士山など本州の山岳高冷地には分布があるかも知れない。文献：69,78

ニカワオシロイタケ　*Antrodiella semisupina* (Berk.&Curt.)Ryv.

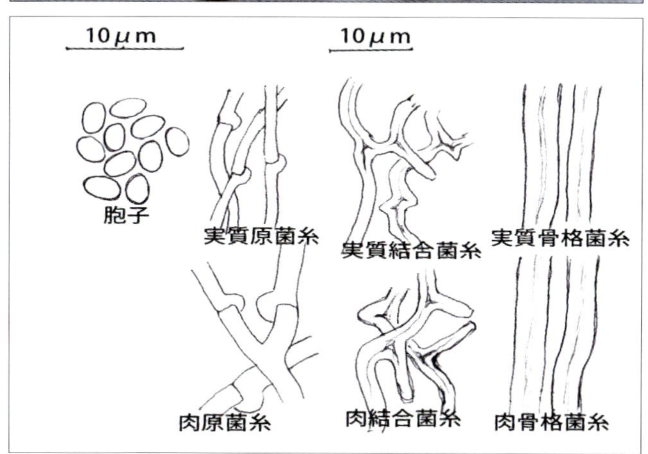

肉眼形質

一年生、半背着、傘はほぼ径 20mm 以下、上面は無毛で白色～クリーム色、不鮮明な環紋、放射状しわがある。肉は白色で 2mm 以下。管孔は淡褐色を帯び、2mm 以下、孔口は 5 ～ 7 個/mm、肉眼では認め難い。

顕微鏡形質

胞子は楕円形、3~3.5×2~2.2μm、無色、非アミロイド。菌糸構成は 3 菌糸型。原菌糸は実質で径 1.5 ～ 2μm 、肉では径 2.5~3.5μm、薄壁でクランプがある。結合菌糸は厚壁で分岐が多く、径 2~3μm。骨格菌糸は厚壁でほとんど分岐せず、径 3~4μm。

分布・生態

ヨーロッパ、アメリカ、日本に広く分布し、広葉樹の倒木などに生える、ときに他の多孔菌子実体上に背着することもある。本資料は鎌倉市で 2014.07.20。採集、

メモ

本種は複合種（コンプレックス）であると考える研究者が多いという。傘は白～クリーム色、小形、で孔口も小さく、胞子も小さいのが特徴。文献：48,70,78,89

クロニクイロアナタケ　*Rigidoporus vinctus* (Berk.)Ryvarden

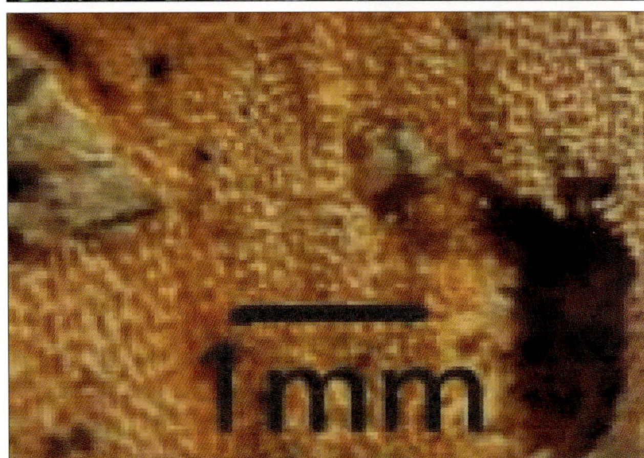

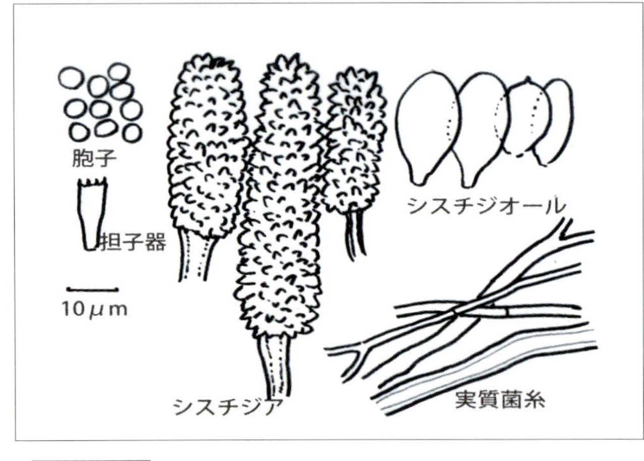

肉眼形質
1 年生～多年生で材上に広く背着するがまれに縁部が反転して小さく不規則な傘を作ることもある。子実体の厚さは 9mm 以下、管孔は不明瞭な層を作る。新鮮なとき、孔口面は鮮橙黄褐色で、触れると橙赤色になる。孔口は微細で 6~12 個/mm。

顕微鏡形質
胞子は類球形～広楕円形、4~5×4μm。担子器は棍棒状、ほぼ 15×6μm、4 胞子型。非アミロイド。菌糸構成は 2 菌糸型に見えるが判然としない。径 2~5μm、薄壁でクランプのない隔壁がある明らかな原菌糸の他に径 5μm を超え、厚壁の菌糸で隔壁のあるものがまれに観察され、厚壁で隔壁のない径 7μm の骨格菌糸状の菌糸もしばしば観察される。シスチジアはほぼ円筒形、35~130×13~19μm、厚壁で著しく結晶に覆われ、多数。そのほか薄壁で、球嚢状～広紡錘形、10~25×7~13μm のシスチジオールも多数存在する。

分布・生態 アメリカ、アジアの熱帯～亜熱帯～暖温帯に広く分布し、広葉樹（まれに針葉樹）の倒木や落枝に生える。本資料は神奈川県大磯町高麗山、2008.08.22、採取。

メモ 本種は鮮橙黄色で広く背着し、孔口が極めて微細、検鏡すると結晶に覆われた大きなシスチジアがあることで他種との識別は容易である。文献：78,90

ウラキイロアナタケ（新称）*Anomoloma albolutescens*

(Romell) Niemelä & K.H. Larss

Anomoporia albolutescens (Romell) Pouzar

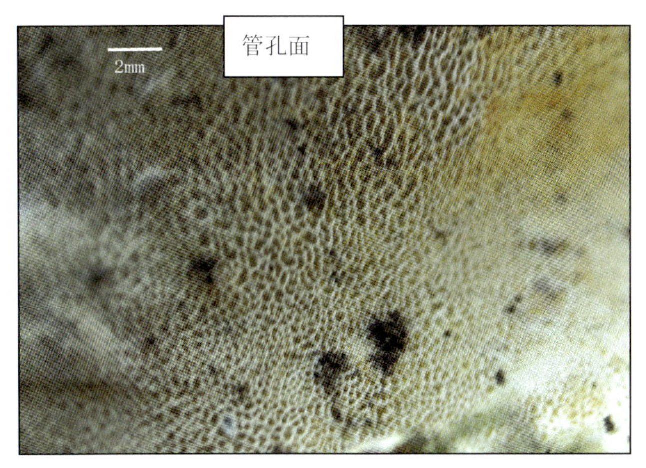

管孔面

基質から剥ぎ取った裏面

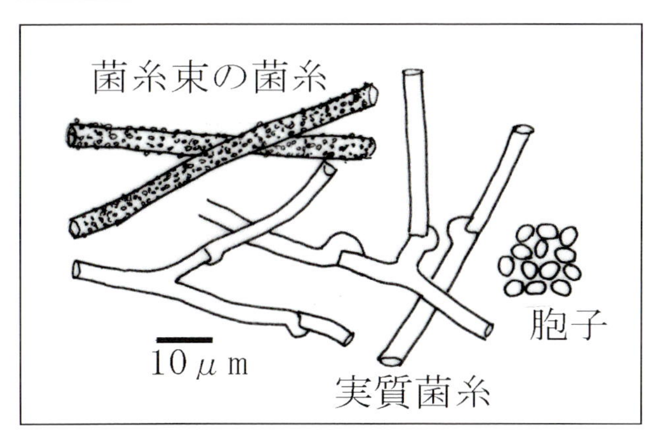

肉眼形質　全背着の一年生多孔菌で、広く基質に広がる。管孔面はクリーム色～淡黄色、孔口は2~4個／mm。周辺には菌糸束がある。子実体の厚さは3mm程度で全体に軟らかく、強靭ではない。容易に基質から剥ぎ取ることができる。剥ぎ取った裏側即ち子実体の基層は鮮黄色である。

顕微鏡形質　胞子は広楕円形～広卵形、3~4×2.5~3μm、アミロイド。1菌糸型で、実質菌糸の幅は2.5~4μm、かなり頻繁にクランプがある。菌糸束の菌糸はしばしば微粒子に覆われる。

分布・生態　北半球に分布し、針葉樹（主にカラマツ属）まれには広葉樹（カエデ属やカバノキ属）の枯れ木に生える。まれな種類に属するという。日本では北海道に記録があった。本資料は神奈川県山北町丹沢ブナ帯で2004.11.05採取。

メモ　冷温帯域で、黄色を帯び、軟らかく、剥ぎやすい背着多孔菌に出会えば本種かもしれない。検鏡して1菌糸型、胞子が小形、アミロイドであれば可能性が高い。日本でも分布域は案外広いのではないかと思われる。和名がないので標記の和名を提唱する。「裏黄色孔茸」の意で子実体基層の黄色を強調した。文献：㉕,48,78

コカンバタケ ***Buglossoporus quercinus*** (Schard.) Kotl. & Pouzar

Piptoporus quercinus (Schrad.) P. Karst.

佐藤清吉　写

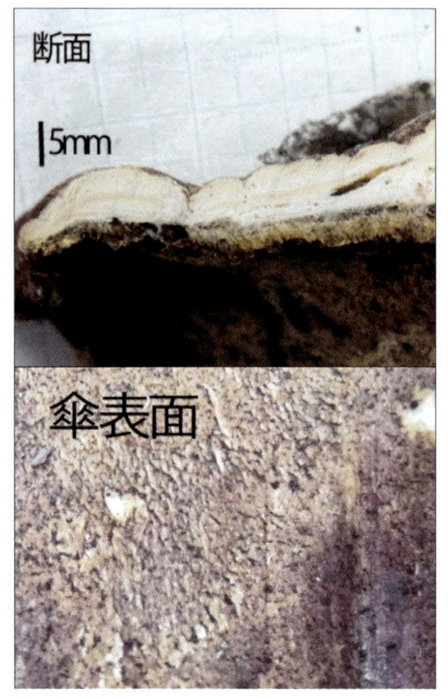

佐藤清吉　写

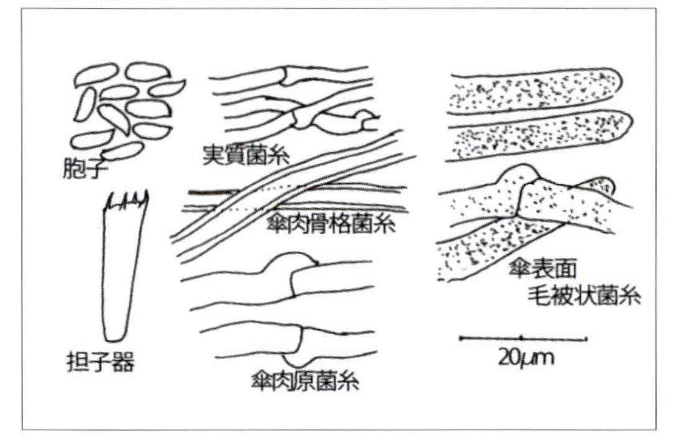

肉眼形質　中心生～偏心生の有柄～ほとんど無柄で、傘は径30cm以下、厚さ30mm以下。表面は黄褐色～茶褐色で薄い毛被状表皮がある。肉は汚白色、柔軟。管孔層は薄く、初め肉と同色であるが次第に褐色になる。孔口は5~6個/mm。顕微鏡形質　胞子は楕円形、6~8×2.5~4μm、無色、非アミロイド。担子器はほぼ25×7μm、4胞子を着ける。実質は1菌糸型、肉は2菌糸型。実質の原菌糸は薄壁、径2.5~3μm。肉の原菌糸は薄壁、径4.5~5μm、クランプは大きい。肉の骨格菌糸は厚壁、径4~5μm。傘表面の毛被状表皮は径5~6μm、褐色の原菌糸からなる。シスチジアはない。分布・生態　ヨーロッパ、日本に分布がある。分布域は広いが稀な種である。コナラ属 *Quercus* の生木～枯木に生え、一年生、褐色腐れをおこす。本資料は福島県いわき市ミズナラ根株に発生、2012.08.24、採取。メモ　顕微鏡的には実質菌糸と肉の菌糸の状態が一見して著しく異なり、クランプが大きく目立つなど分かり易い特徴がある。外形は生育環境により変化が大きい。立木樹幹、倒木に側生したものは傘基部が細くなる程度のようであるが本資料は根株に生え、長さ10cmに達する明らかな柄がある。文献：⑥,48,71

エブリコ ***Fomitopsis officinalis*** (Vill.:Fr.) Bond. & Sing.

Laricifomes officinalis (Vill.:Fr.) Bond.& Sing

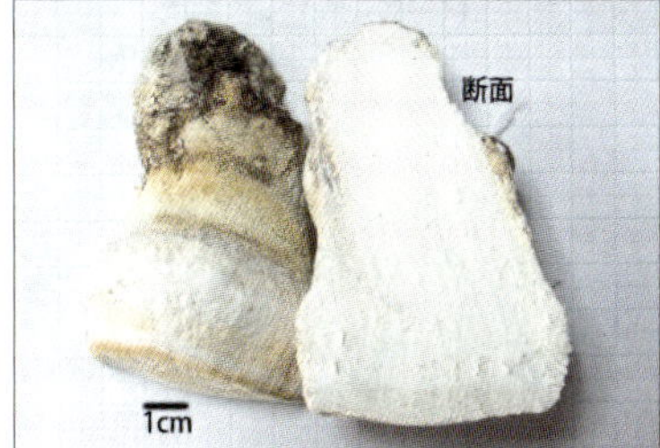

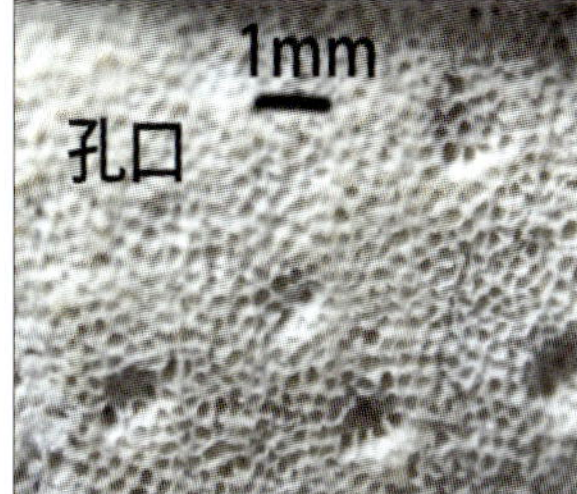

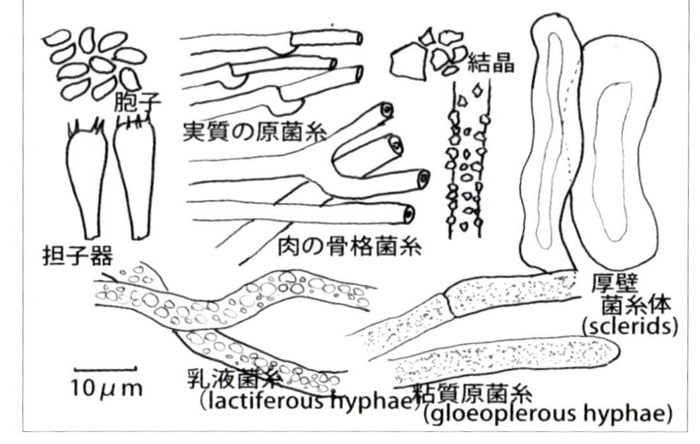

肉眼形質　ふつう釣鐘状〜馬蹄形、高さ20cm、幅15cm以下。表面は初め白く、次第に褐色を帯び、古くなると煤色になり、亀裂を生ずる。肉は白色、若いときはチーズ質、乾燥するとチョーク質になり、脆くて砕け易い。味は苦い。管孔は多層、下面は初め白く、次第にクリーム色〜黄褐色になる。孔口は3~4個/mm。

顕微鏡形質　胞子は楕円形、4~5.5×3~3.5µm、無色、非アミロイド。担子器は棍棒状、ほぼ20×7µm。菌糸構成はやや複雑な2菌糸型、原菌糸は薄壁、径2.5~5µm、クランプがある。骨格菌糸は厚壁、径4~6µm。多数の乳液菌糸や粘質原菌糸 gloeoplerous hyphaeがあり、厚壁菌糸体 scleridsが散在する。実質も肉もKOH水溶液には溶解するが H_2O に溶けない結晶破片粒に覆われているので H_2O で検鏡しても構造が分かり難い。

分布・生態　北半球の冷温帯以北に分布し、カラマツ、トウヒなどの枝分岐部の下側に生え、心材の褐色腐れをおこす。本資料は富士山5合目、2013.08.29、カラマツに着生。

メモ　文献により胞子サイズの記載がかなり違う。昔は薬用に用いられたが有毒という。文献：48,70,78

コフキサルノコシカケ *Ganoderma applanatum* (Pers.) Pat.

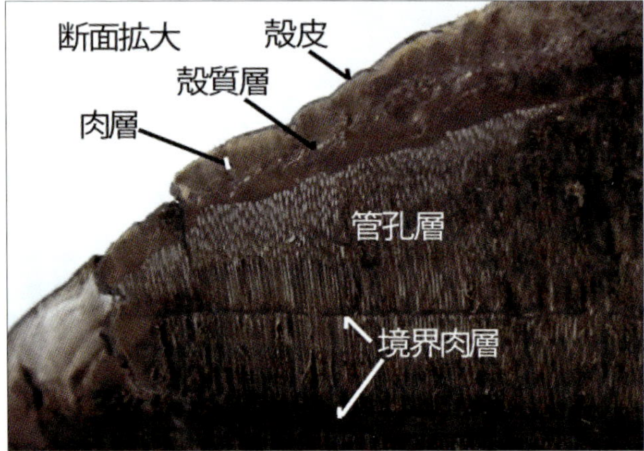

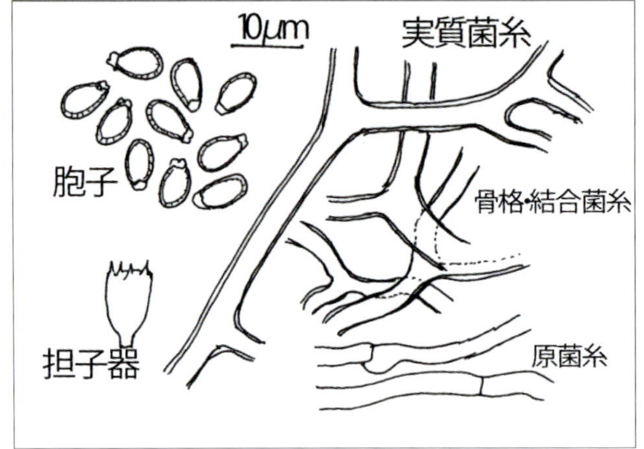

肉眼形質 ふつう低い山形であるが形態変化は著しい。表面は灰色～灰褐色であるが胞子を厚く被ってチョコレート色を示すことが多い。断面では殻皮、肉層、管孔層がある。殻皮は黒褐色で厚さ 0.3mm 以下、肉層は淡褐色～暗褐色、中に基部から発する殻質層（黒線）が断片的に存在することがあるが明瞭な直線層はない。管孔層は肉と同色、発育に伴い境界の薄い肉層がある。孔口は4~6個/mm。顕微鏡形質 胞子は卵形、黄褐色、頂部に脱落性の無色付属体が着くがそれを除き、7~8×4~6μm。被膜は二重で、内皮には外皮に達する突起があるので一見外皮との間が縞状模様に見える。担子器はほぼ 20×8μm、4 胞子型。菌糸構成は amphimitic で薄壁の原菌糸と樹枝状に分岐する厚壁の骨格・結合菌糸からなり、原菌糸にはクランプがある。分布・生態 世界の冷温帯域に広く分布する。各種広葉樹の枯れ木に生えることもあり、生木に生え心材腐朽菌ともなる。日本では、オオミノコフキタケ *G.australe*（p.167）と区別していなかったので正確な分布範囲は不明であるが冷温帯域上部に分布が限定されるように思われる。本資料は富士山小富士（1700m）でダケカンバに着生、2012.08.31。メモ 南方型（オオミノコフキタケ）との識別については別ページに詳述したが紛らわしいものもある。コフキサルノコシカケ類の正確な分類はまだ未解明である。文献：③⑪,48,70,107

オオミノコフキタケ *Ganoderma australe* (Fr.) Pat.

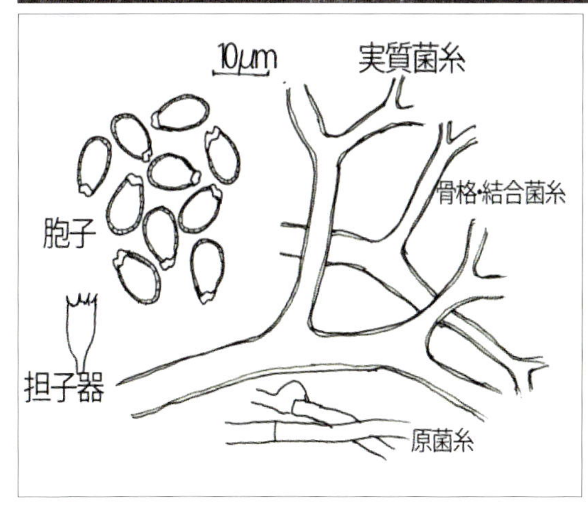

肉眼形質 ふつう低い山形であるが形態変化は著しい。表面は灰色～灰褐色であるが胞子を厚く被ってチョコレート色を示すことが多い。断面では殻皮、肉層、管孔層がある。殻皮は黒褐色で厚さ0.5mm以上。肉層は濃紫褐色～焦げ茶色で中に緻密な殻質層が明瞭な黒線して観察される。管孔層は肉層と同色でふつう内部に肉層を形成しない。孔口は4~6個/mm

顕微鏡形質 胞子は卵形、黄褐色、頂部に脱落性無色付属体がつくがそれを除き、8.5~9.5×5~6.5µm、被膜は二重で、内皮には外皮に達する突起があるので一見外皮との間が縞状模様に見える。担子器はほぼ20×8µm、4胞子型。菌糸構成はamphimiticで薄壁の原菌糸と樹枝状に分岐する厚壁の骨格・結合菌糸からなり、原菌糸にはクランプがある。

分布・生態 ヨーロッパ、アジアの冷温帯下部～亜熱帯に広く分布し、広葉樹の枯木や生木に生え、心材腐朽をおこす。日本では本種とコフキサルノコシカケ *G.applanatum* とは区別されていなかったが本州以南の低地はほとんど本種の型である。本資料は神奈川県大磯町高麗山のタブノキに発生。**メモ** コフキサルノコシカケ *G.applanatum* (p.166) との識別については別ページに詳述したが、本種を含むコフキサルノコシカケ類の分類はまだ十分には解明されていない。

文献：③⑪,48,70,107

コフキサルノコシカケとオオミノコフキタケの識別

（北方型）コフキサルノコシカケ

北海道上川町産

（南方型）オオミノコフキタケ

神奈川県大磯町高麗山産

子実体の外形に明らかな相違点は認められない。従って外形での識別は不能

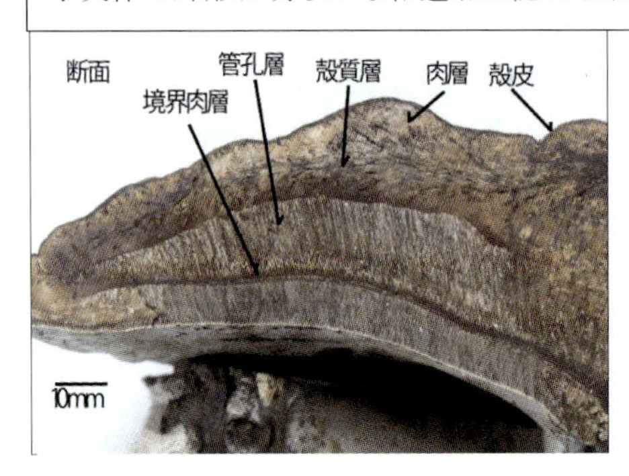

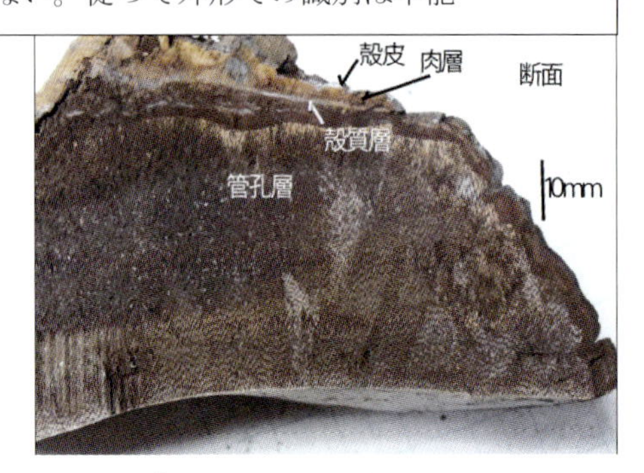

1、肉や管孔層の色；北方型は比較的淡色で褐色系、南方型は濃紫褐色・チョコレート色が普通。

2、殻皮の厚さ；北方型は比較的薄くて爪で押せば凹む、南方型は厚くて堅牢、爪で押しても凹まぬ

3、肉層の中の殻質層；北方型は分散して明らかな層を形成しない、南方型は明らかな厚い層を形成。

4、管孔層の境界肉層；北方型は越年に伴い薄い境界肉層を形成、南方型は形成しない場合が多い。

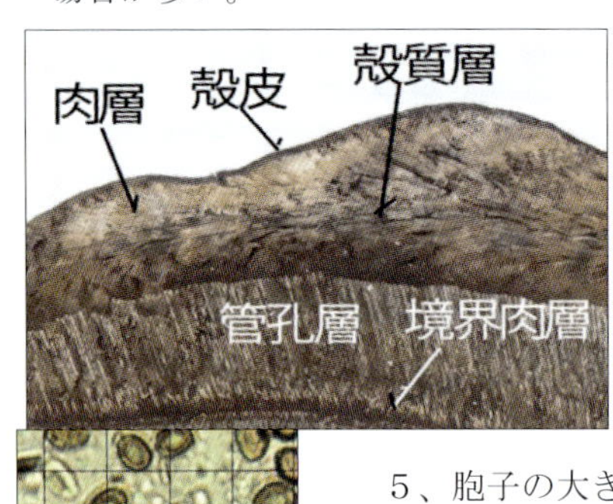

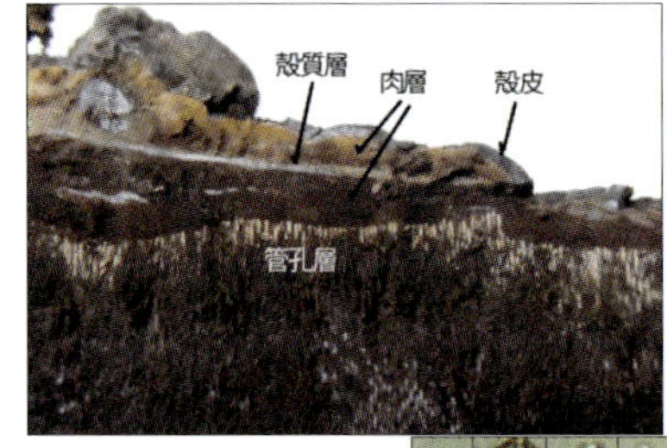

5、胞子の大きさ；

北方型は 6~8.5×4.5~6μm

南方型は 8.5~12×5~7.5μm

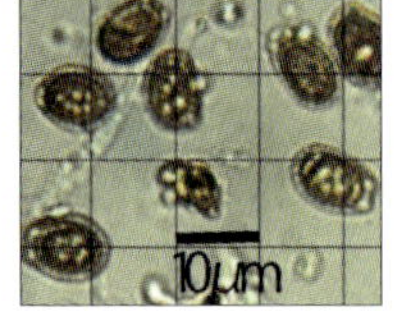

コフキサルノコシカケ類には、実際は多数の類似種が混在しており、その明らかな全体像は現時点では未解明である。ここに記した分類は当面の便宜的なものである。

トガリミコフキサルノコシカケ（仮称）　*Ganoderma* sp.

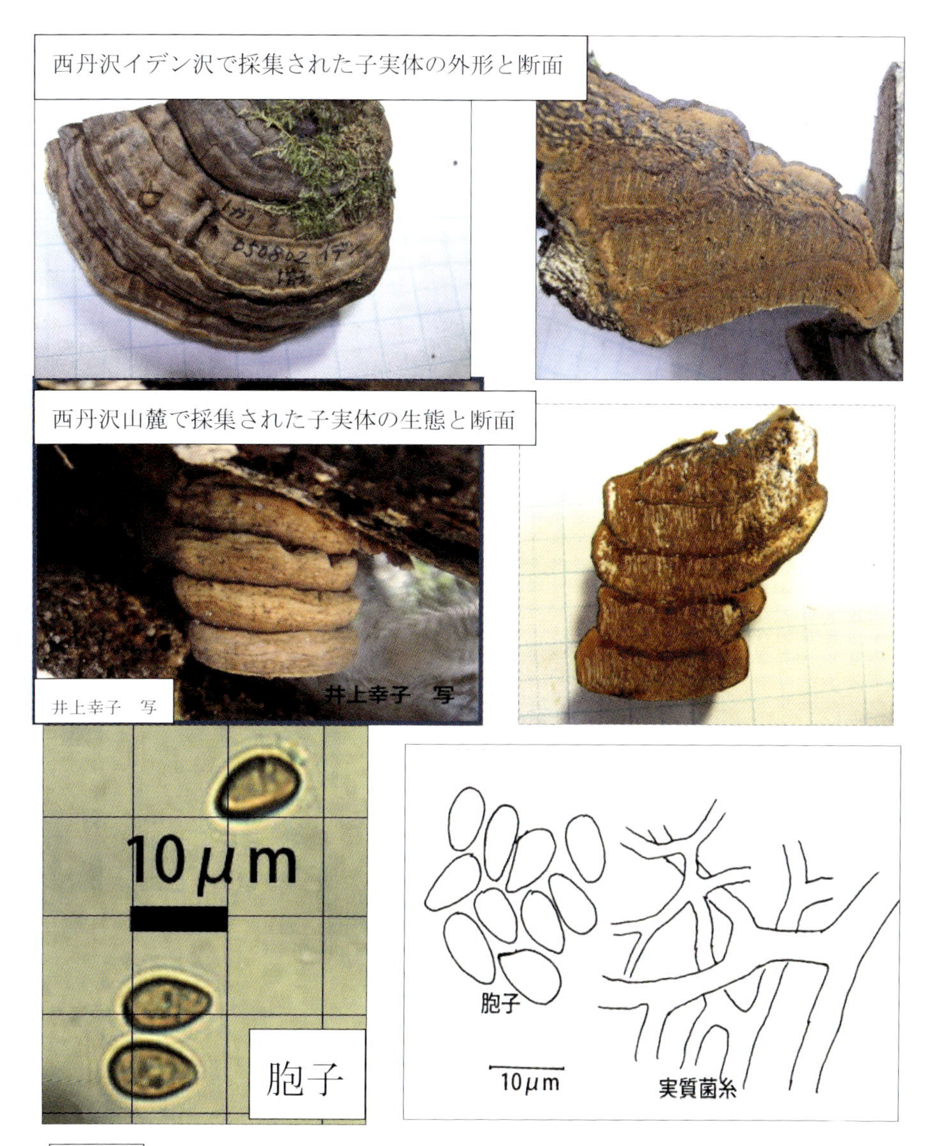

肉眼形質　外形及び断面における殻皮の厚さ、肉層や管孔の色、肉層中に走る殻質層の厚さなど何れもオオミノコフキタケ *G. australe*（p.167）との相違点は認められない。

顕微鏡形質　胞子はいわゆる Ganoderma 型（二重壁構造）ではなく二重壁構造は確認できない水滴形で 8~9×4~6μm。菌糸構造は骨格・結合菌糸と原菌糸の２菌糸型でオオミノコフキタケとの相違は認められない。

分布・生態　確認した子実体産地は丹沢山塊西丹沢のイデン沢（2005.08.02）と西丹沢北山麓の山梨県道志村(2008.11.29)。メモ　胞子の形態以外にはオオミノコフキタケとの相違が認められないので胞子を検鏡しなければこの系統の確認はできない。二箇所で同型の胞子を持つ子実体が確認されたのでこの型の分類群が存在すると考えられる。仮称は胞子の一端が尖るのを強調した。

ヘラバタケモドキ　*Hyphodontia arguta* (Fr.) J.Erikss.

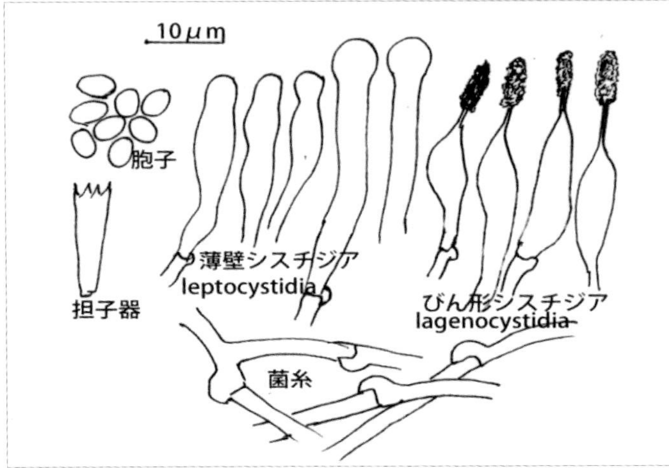

肉眼形質

一年生、背着、淡黄褐色、樹皮に張り付いて広がり、表面は微細な針状突起が密生し、突起は不定形で突起表面は粉状に見える。周辺の菌糸束は発達しない。

顕微鏡形質

胞子は広楕円形、5~6×3.5~4.5μm、1菌糸型。原菌糸は径2.5~4μm、ときに分岐し、クランプがある。非アミロイド。シスチジアは薄壁シスチジアとびん形シスチジアの2型があり、子実層面から突出している。薄壁シスチジア leptocystidiaは薄壁で円筒状、しばしば頂部が球状に膨らみ、25~60×4~6μm。びん形シスチジア lagenocystidia は頂部が針状に伸びる紡錘形で頂部は結晶を被り、20~40×4~6μm。

分布・生態

世界的に広く分布し、広葉樹、針葉樹の枯木、落枝に生え、材の白腐れをおこす。本資料は平塚市霧降の滝付近、2004.07.15、採取。

メモ　本種は表面に不定形針状突起が密生し、検鏡してびん形シスチヂア lagenocystidia の存在と、胞子が広楕円形であることを確認すれば同定できる。びん形シスチヂア lagenocystidia を持ち､極めて類似するものにマルミノヘラバタケモドキ(新称) *H. sphaerospora* (p.171) があり、その胞子は球形である。その他ヘラバタケ *H.spathulata*、ニセヘラバタケ *H.subspathulata* (p.172) など肉眼的に似ているがそれらはびん形シスチヂア lagenocystidia がない。文献：39,83

マルミノヘラバタケモドキ(新称)

Hyphodontia sphaerospora (N.Maek.) Hjortstam & Ryvarden

lagenocystidia

胞子

10μm

肉眼形質 基質に薄く、広く膜状に張り付く。白色～クリーム色、微小ないぼ状針突起に覆われる。

顕微鏡形質 胞子は球形、径3.5~.5μm、非アミロイド。菌糸は1菌糸型。クランプがある。シスチジアはlagenocystidia（びん形シスチジア）とleptocystidia（薄壁シスチジア）の2型があり、何れも多数。前者は20~50×4~8μm。後者は20~50×4~6μm。そのほかに、菌糸末端が鋭く尖るシスチジア状構造物がある（下写真）。

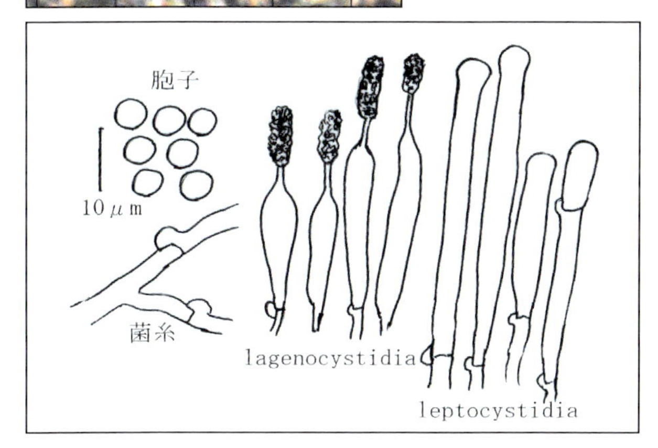

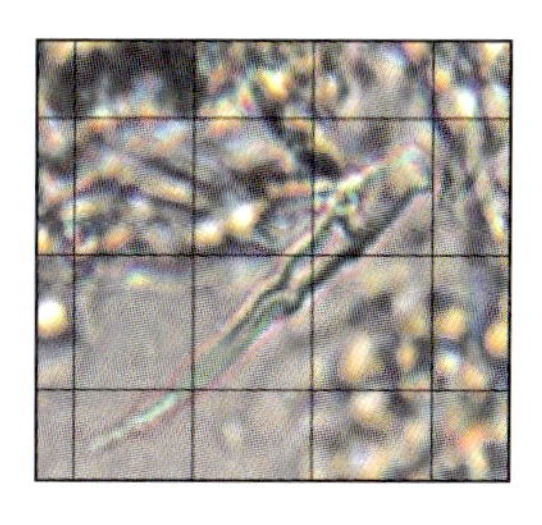

分布・生態 アメリカ、ヨーロッパ、アジアに分布。広葉樹の倒木、落ち枝などに背着する。本資料は大磯町高麗山、2014.11.20、採取。**メモ** 本種はヘラバタケモドキ *H. arguta*（p.170）に酷似する。*H.arguta* の胞子の広楕円形に対し、本種は球形である点だけが異なるとして初めその変種として記載されたが現在は別種として扱われている。類似形状の菌は多いので肉眼で識別は無理。和名がないので標記和名を提唱する。文献：39,83

ニセヘラバタケ ***Hyphodontia subspathulata*** (H.Furukawa) N.Maekawa

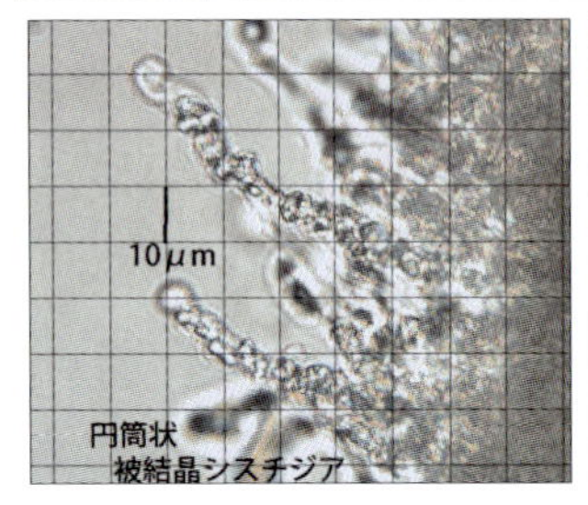

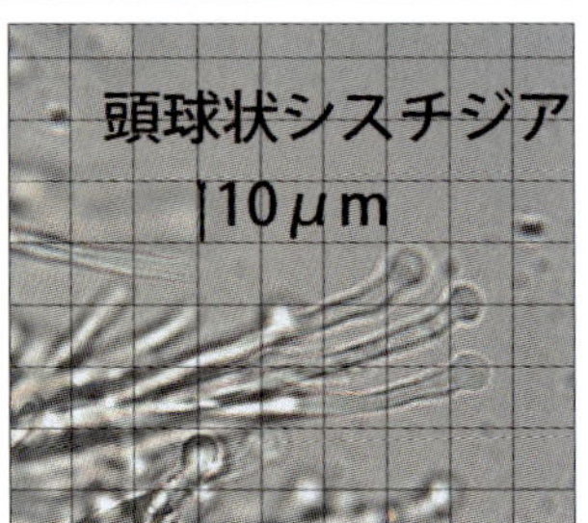

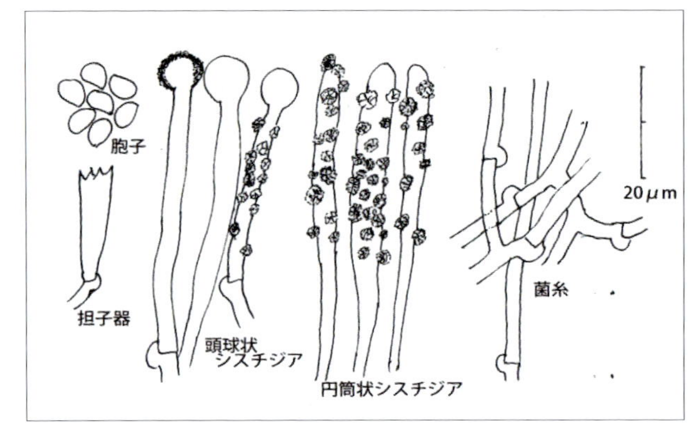

肉眼形質 子実体は背着し、樹皮に固着し、広がる。黄白色~淡黄土色～黄褐色。針状～へら状～ふさ状など変化が多く、2~5個/mm、高さ1.5mm以下。周辺の菌糸束帯は狭い。

顕微鏡形質 胞子は楕円形、5~6×3.5~4.5μm、非アミロイド。担子器は類円筒状、ほぼ20×5μm、シスチジアは2形があり、1つは頂部が球状に膨れる頭球形、他は円筒状で結晶に覆われる形である。何れも子実層面から50μmほど超出して多在する。頭球形シスチジアは、薄壁、20~60×2.5~5μm、頂部の球状部は径5~8μm、ときに球状部が樹脂状物質を被り、また柄部が結晶粒を被る。基部にクランプがある。円筒状シスチジアは薄壁～厚壁で、上部にやや歪みを持つものが多く厚く結晶状粒に覆われる。径3~5μm。80μmほど基部にクランプを確認したものもあるが多くは隔壁の確認が困難。菌糸は径2.5~3μm、比較的頻繁に分岐するものと、ほとんど分岐しない菌糸があり、何れもクランプがある、特に分岐部付近にはクランプがよく見られる。

分布・生態 日本で記載され、国外の記録はない。山梨県富士山麓青木ヶ原、鹿児島県えびの高原、神奈川県箱根の記録があり、何れも針葉樹の樹皮に生える。本資料は神奈川県箱根湯坂道、1993.12.03、採取。

メモ 本種の古川の記載文（1974）にはシスチジアの2形について記述があるが、組み換えた前川のタイプ標本による記載（1993）には頭球形シスチジアのみが紹介されている。結晶を被る円筒形シスチジア状の構造物がシスチジアの定義に該当しないと判断されたからか不明である。文献：63,83

チャアナタケ　*Fomitiporella cavicola*

(Kotl. & Pouzar) T.Wagner &M.Fisch.

Phellinus cavicola Kotl. & Pouzar

肉眼形質　全背着で褐色、革質、材に広く、固く着生､厚さ 7mm 以下。肉層は薄く、2mm 以下、管孔層は 1 層、古い子実体ではしばしば管孔が白色菌糸で満たされる。孔口は 5～7 個/mm。

顕微鏡形質

胞子は茶褐色、広楕円形、4~5×3~3.5μm。非アミロイド、菌糸は 2 菌糸型。クランプはない。原菌糸は無色、薄壁、径ほぼ 2μm､骨格菌糸は褐色、厚壁、径 3~4μm。剛毛体はない。

分布・生態

アメリカのメキシコ湾岸諸州～ブラジル、日本の暖温帯以南に分布し、広葉樹の枯木に生え、白腐れをおこす。本資料は大磯町高麗山産。

メモ

所属は *Phellinus* であったが現在標記に改められた。肉眼で類似種との識別は困難である。検鏡して剛毛体を欠き、胞子が褐色、楕円形であることを確認する必要がある。神奈川県では分布が少ない。文献：⑥,76,79

ミヤマチャアナタケ（仮称） ***Fomitiporia punctata*** (P.Karst.) Murrill

Phellinus punctatus (P. Karst.) Pilát

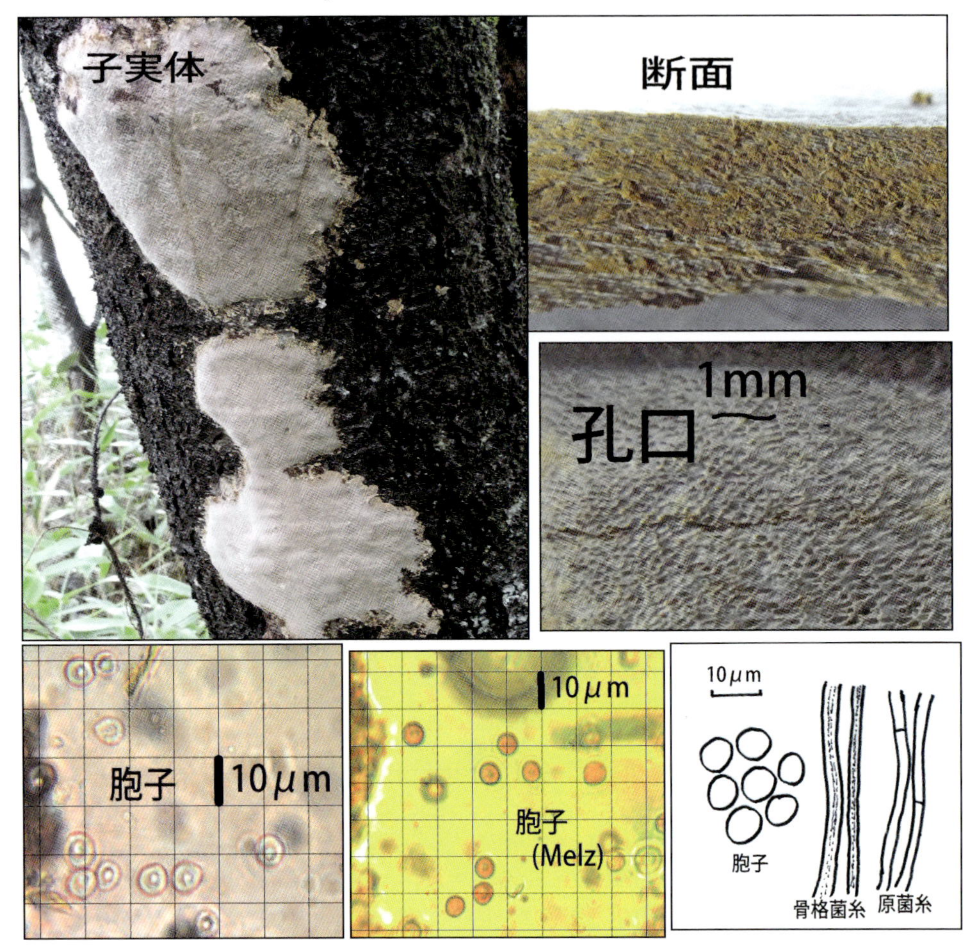

肉眼形質
広葉樹材に広く背着して傘は作らない。厚さ 20mm 以下、管孔は多層。管孔も、肉も茶褐色であるが、古い子実体ではしばしば管孔が白い菌糸で満たされる。また、管孔面は見る角度によって白く見える場合もある(チャアナタケなども同様)。孔口は 5~7 個/mm。
顕微鏡形質　胞子は類球形、6~8×5~7μm、偽アミロイド。菌糸型は 2 菌糸型。原菌糸は薄壁、無色～淡褐色、隔壁がある。骨格菌糸は厚壁、茶褐色、菌糸の径は 3~4μm、原菌糸にクランプを欠く。剛毛体はない。分布・生態　世界的に広く冷温帯域に分布。広葉樹の枯木、倒木に生える。神奈川県の低地には分布しない。本資料は軽井沢野鳥の森付近、2014.07.15、採取。広葉樹立木に着生。
メモ　*Fomitiporia torreyae* の和名にも本種の和名にも従来チャアナタケモドキが用いられ混乱があった。したがって *F. punctata* には別の和名が用意されなければならないのでここでは標記仮称を用いた。チャアナタケ *Fomitiporella cavicola* (p.173) やチャアナタケモドキ *F. torreyae* (p.175) との識別は肉眼的には困難で、顕微鏡で剛毛体がないこと、胞子が類球形で偽アミロイドであることあるなど確認しなければならない。文献：⑥,72 ,90

チャアナタケモドキ *Fomitiporia torreyae* Y.C. Dai & B.K. Cui

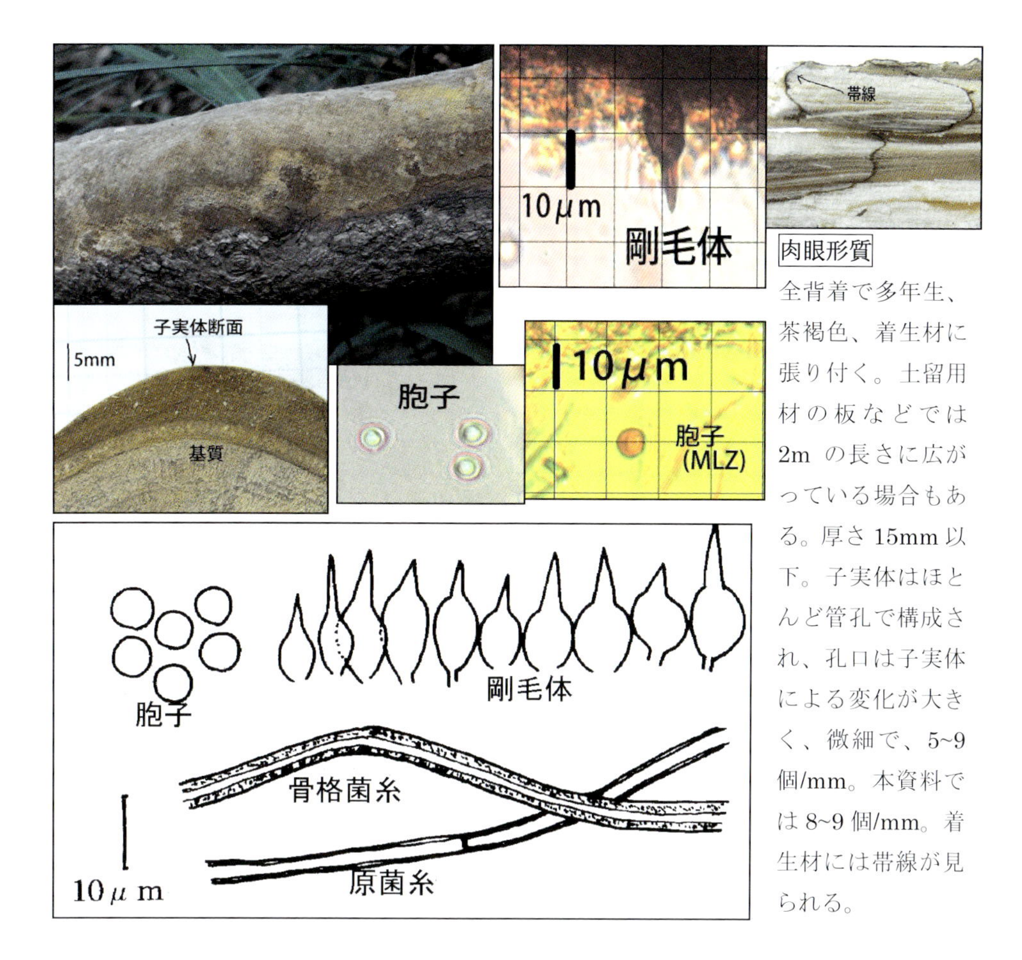

肉眼形質 全背着で多年生、茶褐色、着生材に張り付く。土留用材の板などでは 2m の長さに広がっている場合もある。厚さ 15mm 以下。子実体はほとんど管孔で構成され、孔口は子実体による変化が大きく、微細で、5~9 個/mm。本資料では 8~9 個/mm。着生材には帯線が見られる。

顕微鏡形質 胞子は類球形、無色、径 5～6μm、偽アミロイド。菌糸は 2 菌糸型、クランプはない。原菌糸は薄壁、径 2~3μm、骨格菌糸は厚壁、径 4μm。剛毛体は 11~20×4~8μm、紡錘形～便腹形で頂部が急に細まり、尖るもの（嘴状）が多い。子実体により分布数に大きな差があるが著者の観察例ではやや多生が多い。

分布・生態

中国・日本の暖温帯域には広く分布し、多年生で広葉樹、針葉樹の何れの材にも発生する。茨城県、千葉県、京都府ではスギの病害菌として知られており、また立木、倒木、太い落ち枝、土留めの用材（スギ）などに広く背着する。神奈川県低地ではごく普通種として観察される。本資料は大磯町高麗山の広葉樹倒木に発生。

メモ 本種の学名には長らく誤まって *Fomitiporia punctata* が当てられていたという。ミヤマチャアナタケ（仮称）*F. punctata* （p.174）は肉眼的には本種と識別できないが冷温帯域に分布し、広葉樹に生え、普通針葉樹には発生しない。顕微鏡的には剛毛体を欠く点で本種とは識別できる。神奈川キノコの会では本種を *F. punctata* ではないと認識していたのでチャアナタケモドキとは別種と考え、ニセチャアナタケモドキという仮称で記録してきた。文献：㉒,105

クロガネアナタケ　*Fuscoporia ferrea* (Pers.)G. Cunn.

Phellinus ferreus (Pers.) Bourdot & Galzin

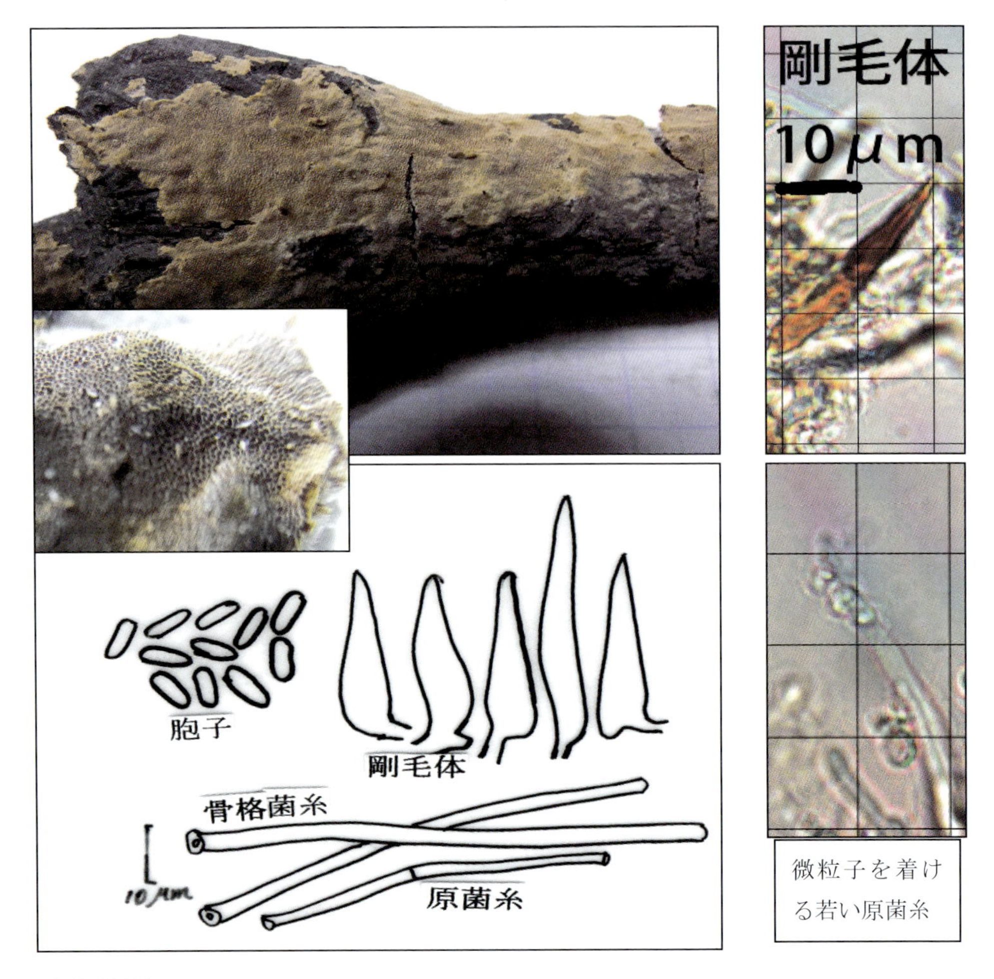

肉眼形質

背着して傘は作らず、枯れ枝などに広く張り付く。全体やや褐色～灰褐色、周辺は明確。孔口は4~6個/mm、しかし、乱れて不整の場合もある。

顕微鏡形質

胞子は円柱形、6~8×2.5μm、無色、非アミロイド。菌糸は2菌糸型、クランプはない。骨格菌糸は径ほぼ 3~4μm、原菌糸は 2~3μm。若い原菌糸はしばしば分泌物を密に着ける。剛毛体は多数で楔形、20~40×5~7μm。

分布・生態

世界的に広く分布し、全背着、多年生。各種の広葉樹、針葉樹の倒木、落枝に生える。本資料は神奈川県大磯町高麗山、広葉樹落枝に発生。2010.11.18、採取。

メモ 広葉樹に背着し、褐色で、孔口は小さく、剛毛体は多数あり、剛毛状菌糸はなく、円柱形の胞子が確認できたらほぼ確実に本種である。神奈川キノコの会会報くさびらNo. 32、p.20 にテツアナタケの仮称で紹介したものは本種である。文献：48,76,79

サビアナタケ　*Fuscoporia ferruginosa* (Schrad.)Murrill

Phellinus ferruginosus (Schrad.) Pat

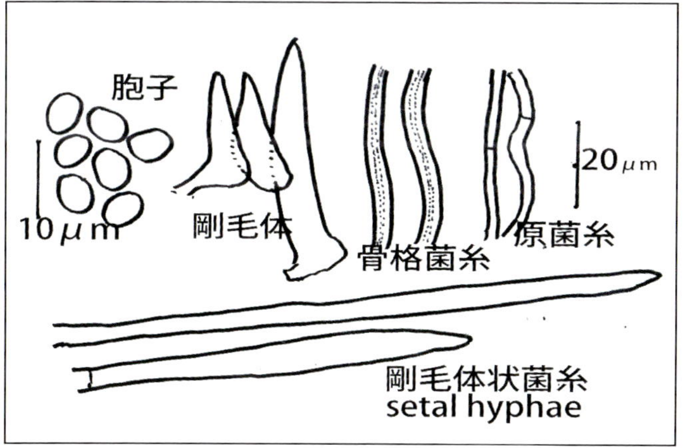

肉眼形質

子実体は茶褐色で薄く、厚さ 2mm 以下。孔口は 5~6 個/mm。

顕微鏡的形質

胞子は広楕円形、4~5×3~3.5μm、無色、非アミロイド。（文献記載値は 5~6.5×3~3.5μm）。2 菌糸型、原菌糸は薄壁、無色～淡色、クランプはない。骨格菌糸は厚壁、菌糸の径 2~5μm。剛毛体は 20~60×6~8μm、子実層から多数突出。剛毛体状菌糸は 50~130×7~10μm、肉組織に多数埋在。

分布・生態　亜熱帯から温帯にかけて広く分布するという。1 年生で広葉樹の枯れ木などに広く背着する。本資料は長野県松原湖産。

メモ　剛毛体状菌糸とは子実層に生ずる剛毛体に似るが、実質や肉組織に生じて長く伸長するものをいう。本種は剛毛体状菌糸が実質には生ぜず、肉組織中に多数存在する特徴があり、近似種との識別点になる。文献：⑥,69,79

コルクタケ　*Fuscoporia torulosa*（Pers.）T.Wagner & M.Fisch.

（*Phellinus torulosus*（Pers.）Bourdot & Galzin）

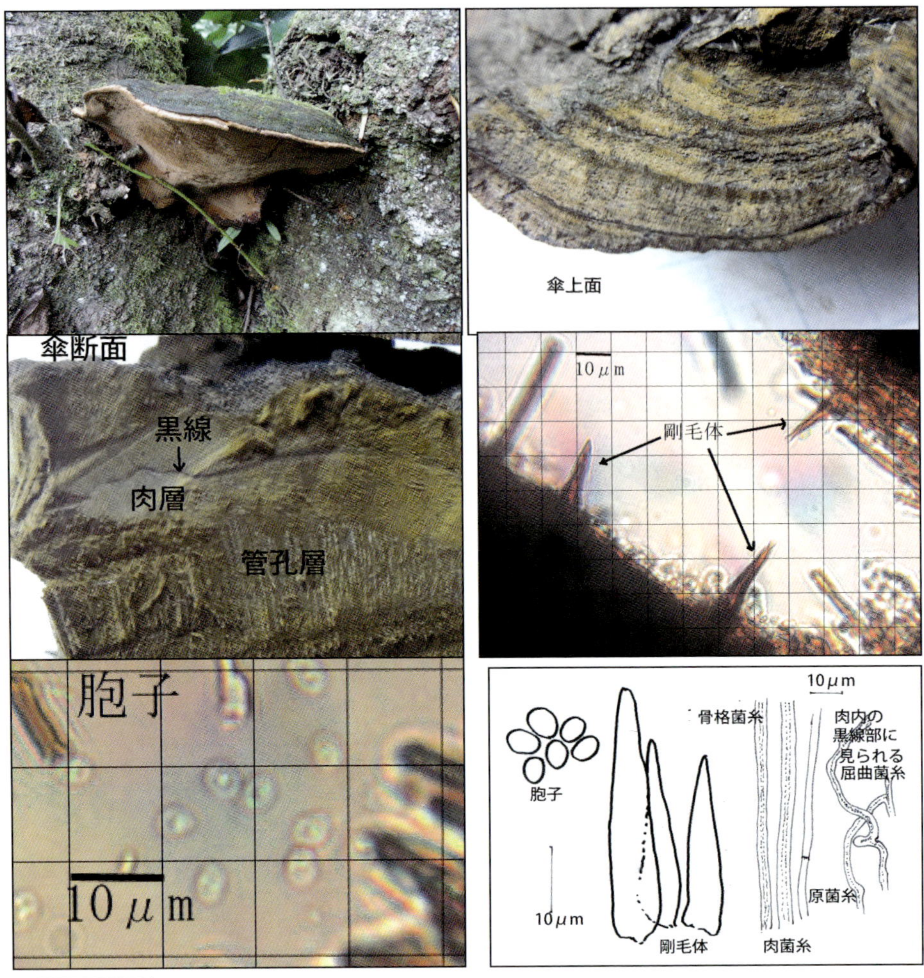

肉眼的形質　子実体は多年生。30×20cm にもなる単独の大きな傘を作る場合もあるが、背着して小さな傘を重生する場合もある。上面が蘚類に覆われる場合も多い。厚さも 10cm を超えるものや薄いものもある。暗褐色で多数の狭い環溝があり、初め短毛がある。肉は黄褐色~暗褐色、中部に薄い緻密層があり、それが断面では細い黒線として観察される。孔口は 5~6 個/mm。

顕微鏡的形質　胞子は広楕円形、4~5×3~4μm、無色、非アミロイド。菌糸は２菌糸型、クランプを欠く。肉組織の中間にある緻密層には少数の結合菌糸状屈曲菌糸が見られる。剛毛体は 10~40×7~9μm、直立、やや多数。

生態・分布　東アジアの冷温帯～暖温帯に分布する。日本ではやや普通。広葉樹まれに針葉樹の立ち枯れ、倒木に生え、白腐れをおこす。本資料は鎌倉市の広葉樹材に発生。

メモ　フィールドで肉断面に黒線が観察されるのは同定の有力な手がかりになる。

文献：76,79

ツリバリサルノコシカケ *Fuscoporia wahlbergii*

(Fr.) T. Wagner & M. Fisch.

Phellinus wahlbergii (Fr.) D.A.Reid

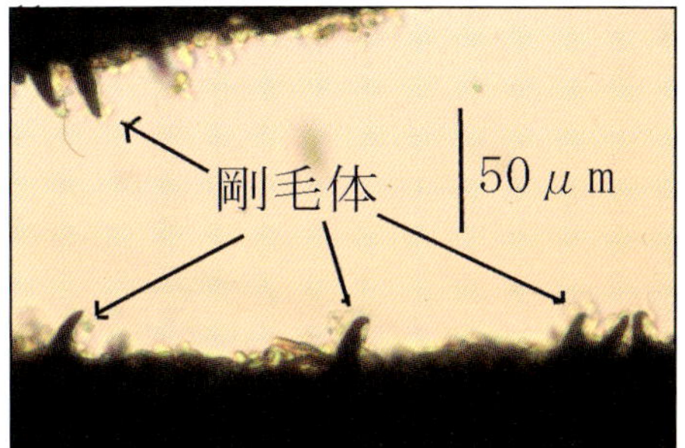

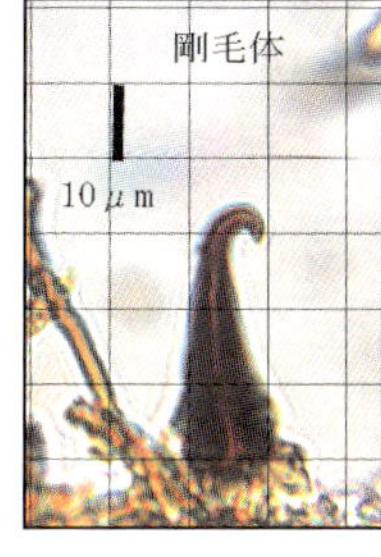

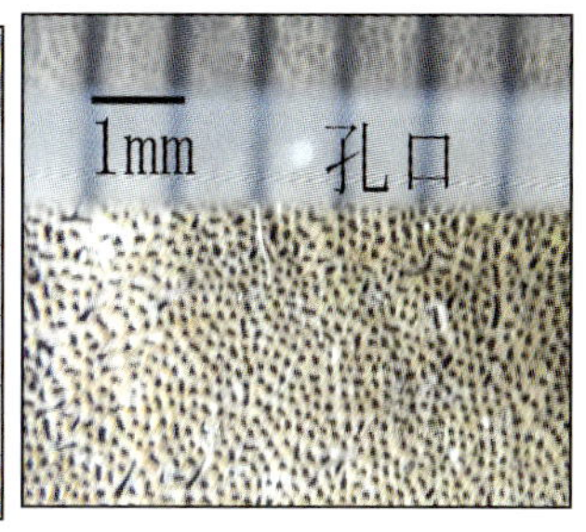

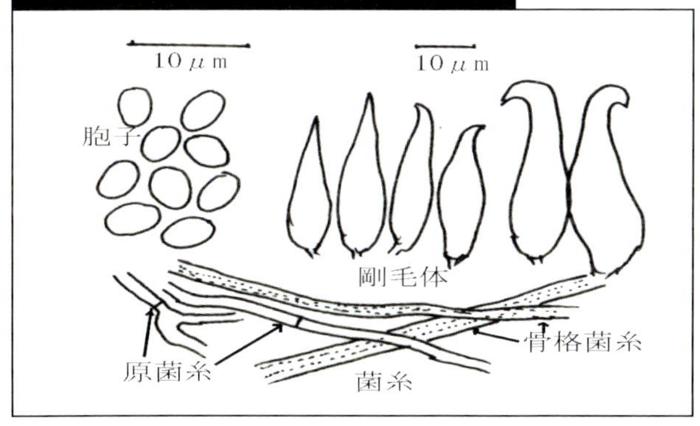

肉眼形質　半背着生。背着部が広く、傘は横に長く狭い棚状に張り出す場合や、背着部は狭く蹄状に半円形の傘を作る場合など変化が多い。幅はほぼ20cm以下。黄土褐色～暗茶褐色で多数の狭い環溝があり、新鮮な子実体では表面ややビロード感がある。肉層は薄く、大部分は管孔層が占める。孔口は5~7個/mm。顕微鏡形質　胞子は楕円形、4~5×3~4µm、無色、非アミロイド。2菌糸型。クランプはない。原菌糸は幅2.5~4µm、骨格菌糸は幅3~5µm。剛毛体は25~40×5~10µm、頂部が真直ぐで曲がらないものもあり、曲がる場合でも曲がる程度はいろいろである。子実体による違いもあり、同じ子実体でも変化があり、どれも釣り針状に曲がるわけではない。曲がる剛毛体が非常に少ない場合もある。

分布・生態　北米南部、アジア環太平洋暖温帯以南の地域に分布する。国内ではスダジイの分布区域（ほぼ関東以西）に一致するように思われる。広葉樹の樹幹に着生し、多年生。神奈川県の観察例ではスダジイ生木が多く、ごく普通である。メモ　子実体の外形で他の類似種との識別は困難。特に曲がる剛毛体が非常に少ない子実体ではコブサルノコシカケモドキ *Phellinus setulosus* などとの識別に胞子の大きさの確認が不可欠である。文献：⑥,76,79

ヤケコゲタケ *Inonotus hispidus* (Bull.:Fr.) P.Karst.

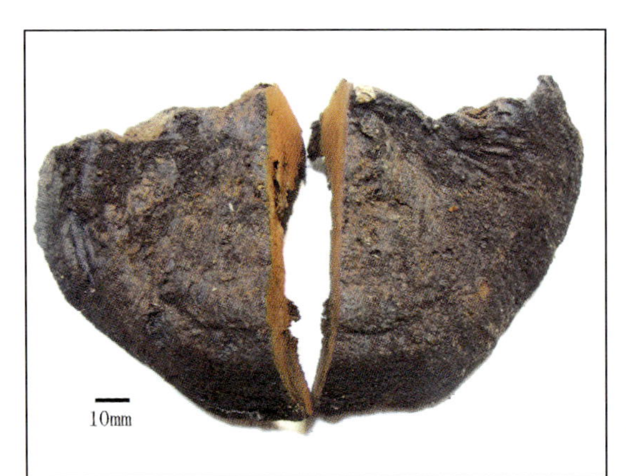

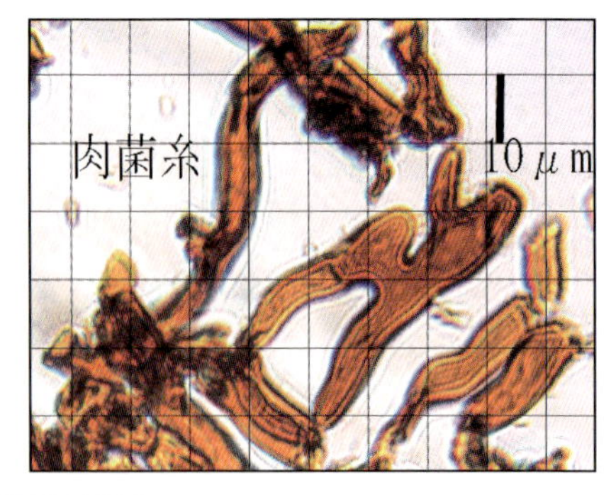

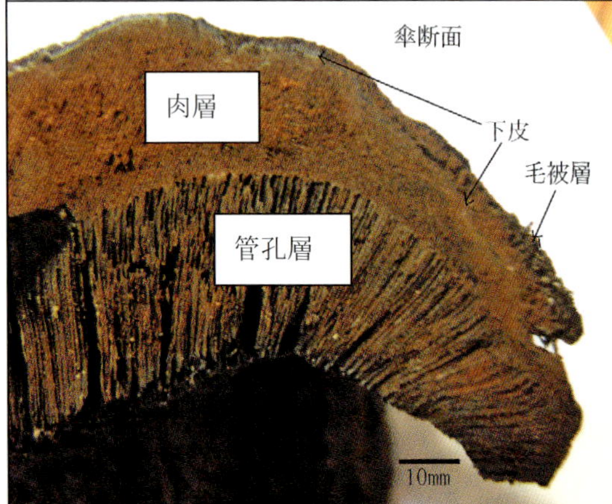

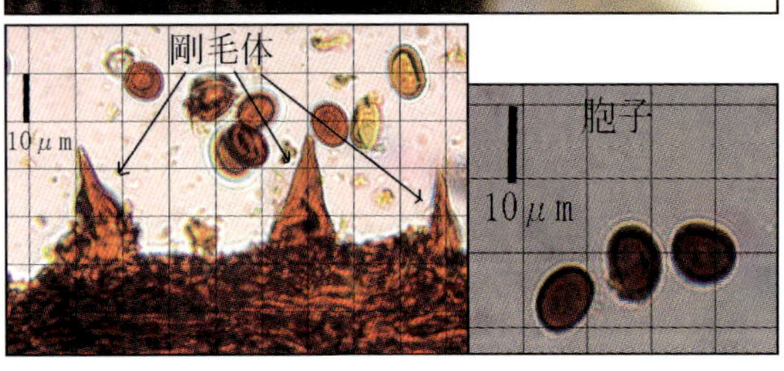

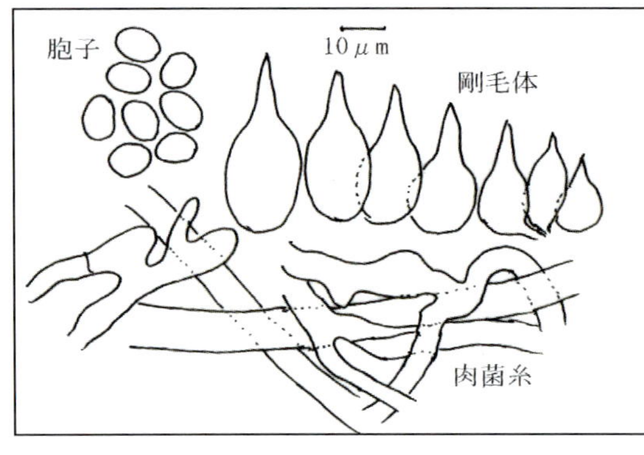

肉眼形質 傘は半円形、饅頭形、幅10~30cm、厚さ 3~10cm。しばしば少数重生する。初め黄褐色、次第に錆褐色、黒色になる。断面は毛被層、内皮（境界層）肉層、管孔層からなり、初め毛被層は 10mm 以上の厚みがあるが次第に脱落する。写真は縁部だけに毛被層を残した子実体である。下面の孔口は 2~3 個/mm。熟菌は真っ黒になり幼菌とは全く様子が変わる。

顕微鏡形質 胞子は楕円形～広楕円形、8~11×7~8μm、黒褐色。1 菌糸型。クランプはない。剛毛体は頂部の尖った徳利形で、中部から急に膨らむ形が多い。本資料では多数散在。文献によっては稀と記すものもあり、稀~多数と記すのもある。子実体による分布数の変化が大きいと考えられる。肉の菌糸は特異的で幅が広狭不規則に変化したり、屈折、分岐するものが多く、幅5~20μm。毛被層や管孔層の菌糸はほぼ直走し、膠着して分離し難い。

分布・生態 北半球の冷温帯以北に分布、主にコナラ属（ミズナラ類）の生木に生え、一年生。本資料は山梨県今倉山のミズナラ林、2008.10.22、採取。

メモ 大木樹幹上部の太い枝などに発生することが多いようなので見つけにくい。文献：⑪,79

キヌハダタケ *Inonotus tabacinus* (Mont.) G.Cunn.

Cyclomyces tabacinus (Mont.) Pat.

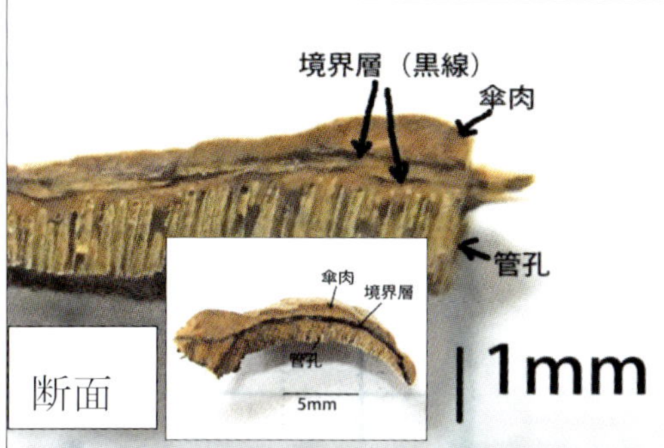

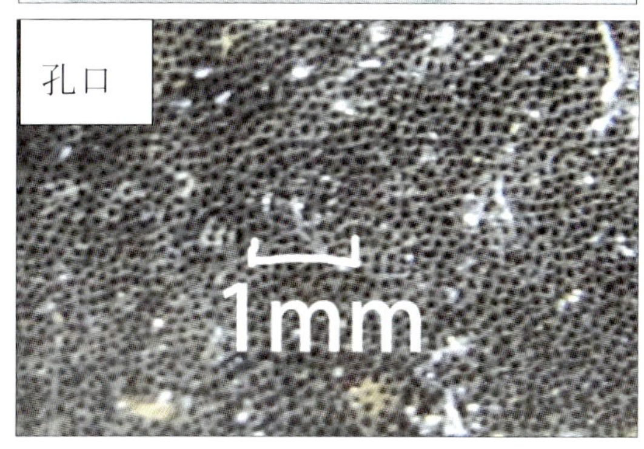

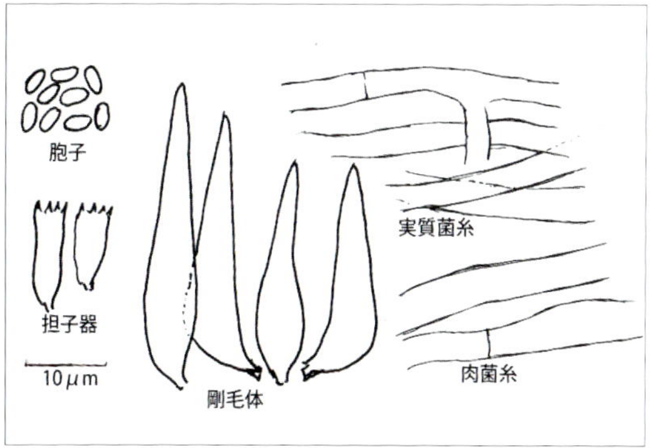

肉眼形質　傘は半円形、径 70mm 以下、厚さ 3mm 以下、革質、表面暗褐色、圧着した柔毛状、多数の環紋があり、多数重生。傘肉は上部に軟質層、下部に硬質層があり、その境界層が断面では黒線に見える、更に硬質層と管孔層との境界層も黒線に見える。子実体によっては硬質層が全体的に黒化して一つの境界層に見える場合もある。従って肉断面に細い黒線が 2 本見える場合と太い黒線が 1 本見える場合がある (左写真参照)。管孔層は 1.5mm 以下、孔口は微細で 7~9 個/mm。顕微鏡形質　胞子は楕円形、3~4×1.5~2μm、無色。担子器は円筒状、8~11×3.5~4μm、4 胞子型。菌糸は 1 菌糸型、実質菌糸は径 3~5μm、ときに分岐。肉菌糸は径 4~6μm。クランプはない。剛毛体は多在、楔形、20~35×5~7μm。

分布・生態　熱帯～亜熱帯ではやや普通、東南アジアでは暖温帯南部まで分布がある。神奈川県では沿岸地域にやや稀。広葉樹の枯れ木に生える。本資料は神奈川県大磯町産。

メモ　拙著『猿の腰掛類きのこ図鑑 1996』に記載したキヌハダタケモドキの資料標本はキヌハダタケであり、用いた和名、学名ともに実体不明であった。East Asian Polypores では小笠原群島に肉に 2 本黒線の変異があると記載しているのは上記変異を示したものであろうか？

学名は *Cyclomyces tabacinus* とする文献が多いが、Index Fungorum に従った。文献：⑥⑰,79

マクラタケ　***Pseudoinonotus dryadeus*** (Pers.:Fr.) T.Wagner & M.Fisch.

Inonotus dryadeus (Pers.:Fr.) Murrill

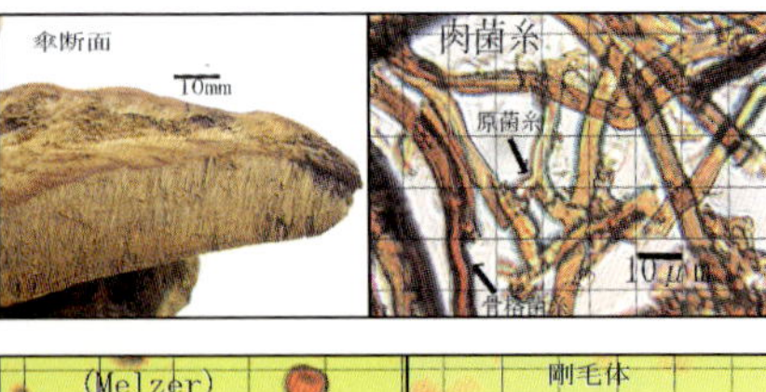

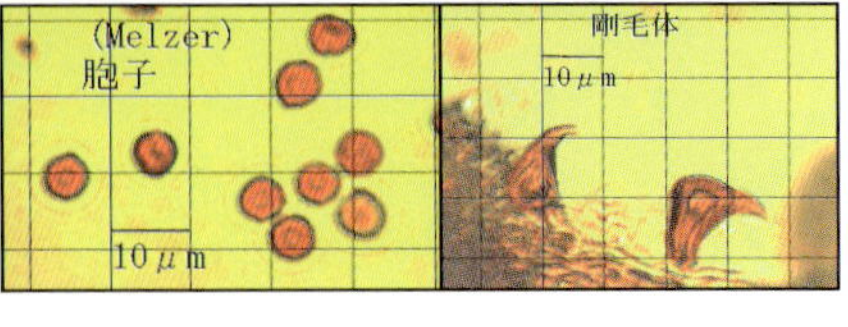

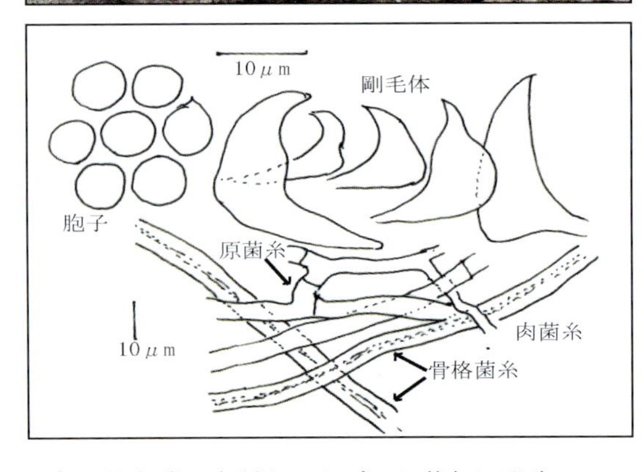

肉眼形質　傘は単生〜少数群生、無柄で半円形、若いとき黄褐色、古くなると黒褐色、普通 30×15cm 以下、厚さ 5cm 以下、上面はゆるい起伏があって平坦ではない。発育中は水滴を着ける。不鮮明な環紋がある。下面は見る角度によって銀色。管孔は 3~4 個/mm。肉と管孔層はほぼ同色で初め黄褐色のち濃暗褐色。**顕微鏡形質**　胞子は類球形、径 5.5~6.5µm、無色、偽アミロイド。2 菌糸型、原菌糸は幅 2.5~4µm、淡褐色、薄壁、隔壁がある。クランプはない。骨格菌糸は幅 3.5~7µm、やや厚壁で濃赤褐色、隔壁はない。剛毛体はほとんどかぎ形、15~25×8~10µm、少数〜やや多数散在。

分布・生態　北半球の暖温帯〜冷温帯に分布、普通広葉樹の樹幹基部に生え、1 年生。本資料は山梨県今倉山のミズナラ枯木発生、2008.10.22、採取。神奈川県大磯町高麗山のタブノキ基部に発生、2010.08.19、採取（写真下）標本も参考にした。出会う機会は少ない。**メモ**　文献によっては厚壁菌糸を骨格菌糸とみなさず原菌糸の厚壁のものとし、菌糸構成を 1 菌糸型と記すものもある。以前、本種は *Inonotus* 所属であったが、現在 *Pseudoinonotus* に移された。本種は形態的変異も多いので同定には胞子が類球形、偽アミロイドで剛毛体はほとんどかぎ形であり、菌糸構成が 2 菌糸型状であることを確認する必要がある。文献：⑭,65,79

ミヤマウラギンタケ　*Xanthoporia radiata*

(Sowerby) Ţura, Zmitr., Wasser, Raats & Nevo

Inonotus radiatus (Sowerby) P. Karst.

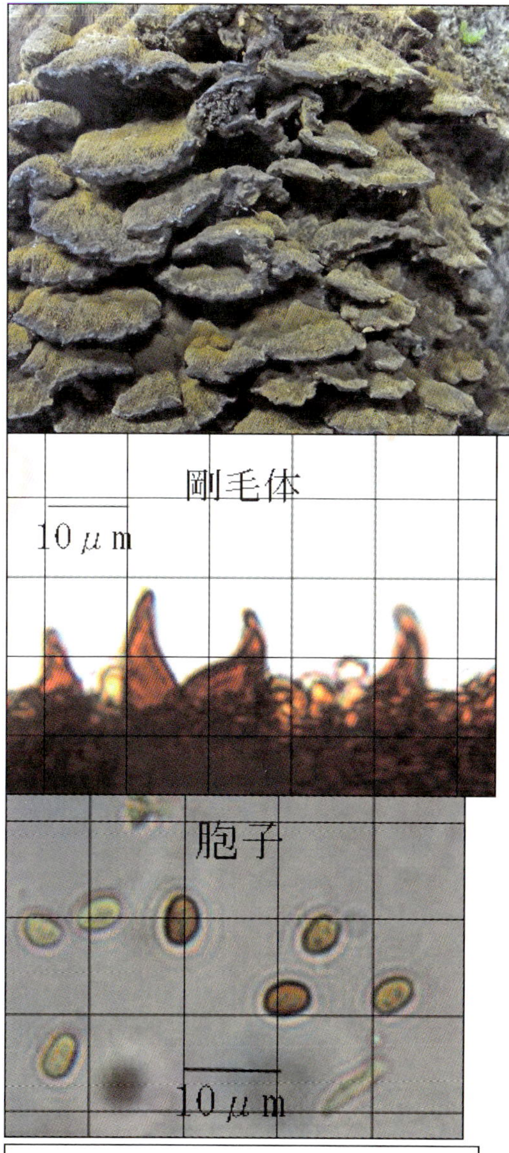

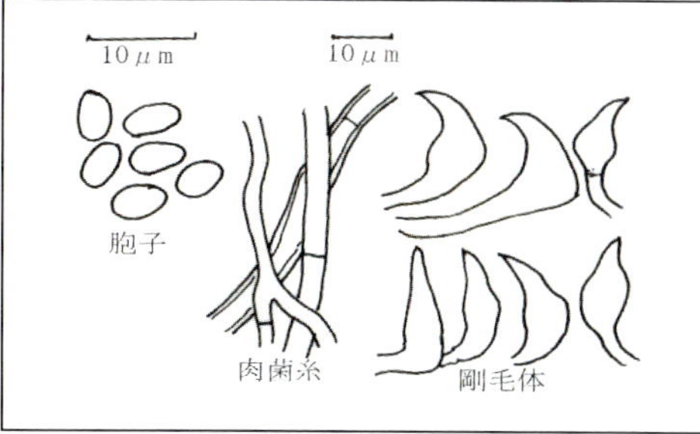

肉眼形質　半背着生。傘は貝殻形、幅 50mm 以下、群生～重生する。若い時期（写真上右）は表面が赤黄褐色、裏面は淡黄褐色で見る角度により銀白色。管孔は 3~5 個/mm。古くなると（写真上左）表裏ともに暗茶褐色。不明瞭な環紋がある。顕微鏡形質　胞子は楕円形、4.5~5×3μm、淡褐色～褐色。菌糸は 1 菌糸型。クランプはない。菌糸の幅は 3~5μm。剛毛体は徳利形～かぎ形～円錐形、特にかぎ形が目立つ。15~35×7~10μm。本資料では極めて多数。文献では稀～少数と記すものもあるので剛毛体の分布数は著しく変異の幅が大きいと考えられる。管孔底部には少数の剛毛体状菌糸がある。分布・生態　北半球の寒冷地に分布。広葉樹腐木に生え、1 年生。本資料は富士山 2 合目、ネコシデに着生。メモ　形態類似で剛毛体がカギ形を示すものは他にないので、同定の key になるが、管孔底部の剛毛状菌糸が確認されれば確実。文献：⑥,65,70,79

メシマコブ *Tropicoporus linteus* (Berk. & M.A. Curtis) L.W. Zhou & Y.C. Dai

Phellinus linteus (Berk. & M.A. Curtis) Teng

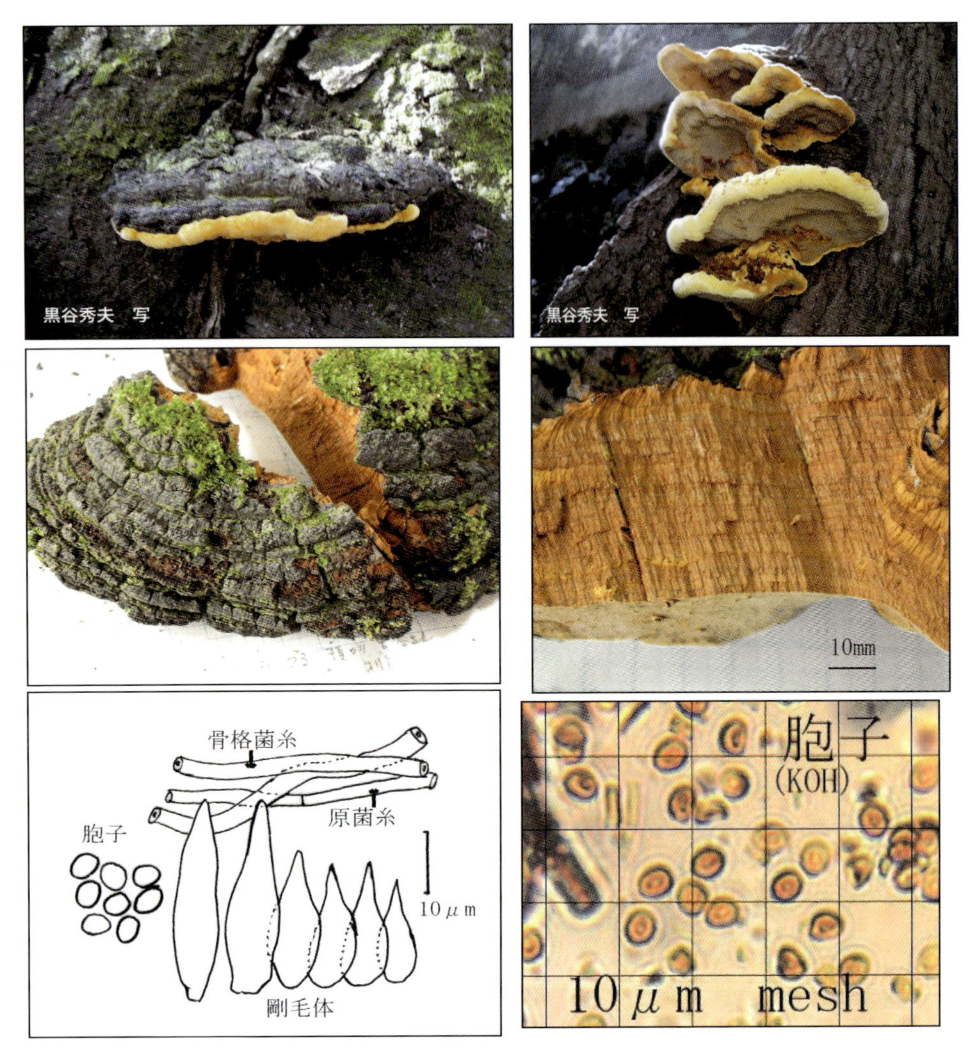

肉眼形質　子実体は木質、やや扁平〜蹄形、幅 15cm 以下、厚さ 10cm 以下。初め暗褐色短密毛があるが脱落し、黒褐色で環溝が明瞭、放射状に不規則な亀裂のある粗剛な偽殻となる。肉はごく薄く多層の管孔がある。新生組織は鮮黄色で目立つが次第に暗褐色になる。孔口は 5~7 個/mm。

顕微鏡形質　胞子は広楕円形〜類球形、4~5×3.5~4μm、淡黄褐色（KOH では濃色）。剛毛体はずんぐり傾向の楔形、極めて多数、17~35×7~10μm。菌糸は 2 菌糸型、クランプはない。**分布と生態**　世界の暖地に分布し、日本では石川県以西という。神奈川県では未確認。広葉樹の枯れ木、生木に生え、多年生。本資料は伊豆七島の利島産。地域により寄主が異なり、日本ではクワに生える。

メモ　ネズミによる実験で資料 15 種の硬質菌のうち制癌性が最も高かったという報告がある。文献：⑪,65,76

エゾヒヅメタケ　***Phellinopsis conchata*** (Pers.)Y.C.Dai

Phellinus conchatus (Pers.) Quél.

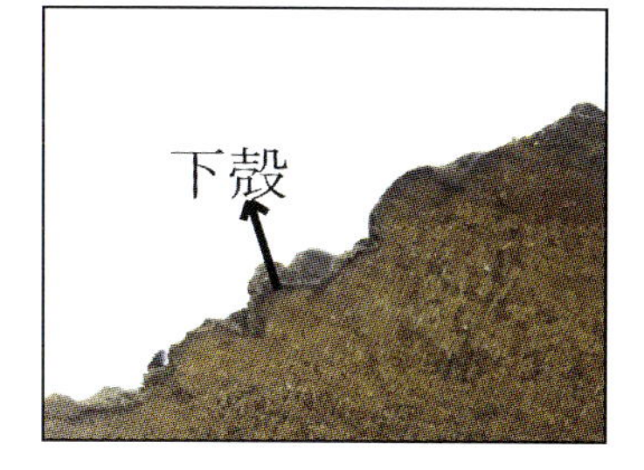

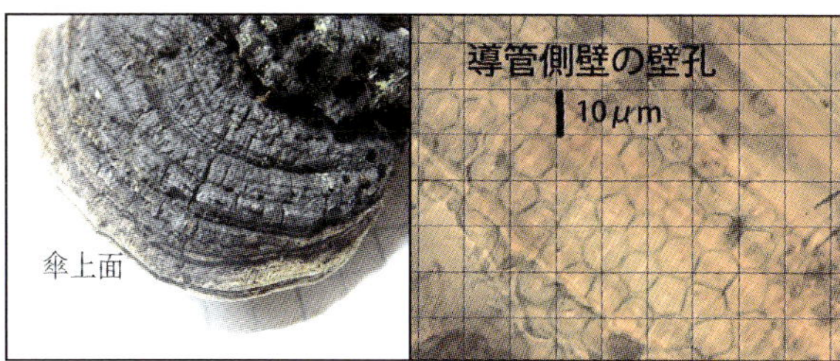

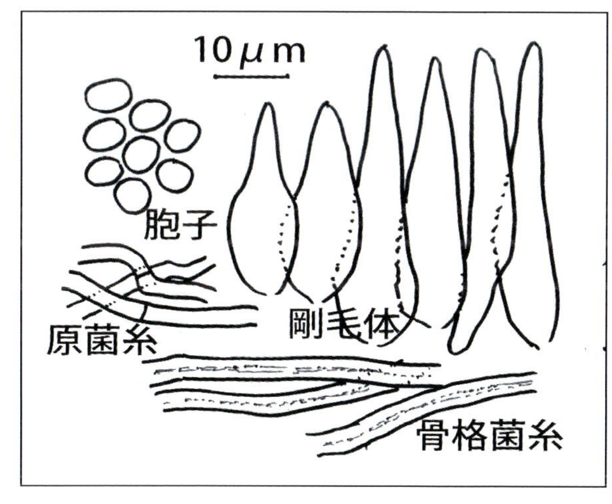

肉眼形質　半背着生。傘は初め明褐色のち暗褐色、半円形、10×15×4cm 以下、表面は茶褐色〜灰褐色、顕著な環紋と不規則なひびがある。断面は扁平〜蹄形。初め薄い毛被層があるが早く脱落する。肉層は厚さ 4mm 以下で肉層上部に黒線状に見える下殻がある。古くなると下殻が表面に現れて殻皮となる。管孔層は多層で各層は 2mm 以下、孔口は 4~5 個/mm。

顕微鏡形質　胞子は広卵形〜類球形、5~6×4~5μm、無色、非アミロイド。菌糸は２菌糸型、クランプはない。剛毛体は直立、くさび形〜槍形、20~60×7~9μm。やや多数。ただし資料では新しい管孔部ではほとんど認めなかった。原菌糸は径 2.5~3.5μm、骨格菌糸は径 3.5~4μm。

分布・生態

アジアの寒冷地に分布し、主にヤナギ類の枯木、生木に生えるという。他の広葉樹でも記録があり、日本ではカツラに生えるとされている。本資料は北海道上川町の倒木に発生。標本の付着木片を調べた結果、その導管側壁の壁孔がヤナギ類特有の蜂の巣状に並ぶ有縁壁孔であることからホストはヤナギ類と確認された(写真参照)。

メモ　原色新菌類図鑑（1993）ではカツラ（北海道、十和田湖、富士山）でしか観察されていないと記されているので本資料の着生樹の種類の判定については特に慎重を期し、日本でも、ヤナギ類にも生えることを確かめることができた。文献：⑪,70,76

カラマツカタハタケ　*Phellinus chrysoloma* (Fr.)Donk

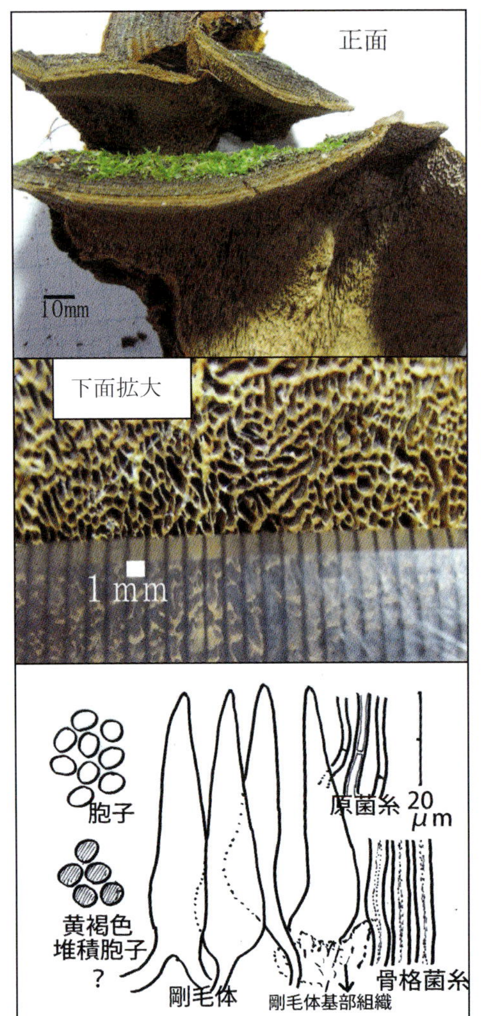

肉眼形質　半背着生、傘は半円形で径20cm 以下、やや扁平で基部の厚さ 5cm以下、縁部は鋭い。断面はほとんど管孔層で占められ肉層はごく薄い。上面に毛被層が残る部分では、その下に下殻が黒い線状に認められる。毛被層が脱落すれば下殻が殻皮となる。傘下面は暗茶褐色、孔口は 1~2 個/mm、しばしば乱れる。

顕微鏡形質　担子胞子は広楕円形～類球形、5~6×4~4.5μm、初め無色、後褐色になる。剛毛体基部周辺に黄褐色の胞子が堆積していることが多い。文献に厚壁胞子があるとされているのはこれを指すかと思われる。菌糸は２菌糸型、クランプはない。原菌糸は隔壁があり、無色～淡褐色、2.5~3μm。骨格菌糸は褐色、径 3.5~4μm、隔壁はない。剛毛体は極めて多数、ほぼ直立、くさび状、20~60×8~10μm、基部に不明組織のあるものが多い。

分布・生態　北半球の冷温帯以北の針葉樹林帯に分布し、日本ではカラマツの立ち木に着生。心材の白腐れをおこす。多年生。本資料は富士山のカラマツに発生、2013.09.05、採取。メモ　本種とマツノカタハタケ *P. pini* との相違点は文献により不一致で、判然としない。ここでは、原色日本新菌類図鑑（今関）に従いカラマツに発生し、孔口が 1~2 個/mm の資料を本種と同定して記載した。マツノカタハタケはトウヒ属、マツ属に生え、孔口は 2~3 個/mm でやや小さい。文献：⑪,65,76,79

キコブタケ *Phellinus igniarius* (L.) Quél .

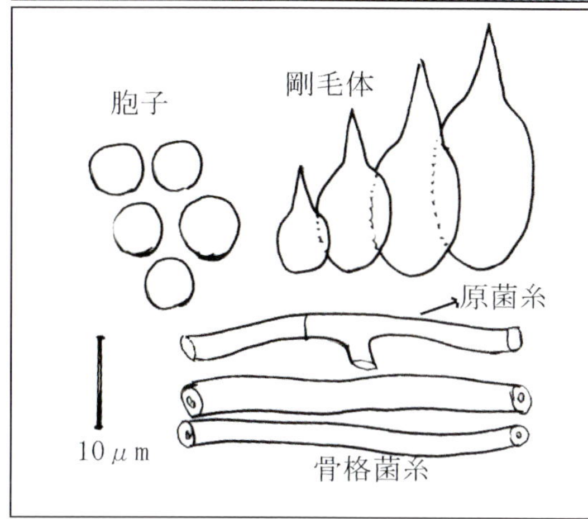

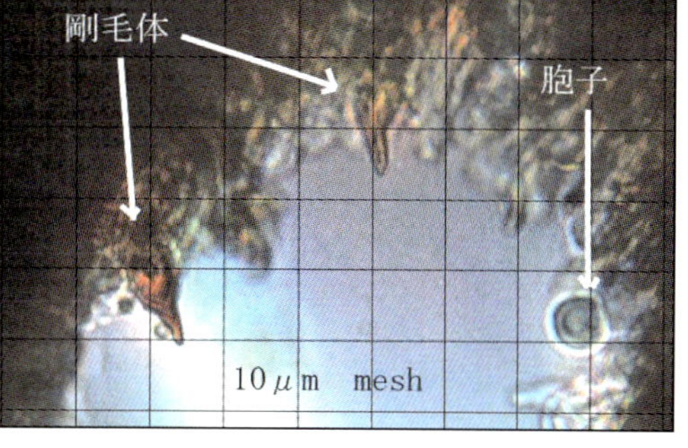

肉眼形質　半円形～蹄形、普通幅 20cm 以下、厚さ 15cm 以下。傘表面は灰褐色～灰黒色、多数の環溝と亀裂がある。殻皮は形成せず、肉は暗褐色、木質で硬い。管孔は多層で子実体の大部分を占め、各層は 5mm 以下。孔口は 5~6 個/mm。

顕微鏡形質

胞子は類球形～広楕円形、無色、径 5~6.5×4.5~6µm、非アミロイド。2 菌糸型、原菌糸は無色、径 2.5~3µm、クランプはない。骨格菌糸は褐色、3~4µm。剛毛体は多数、小形で徳利型、10~25×5~10µm。

分布と生態

北半球の冷温帯に分布し、各種広葉樹に生え、材の白腐れをおこす。多年生。本資料は神奈川県逗子市神武寺のスダジイに発生、2011.09.29 採取。暖温帯域での発生は稀と思われる。分布範囲が広く、宿主選択も多様なので、変異も大きいと考えられている。

メモ　本種には分類することの困難な系統がいくつか含まれ、それらをまとめてキコブタケとして扱う。それをキコブタケ複合種（*P.igniarius* complex）という。子実体が初めから無毛で、基部に背着部分はなく、孔口は 5~6 個/mm、子実層に小形の剛毛体があり、実質に剛毛状菌糸は存在せず、胞子はほぼ球形、径 5~6µm で無色、非アミロイドであるのが本種の特徴である。

文献：⑪,48,79

カバノニセホクチタケ *Phellinus laevigatus* (Fr.) Bourdot & Galzin

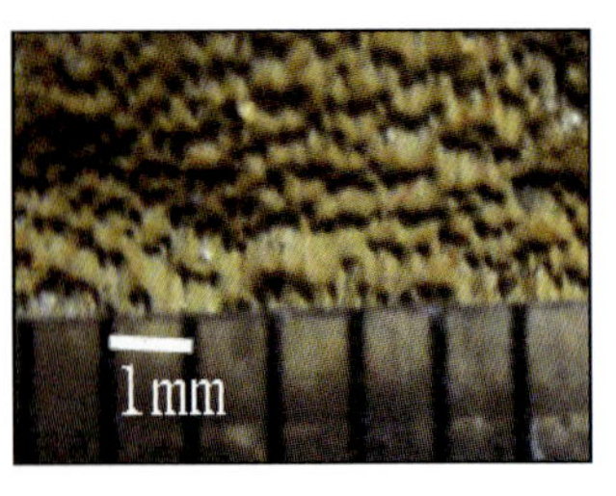

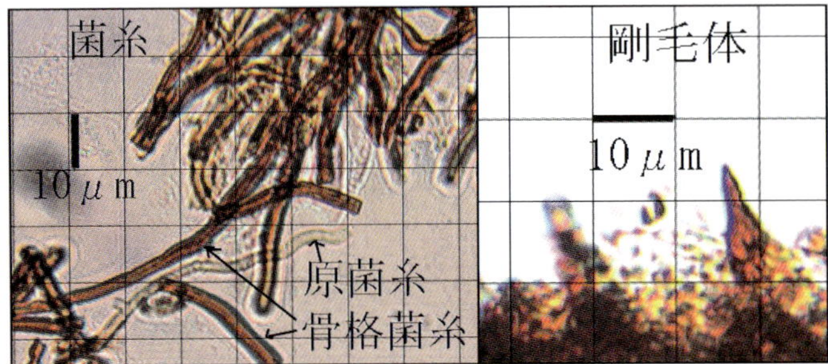

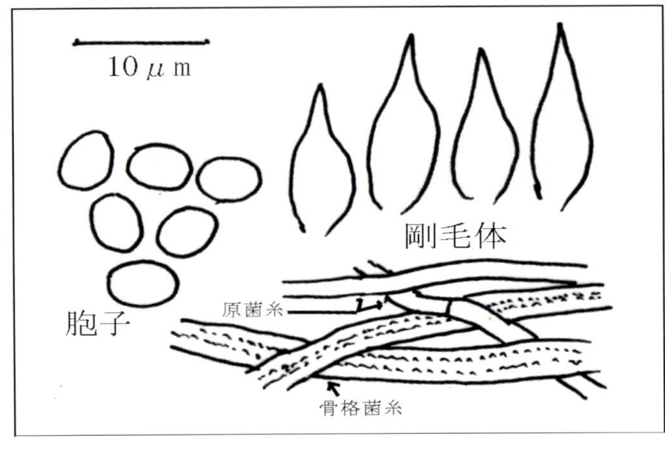

肉眼形質

茶褐色、全背着であるが、平坦ではなく未発達な傘と考えられる隆起部分がある。倒木下面などでは1m以上に広がって着生することもある。孔口は微細で5~8個／mm。

顕微鏡形質

胞子は楕円形、4~5×3~3.5µm、無色、非アミロイド。2菌糸型。原菌糸は幅2~2.5µm、薄壁、無色～淡色、隔壁がある。骨格菌糸は幅3~5µm、茶褐色、厚壁、隔壁はない。剛毛体は小形、先が尖り、下部が膨れ、10~15×5~8µm、分布状態は子実体により、また同一子実体でも部位によって差があり、列生している場合と全く見つからぬ場合などがある。小さいので見逃しやすい。

分布・生態　世界の寒冷地に分布し、カバノキ属の立ち木、倒木に生え、多年生。本資料は長野県松原湖、シラカバに着生、2007.07.08、採取。

メモ

全背着の菌は基質に平坦に広がるのが普通なので本種のように未発達の傘が隆起した形で存在するのは特殊で、全背着とは言わず半背着と表現される場合もある。

文献：⑭,65,76,79

チョウジタケ　*Phellinus sanfordii* (Lloyd) Ryvarden

佐藤清吉　写

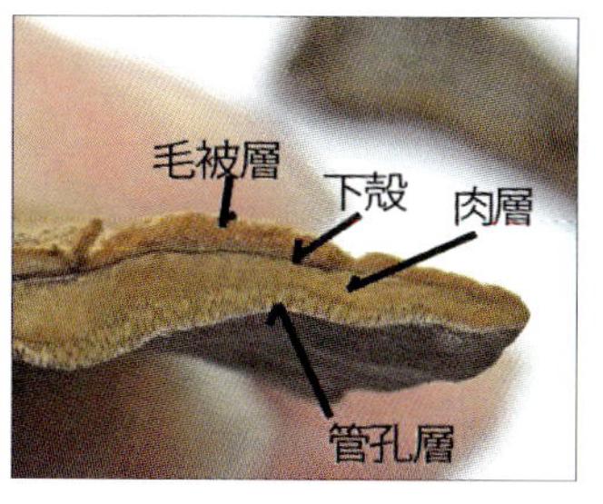

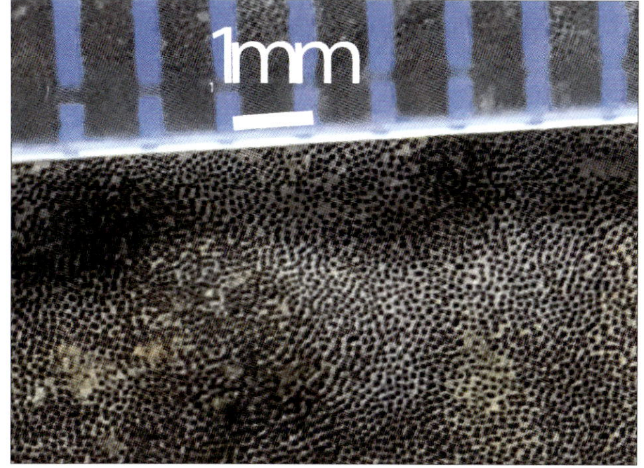

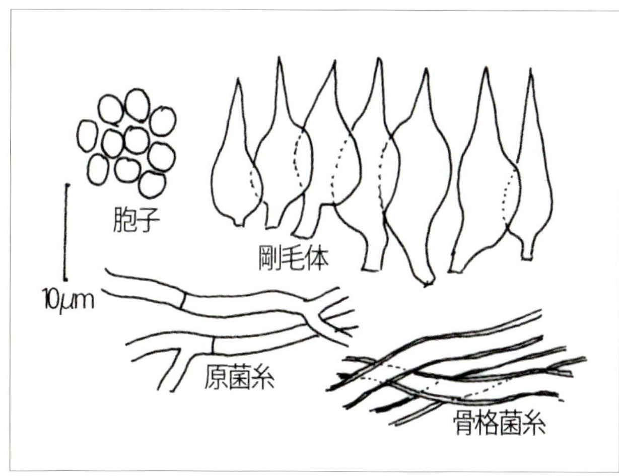

肉眼形質

傘は扁平、半円形、横幅80mm以下､厚さ30mm以下、縁は鋭く、表面茶褐色～褐色、環溝がある。断面では上部に毛被層があり、その下に下殻、肉層、管孔層がある。下殻は黒い線に見える。孔口は微細で7~9個/mm。

顕微鏡形質

胞子は広楕円形～類球形、3~4×2~3μm、淡褐色。剛毛体は円錐形~徳利形､頂部は尖り、下部は膨大する傾向､15~25×8~10μm､多在。菌糸は2菌糸型、原菌糸は無色～淡色、薄壁、径2~3μm、分岐する。骨格菌糸は褐色､厚壁､径3~4μm､ほとんど分岐しない。

分布・生態

インド、パキスタン、日本などアジアの暖温帯以南に分布する。多年生で広葉樹の枯木に生える。本資料は高知県産。

メモ 本種に酷似してアジア亜熱帯以南に産するものに *P.extensus* があり、相違点は剛毛体の大きさで、その長さは10~18μmであるという。しかし、本資料標本の剛毛体も重複する長さで微妙な差である。文献：⑥,79

ウツギノサルノコシカケ　*Sanghuangporus lonicerinus*

(Bondartsev) Sheng H.Wu, L.W. Zhou & Y.C. Dai,
Phellinus lonicerinus (Bondartsev) Bondartsev & Singer

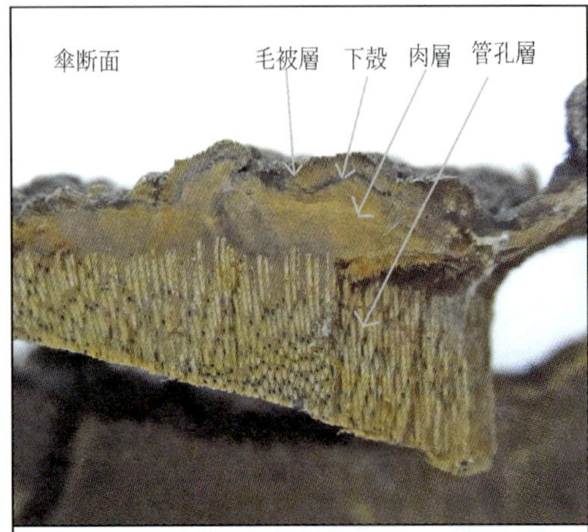

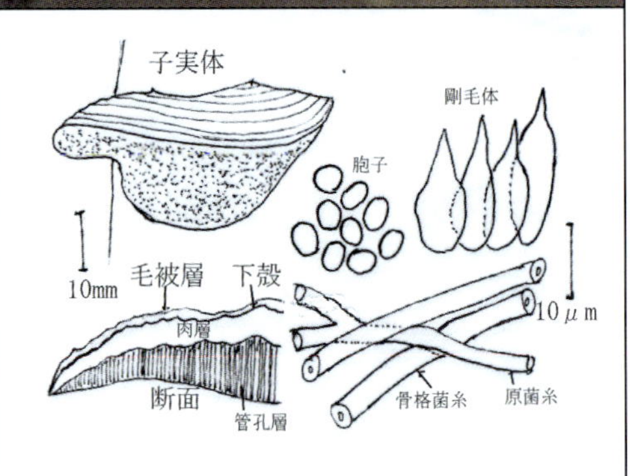

肉眼形質 半背着生。傘は半円形、径 10cm 以下、厚さ 4cm 以下。傘表面は初め茶褐色の微細軟毛に覆われビロード状であるが、やがて毛被層は脱落し、黒褐色の下殻が露出する。狭い間隔の環溝が密に並ぶ。断面では上から毛皮層、下殻、肉層、管孔層となり、下殻が黒褐色であるほかは茶褐色。新鮮な肉、管孔は黄褐色。孔口は微細で 5~7 個/mm。

顕微鏡形質 胞子は淡黄褐色、短楕円形、4~5×3~3.5µm。菌糸は 2 菌糸型。クランプはない。原菌糸は淡色、幅 2~2.5µm、骨格菌糸は褐色、幅 3~4µm。剛毛体は下部の膨らんだ楔状が多く、15~25×6~8µm。**分布・生態** ヨーロッパの一部とシベリアに広く分布する。日本の神奈川県周辺では丹沢、箱根、天城山系などの冷温帯域ではごく普通であるが、平地の暖温帯域にもまれに生える。ニシキウツギ、ハコネウツギなどタニウツギ属 *Weigela* の樹種に限って発生する。立ち枯れや生木の枯損部に生え、白腐れをおこす。

メモ 種小名の *lonicerinus* はスイカズラ属 *Lonicera* であるが、日本ではタニウツギ属 *Weigela* に限って発生し、スイカズラ属に発生することはない。和名についても本種はタニウツギ属に生えるものでウツギ(アジサイ科ウツギ属 *Deutzia*)に発生することは決してない。学名、和名ともに混乱しやすい。本種の所属は最近、*Phellinus* から *Sanghuangporus* に移された。文献 : ⑥,69,79

ベニタケ類

ベニタケ目

担子菌門
ハラタケ亜門
ハラタケ綱
亜綱未確定

レモンチチタケ（井上仮称）***Lactarius*** **sp.**

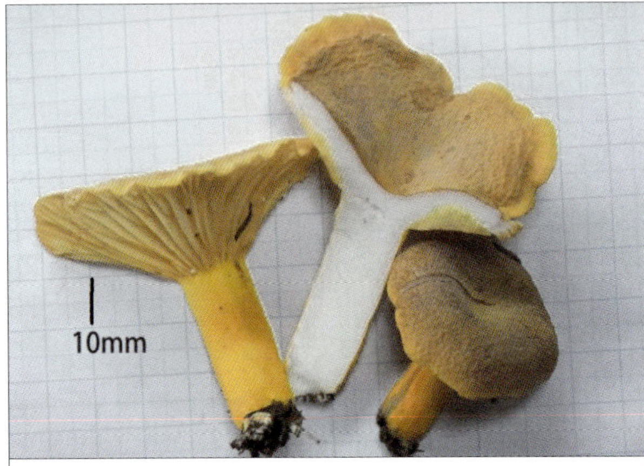

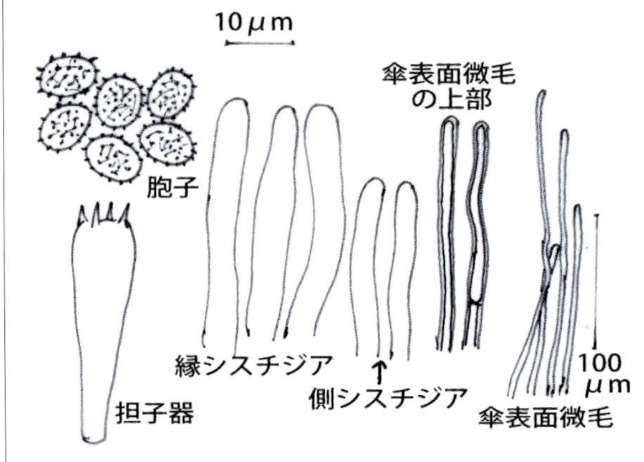

肉眼形質　傘は径 10cm 以下、丸山形から平らに開きさらにじょうご形になる。粘性はなく、ビロード感があるが全面に明らかな小しわがあり、橙黄色。肉は白色。ひだは厚く、疎、レモン色～黄色。柄は 60×20mm 以下、黄色、中実。乳液は白色、多量、変色せず、無味。

顕微鏡形質　胞子は広楕円形、9~9.5×7μm、表面は不完全網目。担子器はこん棒状、ほぼ 40×10μm、4 胞子型。縁シスチジアは円筒状、超出部はほぼ 40×7μm、疎生。側シスチジアは縁シスチジアより小形で少ない。傘表面の微毛は径 3μm、長さ 200μm 以下、やや厚壁で隔壁のある菌糸よりなり、密生。柄表面もほぼ同様の微毛（やや短い）密生。分布・生態　神奈川県低地の広葉樹林林床で 7 月の高温期にやや普通に発生。類似種のヒロハチチタケより発生は多い。本資料は神奈川県秦野市産。

メモ　本種はヒロハチチタケに色々な点で類似し、乳液成分もヒロハチチタケと差がないことが確かめられた（郡山女子大学の広井勝先生私信）。しかし、色調、傘全表面のしわなどがヒロハチチタケとは迷わず識別できるほど違うので異なる分類群と判断した。

アカコウヤクタケモドキ(新称)　*Aleurodiscus grantii* Lloyd

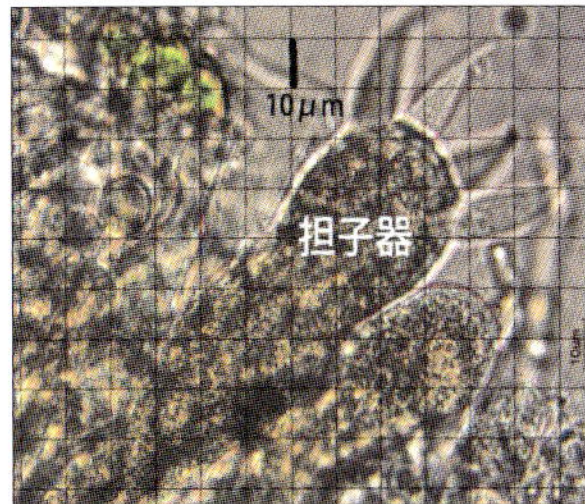

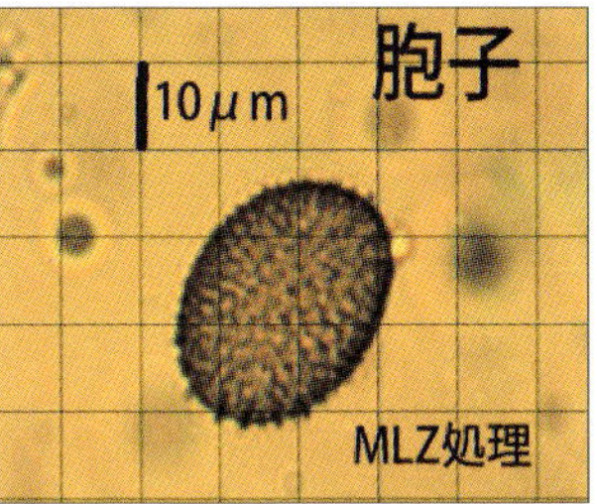

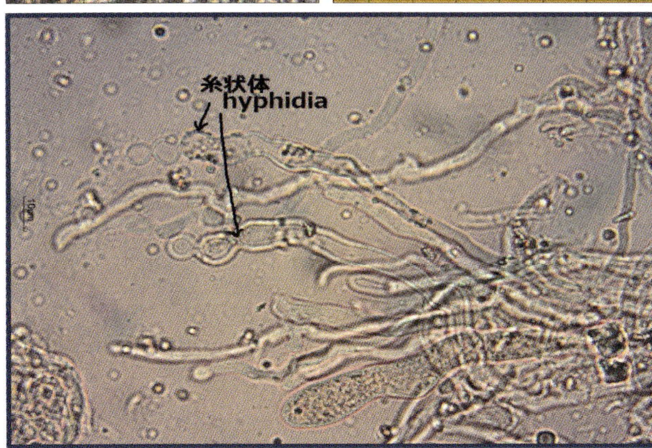

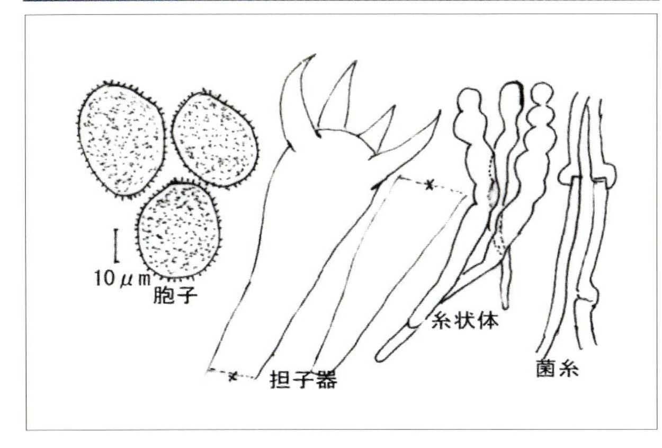

肉眼形質　全背着。長径15mm以下、厚さ1mm以下の不規則な盤状で子実層面は橙赤色~肉色、退色したものは白っぽくなる。周縁は少しめくれ、その背面は白くて、細毛がある。

顕微鏡形質　胞子は楕円形、27~35×20~22μm、全面に微細な刺があり、アミロイド。担子器は棍棒状、ほぼ200×30μm、4胞子型。1菌糸型、菌糸は径2.5~5μm、クランプがある。子実層には多数のシスチジア状の糸状体hyphidiaがあり、それは円筒状で、上部が数珠状になるものからほとんどくびれのないものまで変異があり、やや厚壁、幅4~8μm。

分布・生態　アメリカ・日本に分布。モミ属、トウヒ属、ツガ属の落枝に発生する。日本では普通、春、モミの枯れ枝に生える。本資料は埼玉県、鎌北湖付近、モミ落枝、2010.04.23、採取。モミの生育域には広く分布があると思われる。

メモ　本種に類似するアカコウヤクタケ *A.amorphus* は本種と混同されやすいがクランプを欠くことで識別される。拙著『猿の腰掛類きのこ図鑑』のアカコウヤクタケは本種の誤りである。文献：80,83

ニクコウヤクタケ *Aleurodiscus mirabilis* (Berk. & M.A. Curtis) Höhn.

Acanthophysium mirabile (Berk. & M.A. Curtis) Parmasto

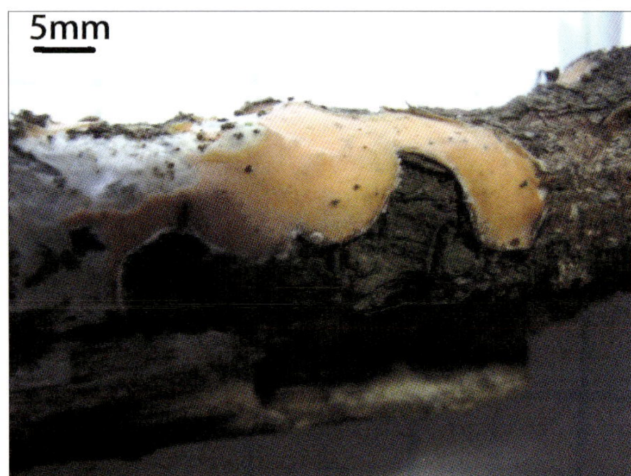

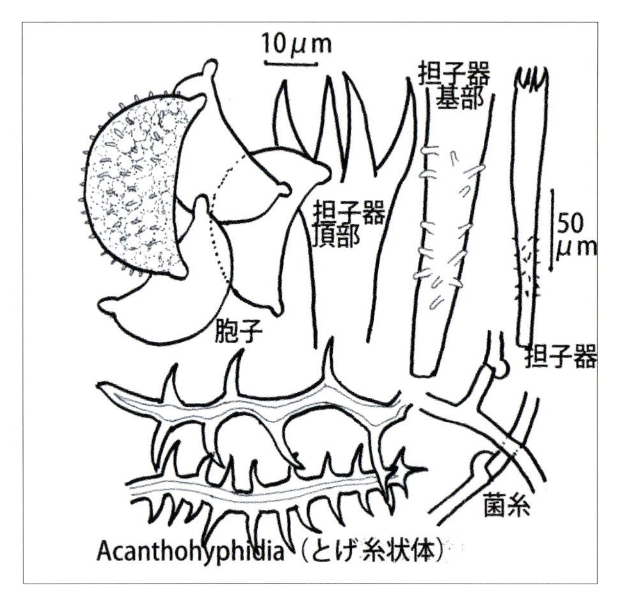

肉眼形質　淡桃色でふつう径3~6mmの円盤状、まれに膜状に数cmほど広がる。周辺はめくれて、固着せず、裏面は白粉毛状。

顕微鏡形質　胞子は両端に突起を持った半円形、25~30×15~18μm、向軸面は平滑であるが他の表面には微細な突起がある。多数の小油滴を含む。アミロイド。担子器はこん棒状～円筒状、150~180×25μm、中部以下には小突起が散在する。小柄は4個。菌糸構成は1菌糸型。菌糸は径2~4μm、クランプがある。子実層より下部には多数のとげ糸状体acanthohyphidiaがある。それは幹部の径3~8μm、全長にわたって鋭い刺状突起を列生する。

分布・生態　アメリカ、アフリカ、アジア、豪州に分布、主として熱帯～亜熱帯のいろいろな寄主に生える。日本ではクスノキの樹皮に小円盤状に生えるのが普通である（写真上:真鶴2009.06.07）がまれに他の樹種の落枝に膜状に広がっている（写真下：逗子市2009.10.03）例もある。

メモ　クスノキの樹皮を気をつけてみていると出会える機会が多い。特異な形状の胞子やとげ糸状体によって容易に同定できる。文献：80,83

チウロコタケモドキ *Stereum sanguinolentum* (Alb. & Schwein.)Fr.

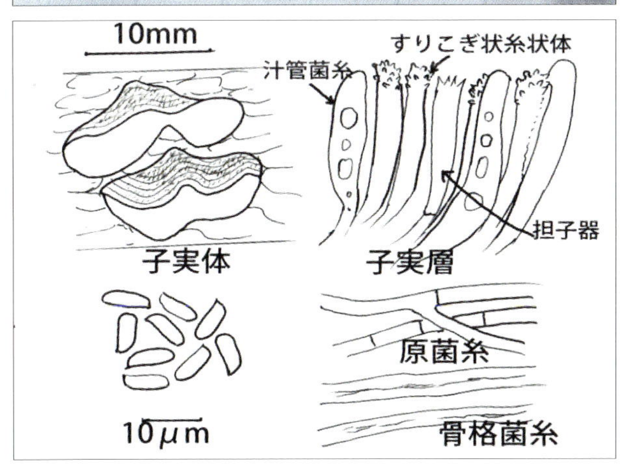

肉眼形質　子実体は半背着性。傘は半円形～棚状。厚さほぼ1mm、革質。傘表面は茶褐色～灰褐色で粗毛があり、明瞭な環紋がある。子実層面はほぼ平滑、灰白色～淡桃褐色を帯び、生のとき傷つけると血の色の汁がにじみ出る。断面では毛被の下に褐色の下皮がある。

顕微鏡形質　胞子は長楕円形、7~8×2~3μm、無色、アミロイド。子実層には担子器、すりこぎ状糸状体、汁管菌糸が密に並ぶ。担子器は円筒形、ほぼ30×6μm、4胞子型。すりこぎ糸状体は頂部に短い指状突起を群生、径5~9μm。汁管菌糸は汁液を含み、径3~10μm。菌糸構成は2菌糸型。原菌糸は薄壁、径2~4μm、隔壁がある。骨格菌糸は厚壁、径3~7μm、隔壁はない。すべての菌糸にクランプはない。

分布・生態
北半球に広く分布し、マツなどの針葉樹に生える。枯れ枝から侵入して立木の材の白腐れをおこす病害菌である。本資料は神奈川県真鶴産。

メモ　林業では本種による被害がかなり大きいという。チウロコタケ *S.gausapatum* は本種に似ているが広葉樹に生え、すりこぎ状糸状体はないので識別できる。すりこぎ状糸状体、汁管菌糸を共有するものには他にシミダシカタウロコタケ、モミジウロコタケなどがある。文献：⑥、⑪、39

タチカタウロコタケ（新称）　*Acanthofungus ahmadii*

(Boidin)Sheng.H.Wu,Boidin & C.Y.Chien

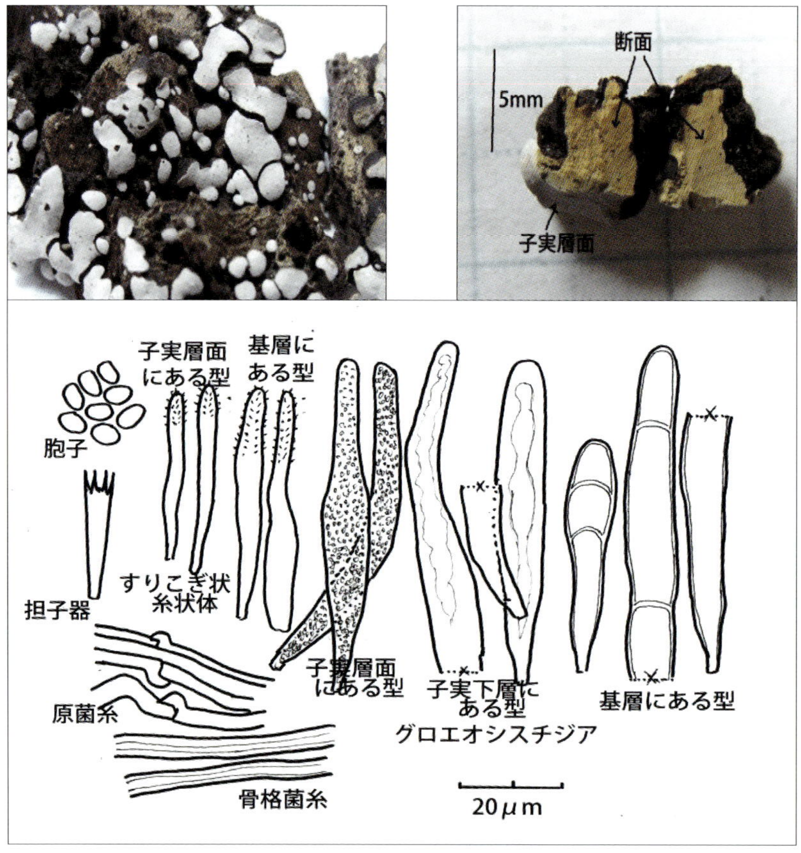

肉眼形質

カタウロコタケに似るが、初め子実体は円筒状に立ちあがった小さなコロニーを生じ、成長に伴い敷石状に集合する。柄状部の外囲（側面）は黒褐色で間隔の狭い多数の環帯のある殻皮を被る。子実層面はほぼ平坦、粉白色。断面は多層で子実層最上部だけが白く、下部は褐色

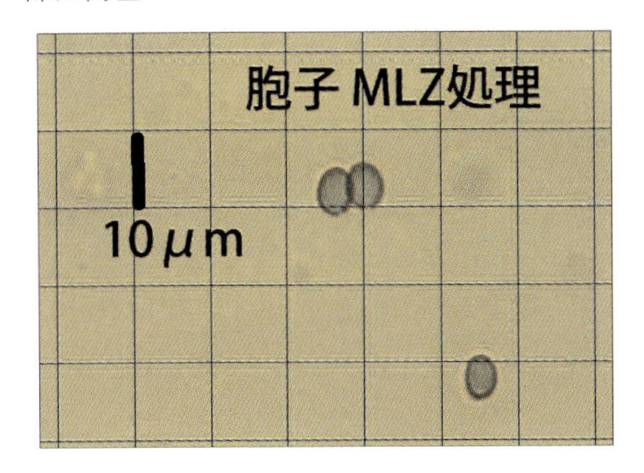

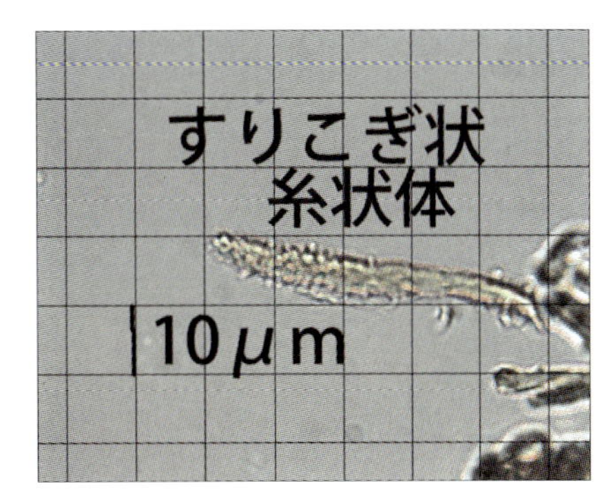

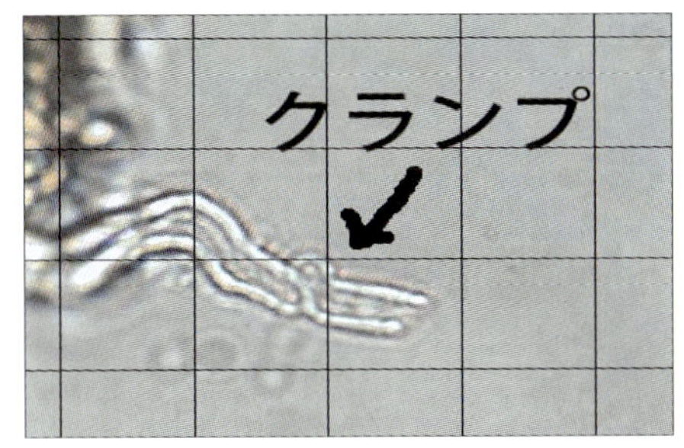

顕微鏡形質

胞子は楕円形、5~6×3.5~4μm、平滑、アミロイド。担子器は類棍棒状、ほぼ20×5μm、2~4胞子を着ける。菌糸型は 2 菌糸型、原菌糸は薄壁、クランプがある。骨格菌糸は厚壁。すりこぎ状糸状体で子実層面にあるものはほぼ 30×4μm、頂部がやや尖り、上部に刺状突起があり、下層の方に見られるものは 50~60×5~8μm で上部に刺状突起を着ける。グロエオシスチジアは優勢に存在し、子実層面に並ぶものは類円筒状、3~35×5~7μm、微粒油滴に満たされ、中層では円筒状～紡錘状、30~100×6~8μm、基層では 30~150×６～9μm２次隔壁の見られるものが多い。

分布・生態

ヒマラヤ北西部に広く分布が知られている。日本新産種。広葉樹の枯木に生え、白孔腐れをおこす。本資料は小田原市入生田、2015.04.02、採取。

メモ

本種はカタウロコタケ属 *Xylobolus* として扱われていたが標記の属に移された。*Xylobolus* と共通する形質も多いがクランプがあり、グロエオシスチジアが多在するなどの相違がある。子実体がはじめ円筒状に立ち上がる特徴で類似種と識別できる。仮称はその立ち上がりを強調した。文献：97

ハイイロカワタケ *Peniophora cinerea* (Pers.:Fr.) Cooke

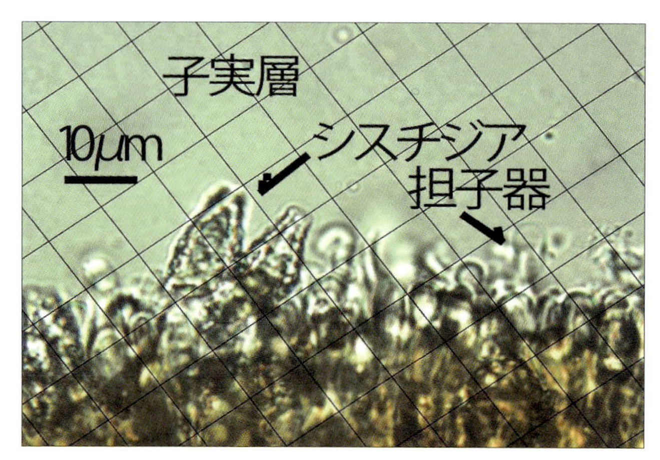

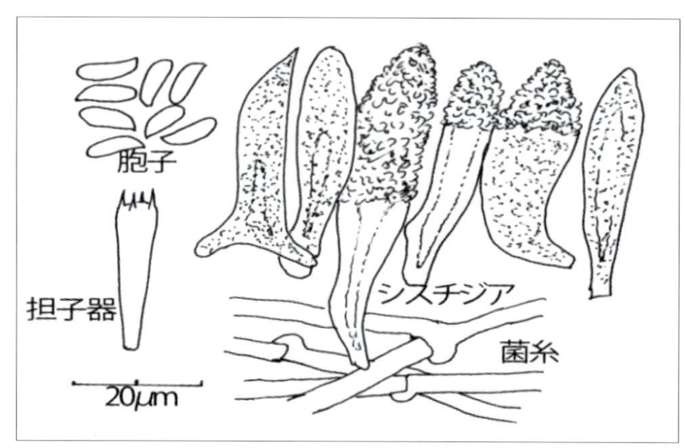

肉眼形質 初め小円形、次第に合着して広く背着し、厚さ0.2mm以下、紫褐色〜灰色で乾燥すると亀裂ができる。周辺はわずかに繊維状。

顕微鏡形質 胞子は類円筒形〜ソーセージ形、7~9×2.5~3μm、無色、非アミロイド。担子器はほぼ30×7μm、4胞子を着ける。菌糸構成は1菌糸型、菌糸は径3~4μm、クランプがある。断面で子実層上部はほぼ無色であるが、子実層下部から実質菌糸層は褐色〜濃褐色である。厚壁シスチジアlamprocystidiaは円錐形〜紡錘形などやや多形、20~50×8~15μm、褐色、頂部に結晶を被るが、結晶を着けないものもある。子実層面から超出または内在し、多数。

分布・生態 世界的に広く分布する。広葉樹の落枝、枯木に生える。本資料は北海道上川町のナナカマドの落枝に発生。

メモ 本種の分布域は広いがコミノカワタケ *P. manshurica* のように普通種ではないように思う。文献：39,83,106

ウスチャカワタケ *Peniophora violaceolivida* (Sommerf.) Mass.

Peniophora cinctula (Quél.) Bourdot & Galzin

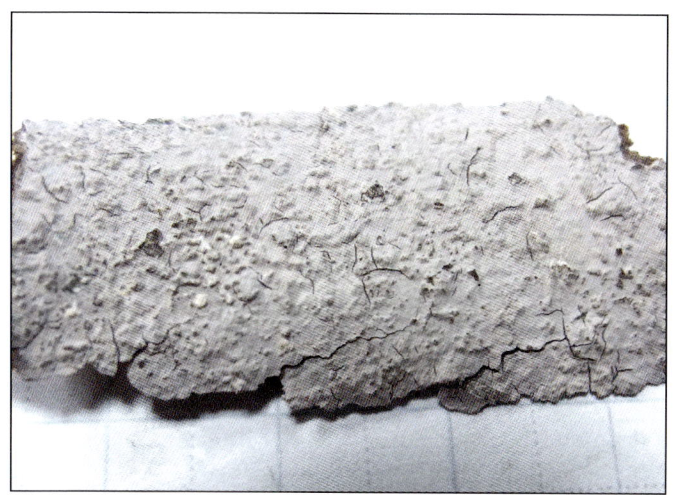

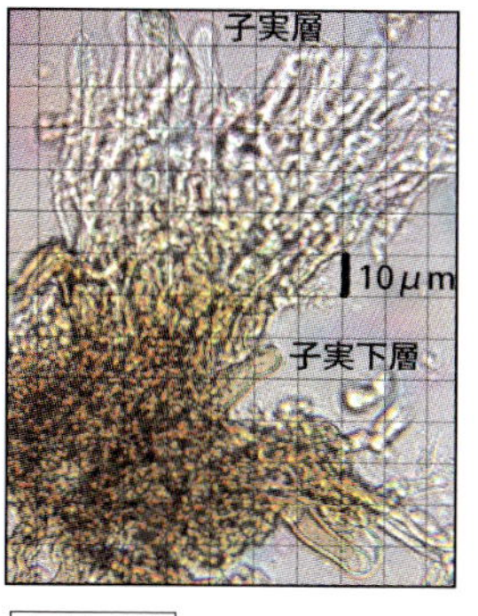

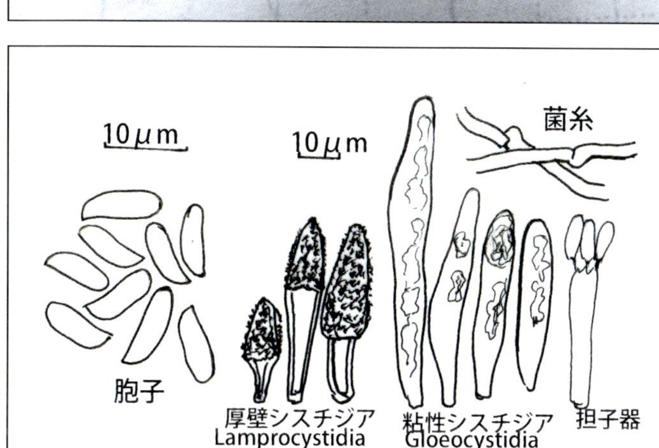

肉眼形質

樹皮に膜状に背着して広がる。表面はごく淡い紫褐色、微小凹凸があるがほぼ平坦、辺縁は次第に薄く不明瞭。厚さは 0.25~0.3mm。断面では子実層がほぼ無色、子実下層および基層は茶褐色。

顕微鏡形質

胞子は類円柱形～ソーセージ形、8~10×2.5~3μm。担子器は円筒状、ほぼ30×8μm、4胞子型。1菌糸型でクランプがある。菌糸は径2.5~5μm。子実層の菌糸はほぼ無色、薄壁。基層の菌糸は褐色でやや硬壁、膠着している部分がある。厚壁シスチジア lamprocystidia は紡錘形～円錐形、20~40×10~15μm、頂部は結晶質粒子に覆われる。粘性シスチジア gloeocystidia は紡錘形、35~70×8~10μm、内容物を含む。

分布・生態

世界的に広く分布する。本資料は神奈川県愛川町八菅山の広葉樹立枯木の樹皮に発生、2010.11.12、採取。

メモ

コミノカワタケ *P. manshurica* に似るが、より淡色で、白っぽく、辺縁部も基質に固着して剥ぎ取りにくいので、フィールドでも識別できる。検鏡すると粘性シスチジアが多在するので相違は明らかである。文献：39,83

チビハリタケ(新称) ***Auriscalpium fimbriatoincisum*** (Teng)Maas G.

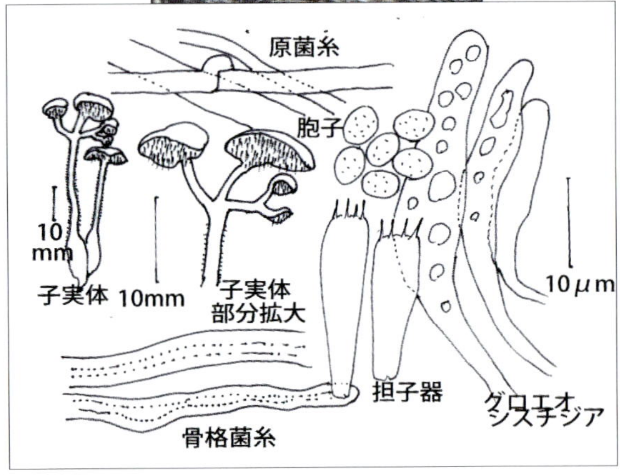

肉眼形質　子実体は全体褐色で柄は20~40×0.5~1.5mm、その柄の頂部に単一の傘を着けるものもあるが、3個に枝分れして、さらにその1つが再分岐してそれぞれ傘をつけているものもある。傘は径ほぼ10mm以下、不規則なへら状、さじ状、汁杓子状で表面は無毛、目立たない不明瞭な放射状しわがある。傘下面は針状、針は長さ1mm以下、密生。柄は傘の基部につき、長さ40mm以下、径1.5mm以下で中実、微細な毛を被り、基部は毛が発達して、土粒などを密に絡め、太く見える。顕微鏡形質　胞子は広楕円形、わずかに粗面、4~5×3~3.5µm、アミロイド。担子器は円筒状、18~22×5~6µm、4胞子を着ける。菌糸構成は2菌糸型、原菌糸は径2~4.5µm、薄壁、無色、クランプがある。骨格菌糸は径4~5µm、厚壁、褐色を帯びる。グロエオシスチジアは子実層面から5~10µm超出し、幅5~10µm、類紡錘形、基部は深く実質まで伸びる。柄の毛は骨格菌糸が多いが、原菌糸も混じる。分布・生態　中国で地上の草の根茎上に発生の記録がある。本資料は鎌倉中央公園地上で2015.07.12、採集。根毛が着いているので土中の草の根に着生していたと思われる。メモ　本種は中国産の標本で新種記載された。日本新産種である。子実層托が針状で、ごく小さい子実体なので標記の和名を提唱する。文献：87

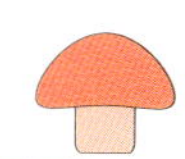

ホシゲコウヤクタケ（新称）*Asterostroma muscicola*

(Berk. et Curt.)Massee

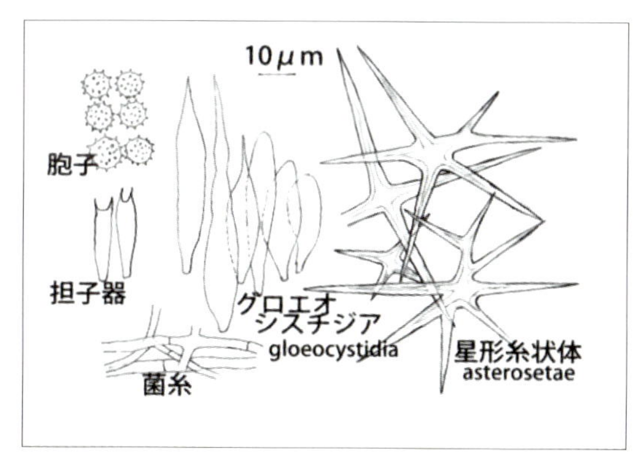

肉眼形質　背着生、膜質で薄く張り付いて広がる。黄褐色～橙褐色、ほぼ平滑。縁は短く薄い菌糸束を出す。

顕微鏡形質　胞子は類球形、微刺があり、径 6~8μm（刺を除く）、微刺は長さ 1μm、アミロイド。担子器は円筒形、ほぼ 25×6μm、観察できた 4 個は何れも小柄 2 個（同一資料の別の観察報告もすべて 2 個）なので 2 胞子型が優勢の可能性が高い。実質は原菌糸と星形糸状体とから構成される 1 菌糸型、原菌糸は径 1.5~4μm、隔壁があり、クランプはない。星形糸状体は厚壁で、4~7 個の枝を星状に伸ばし、頂部は尖る。枝の 1 部は分岐するものも多く、子実層では小型、無色～淡色、実質では黄褐色、大型で、枝は 30~60×2.5~5μm、多在。グロエオシスチジアは類紡錘形～円筒形、20~80×8~15μm、頂部は細長く鋭く伸びるものや円頭のものなど多形である。

分布・生態　アメリカ、オーストラリア、日本に分布。樹木の樹皮（針葉樹・広葉樹の立木、倒木）に着生し、材の白腐れをおこす。本資料は小田原市のキュウイフルーツ生木に着生、2012.10.18、採取。および大磯町高麗山、2013.08.15、採取標本も参考にした。真鶴町でも記録がある。メモ　「日本菌類誌、1955、伊藤」のホシゲタケ *A.cervicolor* の写真と図は別種の誤認であったという。青島・林は *A.cervicolor*、*A.muscicola* について同一分類群の可能性があり、同種として扱う場合は先名権は後者にあると述べる（文献②）。前川は両者を別種とし、解説・検鏡図を添えて *A.muscicola* を日本では沖縄で初めて記録したとする（Mycosience 2010）。ホシゲタケにはいろいろ疑問が多い。本資料は前川の記載にほぼ一致するので *A.muscicola* と同定し、和名はホシゲコウヤクタケを提唱した。文献：②、61,93,98

ウスキコウヤクタケモドキ（新称）*Dichostereum pallescens*

(Schwein.) Boidin & Lanq.

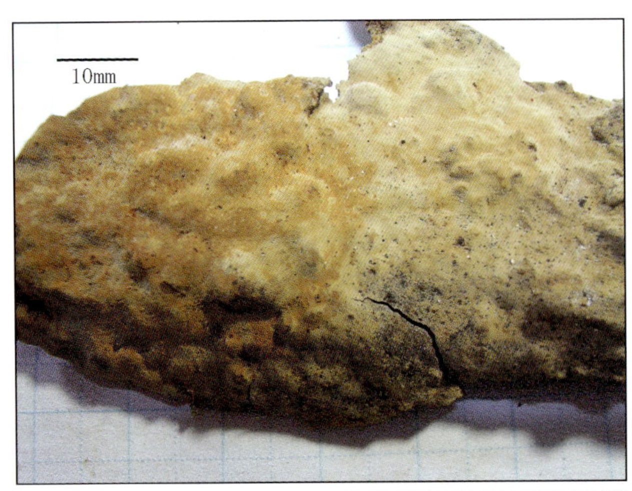

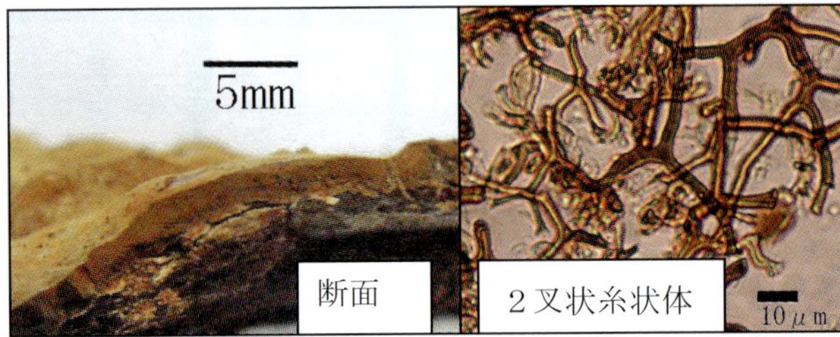

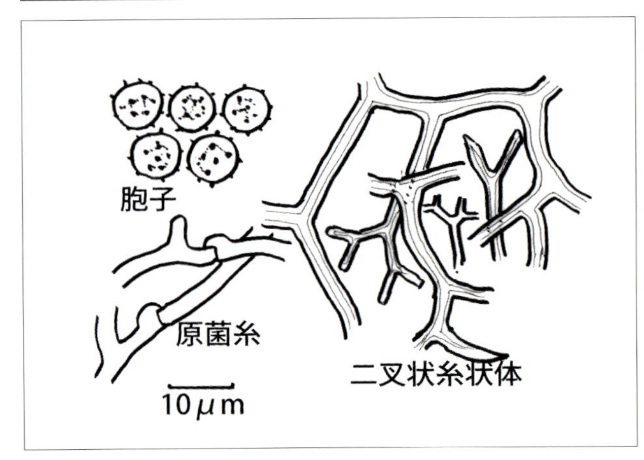

肉眼形質　全背着して基質に広く固着し（資料は 20×15cm）、厚さ 2～3mm、強靱。全体黄土褐色～馬糞色、表面はゆるい起伏があり、ほぼ平坦。顕微鏡形質　胞子は類球形、径 6~7μm、不規則な小隆起があり、淡褐色を帯び、外皮と隆起部はアミロイド。子実体の主な構成要素は二叉状糸状体 dichohyphidia で、それは厚壁で隔壁がなく、褐色で頻繁に 2 分岐を繰り返し、主幹は径 4~5μm。子実層にも肉にも多数存在し、一見、結合菌糸の集団のように見える。原菌糸は薄壁で無色、径 2.5~3μm、クランプがある。本種にはグロエオシスチジアが少数存在するが本資料標本では確認できなかった。文献記載のグロエオシスチジアは下部がやや膨れた円筒形または紡錘形、30~40×9~11μm である。分布・生態　アジア（ヒマラヤ、日本）に分布。本資料は福島県いわき市石森山の広葉樹材片上で 2008.07.13 採取。

メモ　本種はラクノクラジウム科 Lachnocladiaceae に所属する。以前、コウヤクタケモドキ属 *Vararia* とされていたが *Dichostereum* に移された。類似種のコウヤクタケモドキ *Vararia investiens* は胞子が平滑、楕円形である。本種は日本新産なので標記の和名を提唱する。文献：⑥,97

ウスキサンゴタケ（仮称）*Lachnocladium* cf. *schweinfurthianum* P.Henn

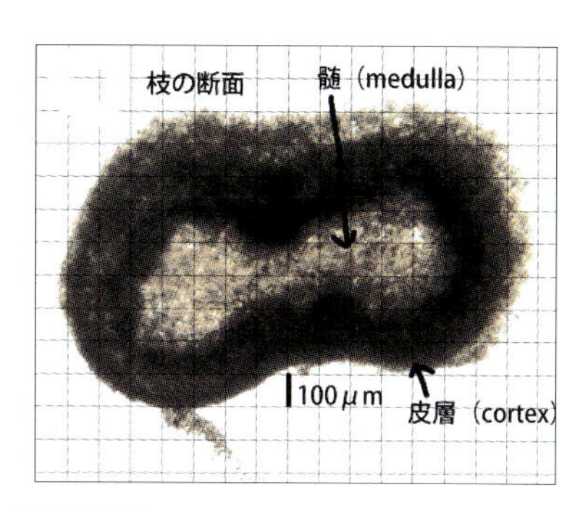

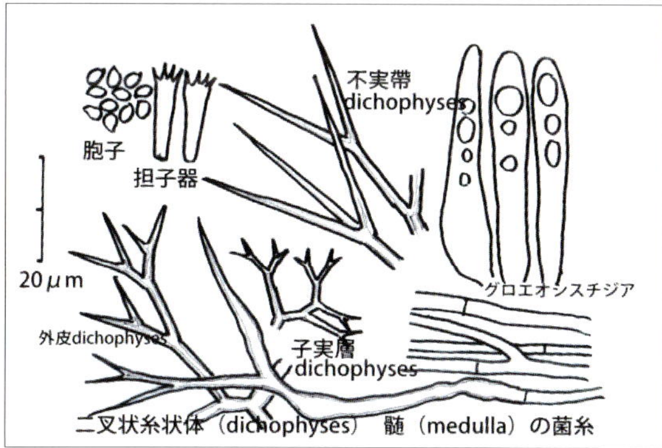

肉眼形質　高さほぼ15mm、黄土色の珊瑚状、基部はやや盤状〜塊状で基質に着生し、叢生状に5mm程度の主軸を立て、上部でやや掌状に分岐する。主軸及び枝はやや扁平で各部の横断面は楕円形〜不整円形、長径1.5mm以下、髄medullaと皮層cortexからなる。枝の先端は鈍端である。顕微鏡形質　胞子は広楕円形、3.5~4×2.5~3.5μm、非アミロイド。担子器はほぼ17×5μm、4胞子型。髄は無色、薄壁、径2.5~4μmの並列菌糸が主体でそれから変化した少数の厚壁、黄褐色で先端が二叉状分岐する糸状体からなる。皮層は2叉状糸状体 dichophyses が主で、表面は子実層と不実帯がある。子実層の2叉状糸状体は細密で、不実帯の2叉状糸状体は粗大である。皮層表面にグロエオシスチジア（幅15μm以下）が突出するが少ない

分布・生態　アフリカ、アジアの熱帯域に広く分布し、腐植〜腐木に生える。本資料は高尾山で地上の小木片（広葉樹）、落葉に発生。2014.08.24。

メモ　ラクノクラジウム科 Lachnocladiaceae にはコウヤクタケ型と本種のようにホウキタケ型があるが、後者に属する *Lachnocladium* の日本における確実な記録は極めて少ない。本種は熱帯に広く分布するとされているが本資料がブナの生育も見る高尾山（標高600m）で発見されたのは興味深い。文献：55,56

Corner 文献により同定したが Index Fungorum では標記学名を Current name として認めていないので cf.を付して紹介することとした。

フタマタホウキタケ（新称）

Lachnocladium divaricatum (Berk)Pat.

L. divaricatum Pat. var. *cinnamomeum* Corner

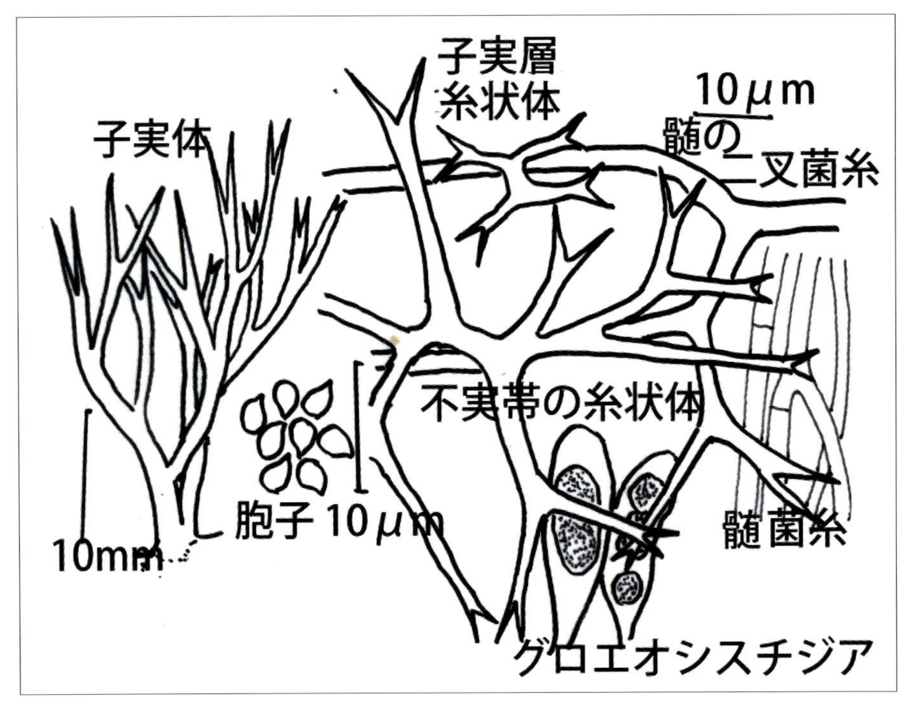

肉眼形質

子実体は細いホウキタケ状で枝の先端は 2 分岐するのが目立つ。高さ 30mm、柄基部の太さは径 3mm。材上に株立ち状に立ち、円柱状主軸の 1/3 ぐらいから複数の枝を分岐し、先端が 2 分岐し鋭く尖る。全体円柱状であるが、部分的にやや扁平。淡褐色。表面平滑。

顕微鏡形質

胞子は偏楕円形、無色、3~3.5×2.5µm、非アミロイド。枝の断面は 300µm ほどの髄 medulla と皮層 cortex からなり、髄中心は無色、径 2.5~5µm の隔壁のある薄壁菌糸からなり、周辺の皮層に近づくに従い原菌糸から移行した厚壁、淡黄褐色、先端分岐の 2 叉状糸状体（2 叉状菌糸）が多くなる。原菌糸にクランプはない。皮層は不実帯と子実層があり、子実層は無色で担子器、グロエオシスチジアがあり、子実下層には小型の 2 叉状糸状体があり、無色のものから次第に有色のものに移行する。不実帯は大形の 2 叉状糸状体が密集する。グロエオシスチジアは子実層にあり、紡錘形、油滴に満たされる。油滴は大油滴 1 個の場合も小油滴数個の場合もある。

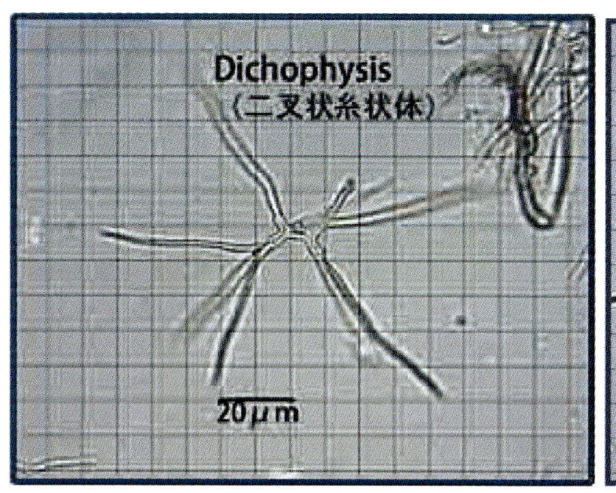

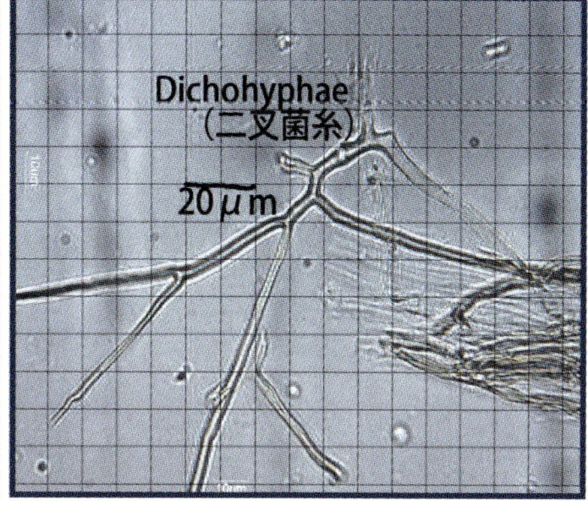

分布・生態

中南米、インド、ヒマラヤ、フィリッピン、マレー半島等に記録がある。腐植土、材上に生える。本資料は東京都八王子市高尾山の地上の腐木片に着生、2015.08.31、採取。

メモ

本種は枝がほぼ円柱状であることを特徴とし、ホウキタケ類と肉眼的によく似るので見過ごされることも多いと思われる。2 叉の分岐が目立つホウキタケ状なので表記の和名を提唱したい。Index Fungorum では *L.divaricatum* Pat. var.*cinnamomeum* Corner（1950）を変種とせず、*L.divaricatum* Pat.（1889）のシノニムとして扱っているのでそれに従った。

文献 55,56

シロアミヒラタケ *Jahnoporus hirtus* (Cooke) Nuss

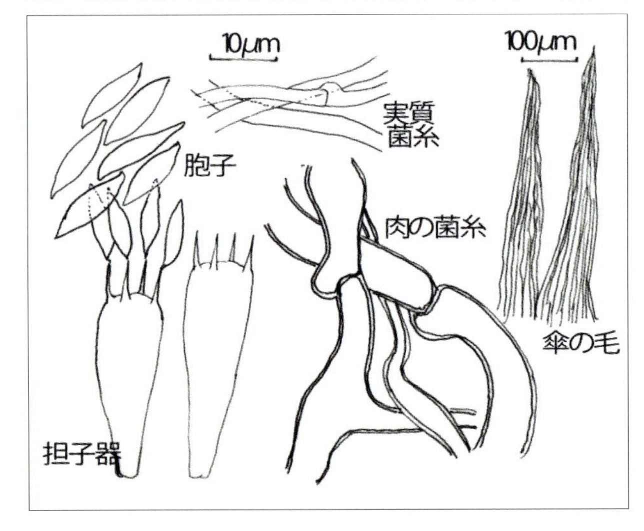

肉眼形質
有柄で側生～偏心生ときに中心生。傘はさじ形～類円形で径 15cm 以下、低い丸山形、厚さ 2.5cm 以下、表面は淡灰褐色～暗褐色～紫褐色、束毛状の粗剛毛を密生するがのち脱落。環紋は認められないか、不鮮明に認める場合もある。肉は白色、厚さほぼ 1cm、管孔はややクリーム色を帯びた白色、長さほぼ 1cm、孔口は 1~2 個/mm、柄に垂生。柄はほぼ傘表面と同色、5×2cm 以下。

顕微鏡形質
胞子は船形紡錘形、14~15×3.5~5μm、非アミロイド。担子器は棍棒形、25~35×9~10μm、4胞子を着ける。菌糸構成は1菌糸型でクランプがある。実質の菌糸は薄壁で径 2.5~4μm、肉の菌糸は厚壁で径 5~15μm。傘の毛は束毛状、長さ 500μm 以下。

分布・生態 北半球の寒冷地に広く分布があるがややまれ。本資料は富士山産。針葉樹の倒木の下側や埋材に生え、1年生。**メモ** 傘の色が和名のように白くない場合も多い。胞子の確認ができれば同定は容易である。文献：⑥,70,78

キクラゲ類

アカキクラゲ目

担子菌門
ハラタケ亜門
アカキクラゲ綱

モモイロダクリオキン　*Dacrymyces roseotinctus* Lloyd

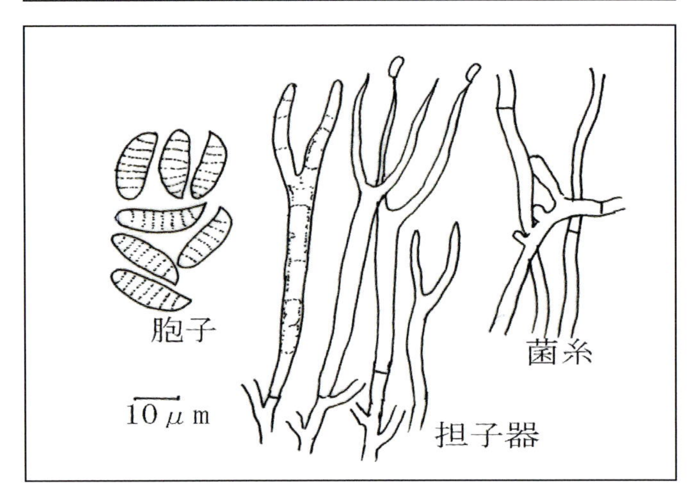

肉眼形質
淡桃色の膠質集塊で不規則な裂片から構成され、径50mm以下、厚さ15mm以下。色調は子実体により濃淡の差が大きい。

顕微鏡形質
胞子は長楕円形、多少屈曲、19~22×5.5~6.5μm、無色、７隔壁がある。
担子器はＹ字型、小柄（上位担子器）は35×3μm、基部本体（下位担子器）は60×5μm程度。菌糸は幅3~4μm、クランプはない。

分布・生態
菌類誌（伊藤；1955）によれば九州、南洋諸島に分布し、針葉樹に生えるという。神戸の観察報告（名部；2006、菌懇会通信№125）は広葉樹に発生。資料は神奈川県丹沢山と埼玉県秩父山地の産で何れも針葉樹枯木に発生。

メモ
淡桃色なので一見して類似種と識別できるが顕微鏡形質はハナビラダクリオキンなどとよく似て、明らかな相違点が見出せない。分布、生態も含め検討が必要に思われる。

文献：⑥

ヒメツノタケ　*Calocera coralloides* Kobayasi

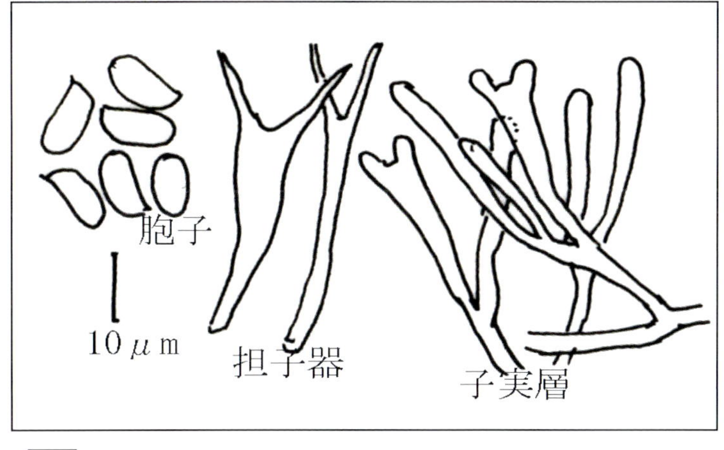

肉眼形質
高さほぼ 5mm、基部で密に分岐して 3~15 本の枝に分かれ珊瑚状に立つ。各枝は円筒状で径 0.5~1mm、2~3 回、又状に分岐をし、先端は尖る。橙黄色~黄色、軟骨質、無毛。

顕微鏡形質
胞子は楕円形、8~10×3.5~4.5μm、無色。担子器は Y 字型で本体（基部）の長さ 25~30μm、小柄の長さ 10~15μm。子実層の菌糸は径 2.5~3μm、肉の菌糸は径 3~5μm。クランプはない。

分布・生態
本州に産することは知られているが各地の分布状況は明らかでない。神奈川県では平塚、鎌倉などでしばしば採集されている。今のところ丹沢など標高の高い地域では採集例がない。したがって暖温帯域の分布種ではないかと思われる。広葉樹の倒木などに群生する。

メモ　ナギナタタケ属キンホウキタケの別名も本種と同名のヒメツノタケというので混乱しないよう注意が必要である。文献：⑥

子嚢菌類

ビョウタケ目
リチスマ目

子嚢菌門

チャワンタケ亜門

ズキンタケ綱

チャワンタケ目

子嚢菌門

チャワンタケ亜門

チャワンタケ綱

チャシブゴケ目

子嚢菌門

チャワンタケ亜門

チャシブゴケ綱

チャシブゴケ亜綱

モクレンキンカクチャワンタケ（仮称）*Sclerotinia* sp.

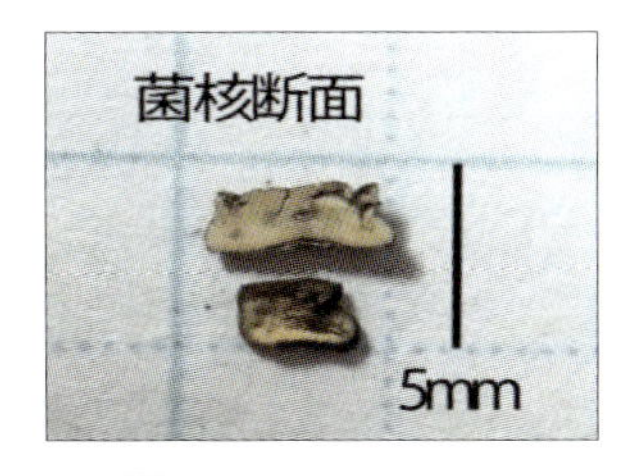

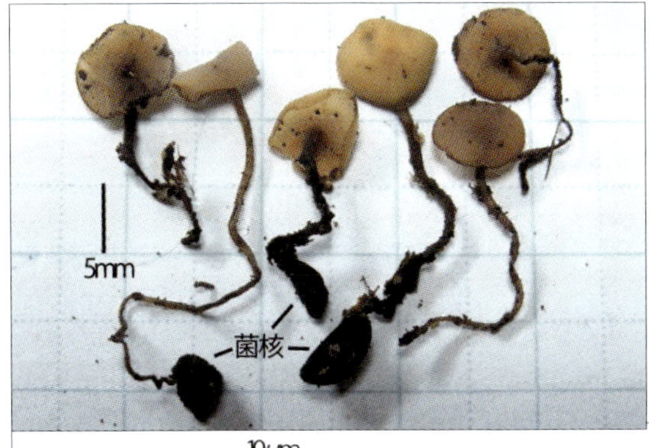

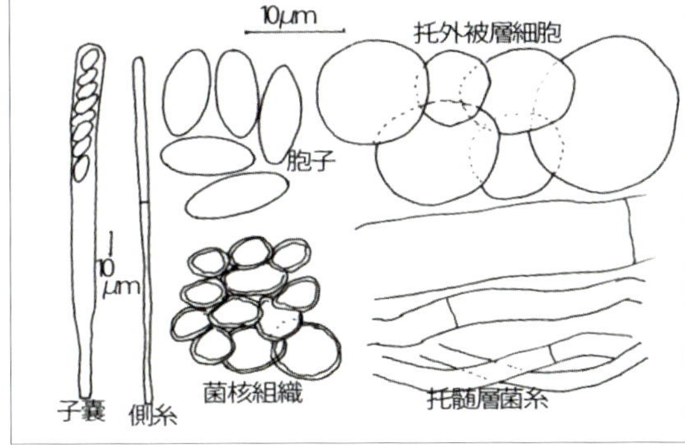

肉眼形質　子嚢盤は有柄で茶色の浅い椀型～平皿形、径 15mm 以下。柄は径 2mm ほどで長さは菌核の地下の深さにより不定、多少とも根毛状菌糸束が全面にあり、微土粒を絡めて付着する。菌核は地中に生じ、類球形～不規則な塊状、径 8mm 以下、外部は黒色、内部は淡紫褐色～汚白色。

顕微鏡形質　胞子は楕円形、無色、9~11×4~5μm、非アミロイド。子嚢は円筒形、頂孔はヨード反応陽性、ほぼ 150×10μm、8 個の胞子を 1 列に生ずる。側糸は糸状、径 1.5~2μm、上部がわずかに次第に太まり、隔壁がある。托外被外層は径 20~60μm の球形細胞からなり、托外被髄層は径 10~20μm の糸状菌糸が並列し、子実下層は径 2.5~3.5μm の糸状菌糸が錯綜する。菌核は厚壁で径 5~10μm の類球形～偏球形細胞で構成され、最外側の細胞は黒褐色である。分布・生態　正式の記録はないがきのこ同好者のネットで *Ciborinia gracilipes* の名で報告されているものが同種らしいから、国内に広く分布すると考えられる。東京都多摩市では採集品を確認した。本資料は神奈川県松田町で開花モクレン樹下に発生、2013.04.08、採取。モクレン・コブシなどモクレン属植物の開花の頃、その樹下に生える。メモ　本種は遊離菌核を地中に形成する *Sclerotinia* キンカクキン属に所属する。本種に類似しホオノキ開花の頃、その樹下に生えるホオノキチャワンタケ（仮称）（p.213）は菌核を作らず、殻皮状の子座を落下花弁に作るので *Stromatinia* カサブタキンカクキン属に所属すると考えられる。モクレン属樹下に生えるアメリカの *Ciborinia gracilipes* は、葉柄に菌核をつくりニセキンカクキン属に所属する。同じモクレン属 *Magnolia* 植物の樹下に生えることから混同されやすいがそれぞれ別種である。文献：60

アネモネタマチャワンタケ *Dumontinia tuberosa* (Bull.:Fr.)Kohn

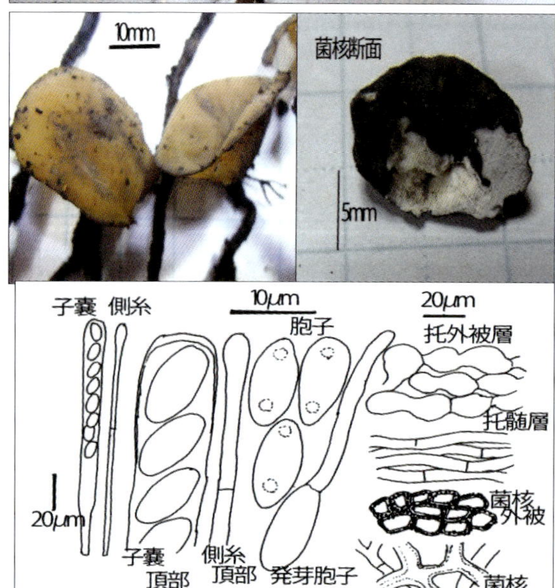

肉眼形質　子嚢盤は地下の菌核から伸びる有柄の椀形～浅い皿形、淡褐色、径 30mm 以下。柄は径約 3mm、長さは 10cm 以下、全体に根毛状菌糸があり土粒を絡める。菌核は不規則塊状、35×15mm 以下、外部黒色、内部白色、1~5 個の子実体を生ずる。

顕微鏡形質　胞子は楕円形、9~15×5~6μm、2 油球を含む。子嚢は円筒形、頂孔はヨード反応陽性、140~170μm、8 胞子を入れる。側糸は糸状、頂部はわずかに膨らみ、径 3μm、隔壁がある。托外被層は淡褐色を帯び、数珠玉状、ひょうたん状にくびれを持つ菌糸で構成され、托髄層は比較的短節で径ほぼ 5μm ほどの菌糸が並列する。菌核の外皮層は不規則な矩形、厚壁の細胞で構成され最外層は黒褐色。菌核髄層は径 5~10μm、厚壁の錯綜菌糸で構成される。

分布・生態　ヨーロッパ、アメリカ、日本に広く分布し、ニリンソウなど *Anemone* 属植物の群落地に 3~4 月に生える。ただし、アメリカでは特定環境を選ばないという。本資料は神奈川県松田町ニリンソウ群落地、開花期前、2007.03.02 に発生、採取。開花期にはすでに子実体は消滅。

メモ　本資料の胞子の幅は文献記載値よりやや狭い。タマキンカクキン属 *Dumontinia* は托外被が細胞状ではなく菌糸状、菌核外皮細胞は厚壁、黒褐色（メラニン化）という特徴でキンカクキン属 *Sclerotinia* と区別される。文献：⑪,60,64,91

ホオノキチャワンタケ（仮称）*Stromatinia* sp.

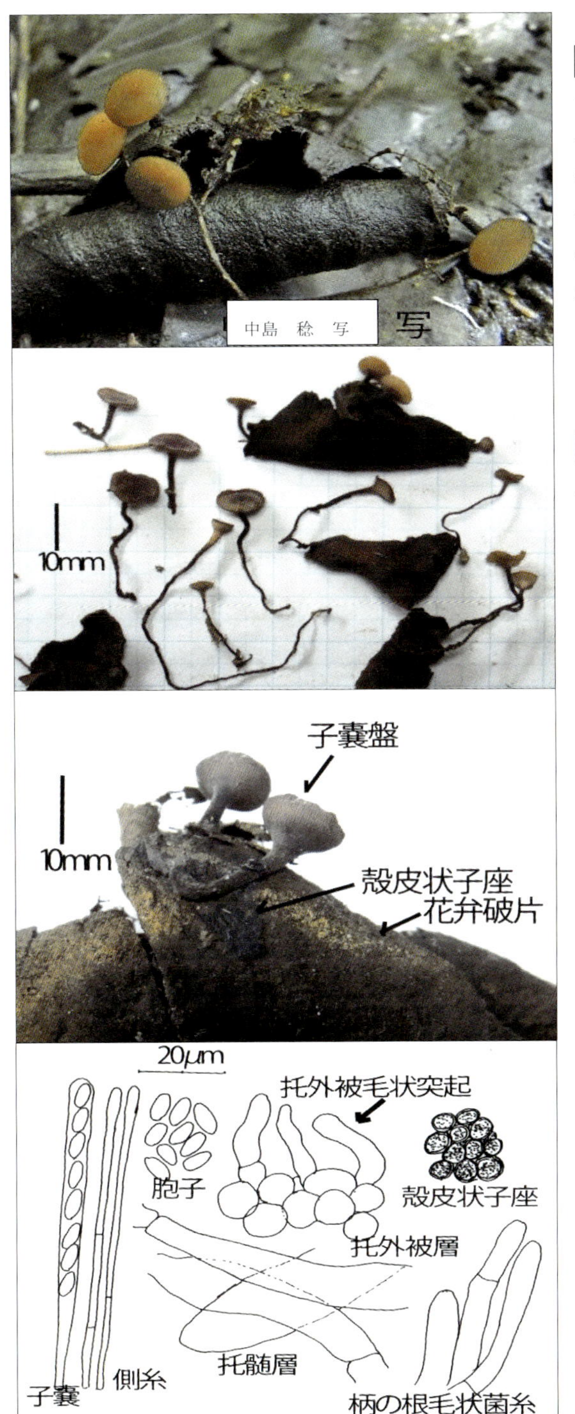

肉眼形質

子実体は有柄、椀形～皿形、褐色～赤褐色、椀の径 5~10mm、柄は落下花弁に円盤状に形成された黒色殻皮状の子座から発し、基質の位置により長短があるが 5~60×2~3mm、傘より濃色の場合が多く、表面に根毛状菌糸が生え、その密度や長さの状態は土壌環境により相違する。

顕微鏡形質

胞子は楕円形～紡錘形、7~9×3.5~4μm、無色。子嚢は円筒形、80~100×7~8μm、８胞子を入れ、頂孔はヨード反応陽性。側糸は糸状、径 1.5~2μm、頂部はわずかに太くなり、隔壁がある。托髄層は径 8~15μm の菌糸が絡み合い、托外被層は径 10~15μm の球形細胞で構成され短い毛状突起がある。殻皮状の子座は緊密に接着した黒褐色で径 5~10μm の厚壁細胞で構成される。

分布・生態

国内には広く分布があると考えられる。春、ホオノキの開花の頃、その樹下に生える。本資料は横浜市新治の森、2014.05.04、採集。

メモ　本種は子座の状況からカサブタキンカクキン属 *Stromatinia* に所属すると考えられる。同じくモクレン属樹下に生えるモクレンキンカクチャワンタケ（仮称）（p.211）は遊離菌核を持つキンカクキン属 *Sclerotinia* に属し、アメリカの *Ciborinia gracilipes* もモクレン属樹下に生えるが葉柄に菌核を作るものでニセキンカクキン属に所属する。何れも所属の異なる別種である。地上部の姿や胞子など類似するので混同されることが多いと思われる。文献：⑪,60

アケビタケ（青木仮称）*Ciboria* sp.

濃紫褐色側糸
胞子
10 μm
子嚢
側糸
10 μm
濃紫赤色細胞
椀底部托外皮層
椀側部托外皮層
托髄層菌糸

肉眼形質
径15mm以下の画鋲形。子嚢盤は発育段階で淡灰色、淡灰紫色、赤紫色、さらに暗赤紫色に変化する。柄は椀底部との境界が不明瞭であるが長さほぼ10mm以下。

顕微鏡形質
胞子は長楕円形〜紡錘形、6~8×3~4μm、無色、非アミロイド。子嚢は円筒形、80~100×5~7μm、頂孔はヨード反応陽性。側糸は頂部がほとんど膨らまず、幅2~3μm、ほとんど無色に近い淡色のものと濃紫褐色のものが混在する。混在の割合は子実体によって異なる。椀側部の托外皮層は径6~9μm、球形細胞からなり、椀底部の托外皮層は長楕円形の細胞の連鎖で構成される。托髄層は幅4~6μmの糸状菌糸からなる。

分布・生態　東京都御岳山、神奈川県、埼玉県などで知られている。本資料は神奈川県平塚市（10月）。アケビ属 *Akebia* の果実が落下し、半ば地中に埋もれてミイラ化し、菌核化した果皮に群生。神奈川県内では頻繁ではないが非常に稀というほどではない。寄主のアケビ属の分布から考えても恐らく本州全域に分布するであろうと思われる。

メモ　群生する画鋲形の小菌の着生している基物が、アケビの果皮であることが判れば、それは本種の可能性がある。検鏡して托外皮層が球形細胞からなり、それに濃赤褐色の細胞が混在していることが確認できれば本種と同定できる。子嚢盤の色は発育段階で変化するが、赤紫色の段階なら肉眼でもほぼ本種と特定できる。日本きのこ図版№681に青木の記載がある。

アオサビシロビョウタケ（石川仮称）*Chlorociboria* sp.

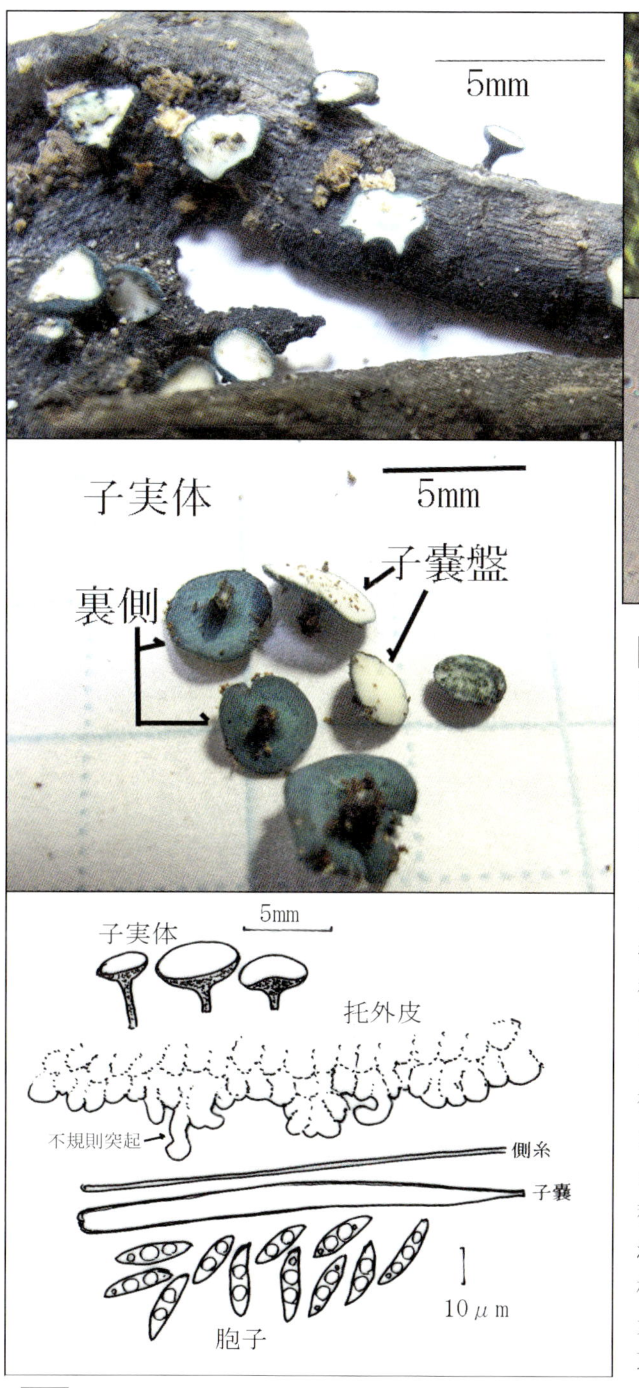

肉眼形質　ビョウタケ型、径3~5mm、子嚢盤は白色、托外皮は青緑色、柄も同色で長さ1~3mm。顕微鏡形質　胞子は長紡錘形、15~18×3.5~4.5μm、無色。子嚢は円柱形、80~100×6~9μm。側糸は糸状、幅1~1.5μm、先端は膨らまない。托外皮は密着した厚壁の細胞で構成され、最外側には部分的に10μm 程度の不規則な突起がある。分布・生態　愛知県豊田市、神奈川県では県内各地に分布がある。過去の記録でロクショウグサレキンとされている中に本種が含まれる場合も多いと思われる。広葉樹倒木などに生え、材を青緑色に染める。本資料は大磯町高麗山、2009.11.19、採取。

メモ　ロクショウグサレキン *C.aeruginosa* は托外皮に毛があり、胞子が 6~10×1.5~2μm なので子嚢盤の色以外でも本種とは明らかに異なる。*C.omnivirens* ヒメロクショウグサレキンは托外皮に円錐状突起があり子嚢盤は青緑色というからこれも明らかに別種である。日本きのこ図版№391 に、石川喜三郎の本種の記載がある。文献：64,94

ウズマキウズモレチャワンタケ（新称）*Colpoma quercinum*

(Pers.) Wallroth

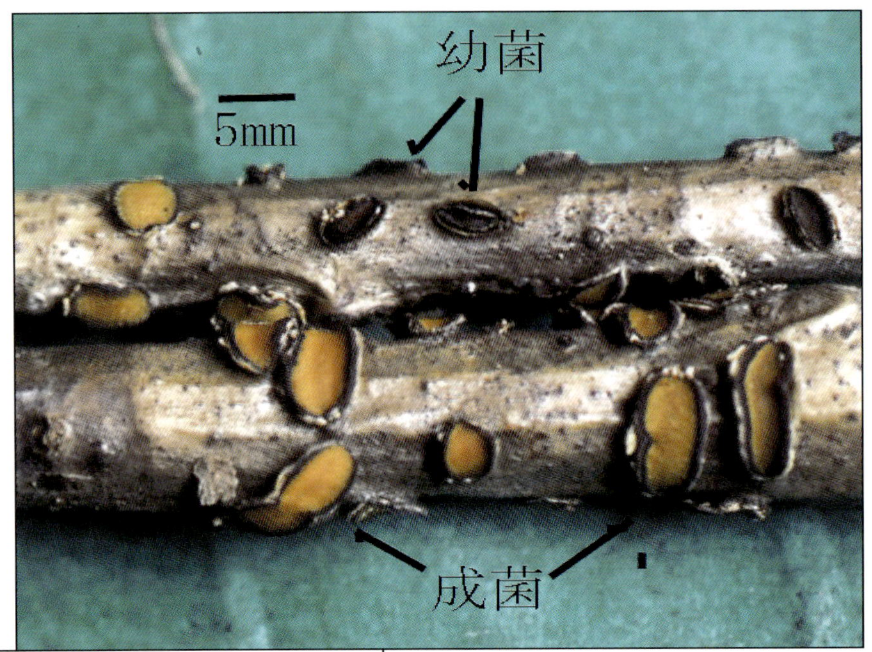

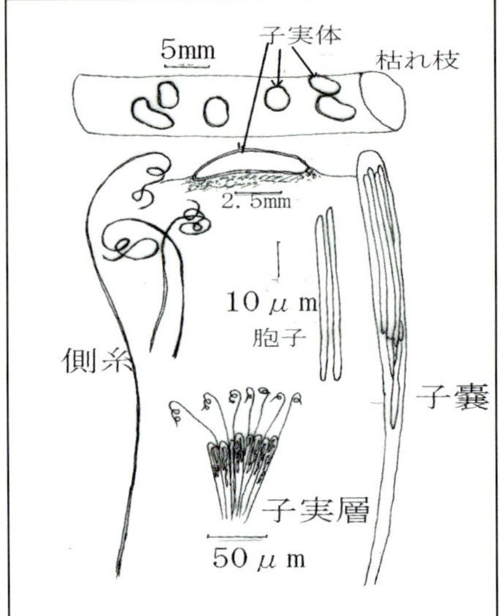

肉眼形質

小枝の樹皮の下に菌糸を広げ、樹皮を押し開いて子嚢盤が表出する。歪んだ楕円形のものが多く、3~10×3~5mm、盤面は黄色～オリーブ黄色～淡橙黄色。側面は黒褐色。樹皮に囲まれている。

顕微鏡形質

胞子は糸状、60~80×1.5μm。子嚢は円筒状、ほぼ 150×8μm、ヨード反応陰性。側糸は糸状、径 1~1.5μm で子嚢よりかなり長く、頂部はうずまき状に巻く。

分布・生態　ヨーロッパ、日本に分布。ブナ科コナラ属 *Quercus* の枝に着生する。本資料は山梨県精進湖付近。ミズナラの落枝に発生、2001.05.25 採取。ナラの枝枯れ病菌として知られている。冷温帯性の菌と思われ、神奈川県低地では観察していない。

メモ　欧州文献では普通種とされているが、神奈川県の暖温帯域での出会いはない。ナラの枝枯れ病菌とされているが冷温帯域のミズナラに発生することが多いのであろう。和名がないので標記の和名を提唱する。樹皮に埋もれた状態で発生し、側糸の先端がうずまき状に巻く特性を強調した。文献：64,91

ウラスジチャワンタケ　*Helvella acetabulum* (L.) Quél.

Paxina acetabulum (Linnaeus ex St.Amans)O.Kuntze

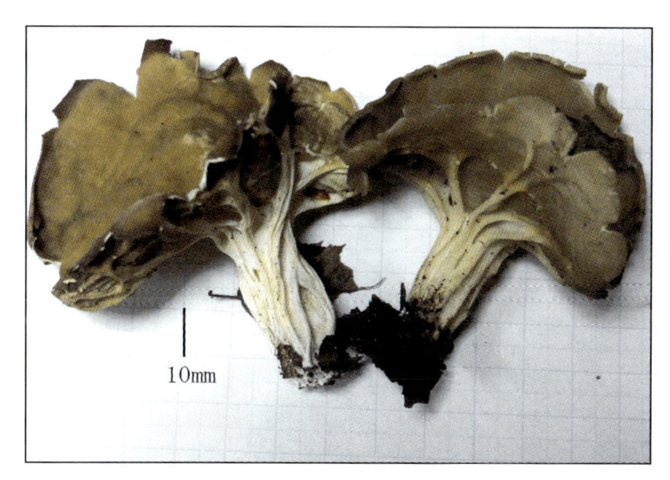

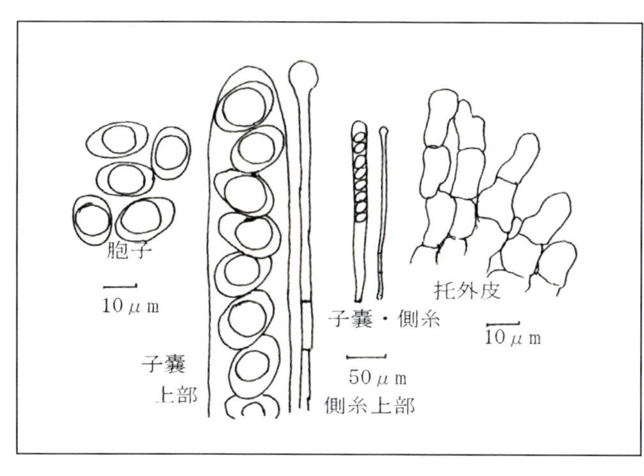

肉眼形質

子嚢盤は枯葉色の浅い茶碗形、径 10cm 以下。柄はほぼ 4×2cm、白～淡褐色、著しい縦肋が目立ち、その肋が子嚢盤の裏面に続く。

顕微鏡形質

胞子は楕円形、18~20×13~14μm、無色、非アミロイド、1 個の大油球がある。子嚢は円筒形、ほぼ 250×18μm、8 胞子を入れる。ヨード反応はない。側糸は糸状、ほぼ 250×8μm、頂部は膨らみ、中部以下に隔壁が多い。托外皮は淡褐色の細胞の連結したものが不規則に並び、短く突出した状態である。

分布・生態

広く世界的に分布する。普通 4 月~5 月、いろいろな状況の林床の地上に生える。本資料は神奈川県秦野市の落葉の堆積した林床に 5 月群生。**メモ**　文献による発生環境は必ずしも一致していないので多様な条件で発生するものであろう。春の発生で、落葉に紛れて目立たないことや、キノコ狩りの対象でもないことから見過ごされることが多いと思われる。外国文献では *Paxina* 属として扱うものが多い。文献：⑭,64,91

オオシャグマタケ（ホソヒダシャグマアミガサタケ） ***Gyromitra gigas*** (Krombh.) Cooke

Discina gigas (Krombh.) Eckblad

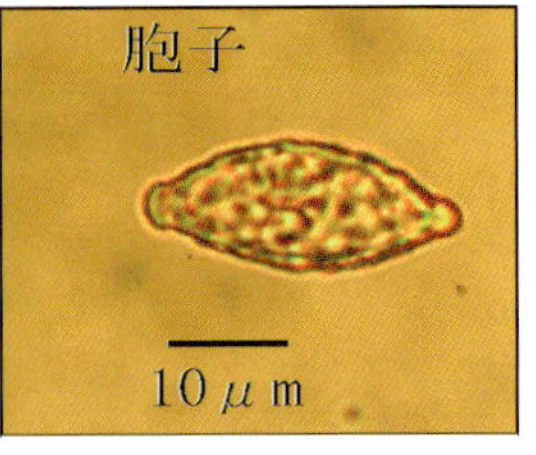

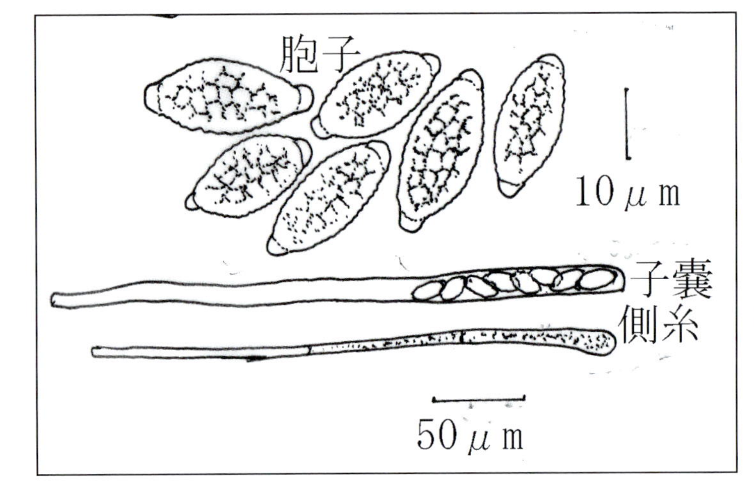

肉眼形質

シャグマアミガサタケに酷似するが頭部のしわひだが細く、密で、子実体が高さ29cmに達する大形のものがあるという点で異なるとされる。本資料は高さ5cm、幅3cm。頭部は暗褐色で不規則な凹凸、しわひだがあり、その表面は子実層で覆われる。柄部は汚白色で不規則な脈状隆起、陥没がある。頭部、柄部ともに内部は中空である。

顕微鏡形質

胞子は両端に付属物の付いた紡錘形、20~25×8~11μm、表面には網目がある。子嚢は円筒形、350×12μm、8胞子を入れる。側糸は頂部が少し膨れた糸状、300×5μm、隔壁があり、先の方には褐色の色素がある。

分布・生態

北米、ヨーロッパ、日本に記録がある。分布域は広いと思われるが稀である。文献では針葉樹林（主としてマツ）の林床や腐朽材上に生えると記すものが多い。本資料は千葉県栄町竜角寺台、地上に生える。近くにヒマラヤスギの植栽はあるが関連は不明。

メモ　肉眼的にシャグマアミガサタケ（p.219）との識別が困難な子実体もあるので、胞子の確認が不可欠である。本資料の子実体の大きさは、本種として最小レベルのようである。

文献：64,91

シャグマアミガサタケ　*Gyromitra esculenta* (Pers.) Fr.

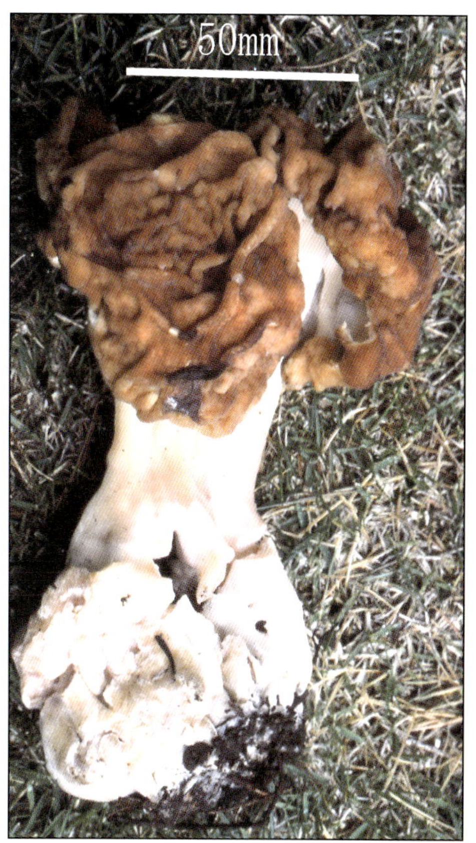

肉眼形質　中空の頭部と柄部からなり、ふつう高さ 15cm 以下、幅 10cm 以下。頭部は茶褐色～赤褐色で歪んだ球状、不規則な凹凸としわがある。柄部は類白色で太い円筒状、不規則な縦しわがある。**顕微鏡形質**　胞子は楕円形、18~21×9~11μm、無色、平滑、2 個の小油球を含む。子嚢は円柱形、ほぼ 250×18μm、8 胞子を入れる。側糸は比較的隔壁の多い円筒状、単一ときに分岐、頂部は少し膨れ幅ほぼ 8μm。柄部表皮菌糸は幅 20μm 以下のやや広狭不規則な短節の菌糸からなる。

分布・生態　北半球の冷温帯に広く分布し、針葉樹林林床に 5~6 月頃生える。神奈川県では未確認。本資料は富士山産。**メモ**　オオシャグマタケ（ホソヒダシャグマアミガサタケ）*G.gigas* (p.218) は大きさや頭部のしわの様子が違うと記す文献もあるが、酷似するのものもあるので同定には胞子の検鏡が不可欠である。トビイロノボリリュウ *G. infula* も本種にやや似るがその発生は夏～秋であり、胞子の形態も多少異なる。本種は強い毒成分ギロミトリンを含む。文献：⑬⑮,64,91

ナミコブシトネタケ（新称）　***Gyromitra leucoxantha*** (Bres.) Harmaja

Discina leucoxantha var. *fulvescens* Rea
Paradiscina leucoxantha (Bres.) Benedix

中島　稔　写

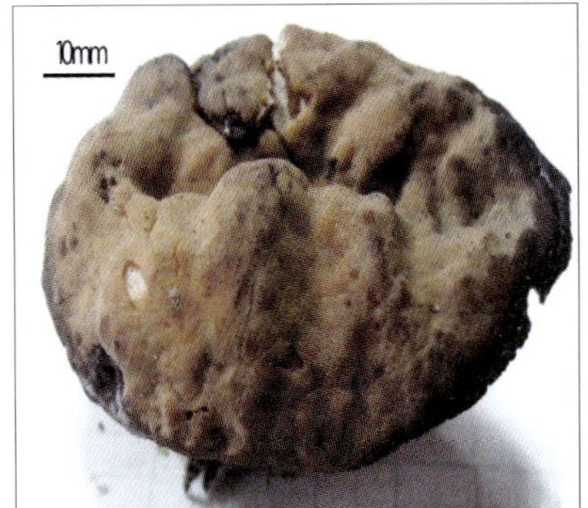

肉眼形質

子嚢盤は有柄の椀形～皿形、黄褐色～茶褐色、径 65mm 以下。子実層面は波状に低い隆起、陥没、しわがある。外側は淡色、柄は 30×20mm 以下、深く粗大な縦しわひだがある。肉は厚いが壊れやすい

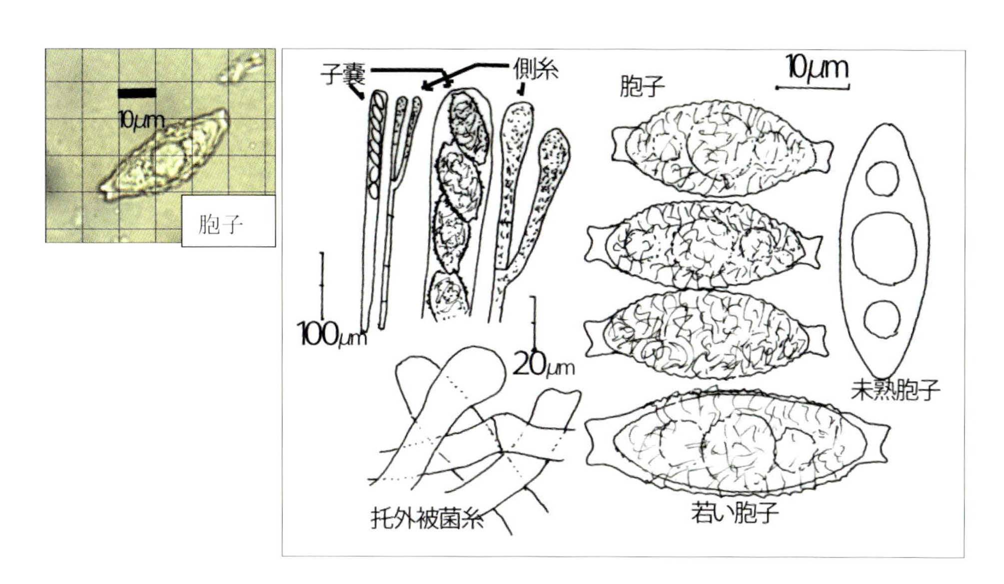

顕微鏡形質

胞子は紡錘形、両端に特異な形態の付属体が着き、中央に大油球、その両側に小油球 2 個を含み、表面は不鮮明な網目に覆われ、25~38×12~16μm。子嚢は円筒形、ほぼ 350×29μm、8 胞子を入れる。側糸は糸状で隔壁、分岐があり、頂部は膨らみ、褐色微粒に満たされ、ほぼ 350×10μm。托外被層は錯綜する径 10~20μm の菌糸で構成される。

分布・生態

ヨーロッパ・アメリカ・日本に分布するが希少。針葉樹林床に生える。日本では北海道、東京都多摩市で確認。本資料は多摩市のヌマスギ周辺に発生、2013.04.08、採取。

メモ

本種に胞子など酷似するが、子実層面が著しく隆起、陥没し、発生環境の異なる点で区別される *Gyromitra convoluta* コブシトネタケ（城川新称）（p.224）も平塚市で確認されている。

文献：60,64,91

オオシトネタケ *Gyromitra parma* (J. Breitenb. & Maas Geest.) Kotl. & Pouzar

Discina parma J.Breitenbach & Maas

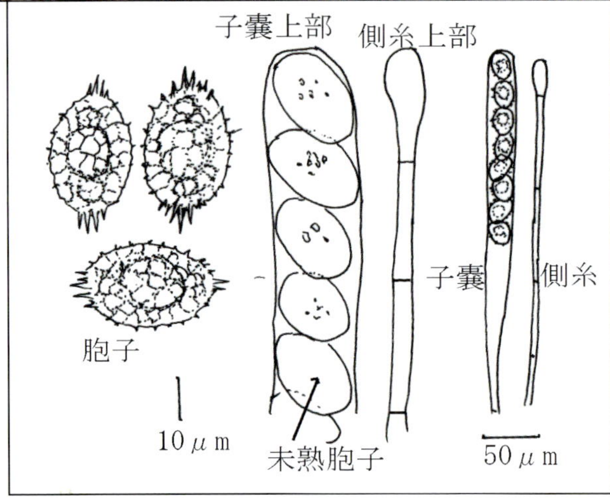

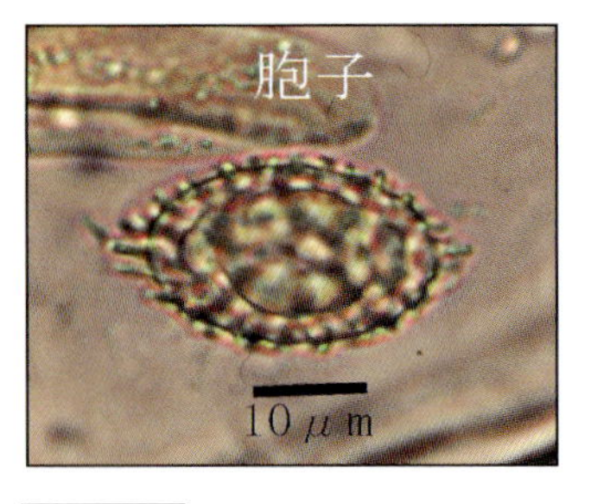

肉眼形質

初め茶碗～皿形、次第に中央の凹みを残して縁部は外側に曲がり波状にうねる。径 5~10cm、栗褐色、不規則なしわ、こぶ状凹凸がある。柄は類白色、不規則な縦溝があり椀の外面に連なる。柄と椀底部の境界は不明瞭であるが柄の長さはおおよそ 3~5cm。

顕微鏡形質 胞子は楕円形、網目模様があり、両端には刺状突起がある。突起も含め 35~40×18~20μm、突起の長さは不揃いで 5μm 以下、油球は 3 個で中央油球が最も大きい。子嚢は円筒形、ほぼ 350×20μm、8 胞子を入れる。側糸は単一または分岐、頂部は膨らみ、幅 4~7μm。托外皮層はからみあい菌糸よりなる。

分布・生態

ヨーロッパ・日本に分布することが知られている。広葉樹の腐木に春、生える。本資料は平塚市、2000.05.02、採取。

メモ　本資料標本の胞子は文献記載値よりやや大きい。変異の幅が大きいと考えられる。フクロシトネタケ（p.223）に較べ子嚢盤のこぶ状凹凸が顕著な傾向はあるが子実体によっては断定できない。コブシトネタケ（新称）*G.convoluta*（p.224）など子実体類似の菌もある。同定には成熟胞子の確認が不可欠である。文献：⑪⑮,64

フクロシトネタケ *Discina ancilis* (Pers.) Sacc.

Discina perlata (Fr.:Fr.) Fr.

肉眼形質　初め有柄の茶碗形、次第に広がり皿状から平らに開き、径3~10cm。子嚢盤は茶褐色～栗褐色、波うち形の不規則な低い隆起がある。柄は長さ3~20mm、発生環境により変化が著しい。托外皮と柄は汚白色～淡褐色。

顕微鏡形質　胞子は楕円形で両端に嘴状突起と呼ばれる二等辺三角形状、長さ4~5μmの付属物が付いて尖り、本体部分は網状の微突起があって粗面、付属体も含め37~40×15~19μm、ふつう3個の油球を含む。中央の油球が大きく、両側の油球は小さい。子嚢は円筒形、300~400×20μm、8個の胞子を入れる。側糸は隔壁のある糸状、単一または分岐、頂部は少し膨らみ幅8~9μm、褐色。托外皮層はからみあい菌糸よりなる。分布・生態　北半球の暖～冷温帯に広く分布し、針葉樹の腐木材上またはその周辺地上に春（冷温帯域では初夏にも）発生する。

メモ　子実体外形が発育段階で似るものにカニタケ、オオシトネタケ（p.222）などがあり、オオシトネタケも本種も未熟胞子は付属物が形成されていないので、成熟胞子の得られる子実体でなければ識別が困難である。文献：⑬⑮,64,91

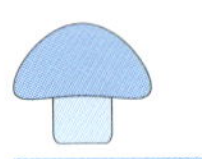

コブシトネタケ（新称）*Gyromitra convoluta* (Seaver) Van Vooren

Discina convoluta Seaver

Paradiscina convoluta (Seaver) Benedix,

山口義夫　写
発生現場　山口義夫　写
1996.05.06　平塚市

肉眼形質

初め、椀形~皿形、径 60mm、栗褐色、次第に縁部は外曲し、平板状、さらに中央部が高くなる。子嚢盤は著しいしわひだがあり、瘤状隆起に覆われる。柄は椀底部との境界は不明瞭、長さほぼ 10mm、類白色から淡褐色、不規則な縦溝があり、椀底部に連なる。

顕微鏡形質

胞子は楕円形、付属物も含め 40~45×15~17μm、網目模様があり、両端には杯状付属物が付き、油球が 3 個ある。子嚢は円筒形、ほぼ 400×20μm、8 胞子を入れる。側糸は頂部が次第に膨れ、幅ほぼ 8μm、単一～分岐、褐色。

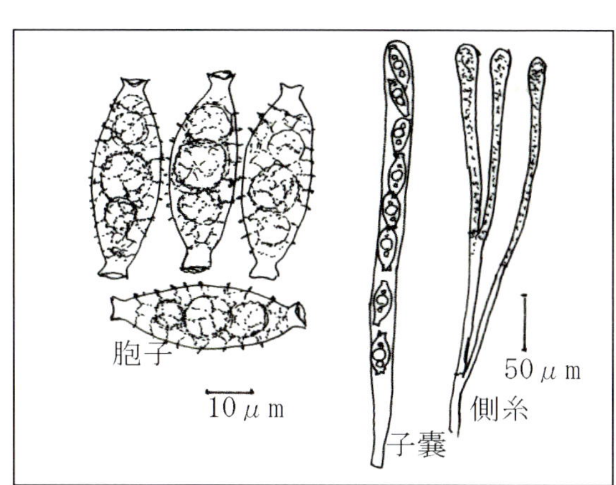

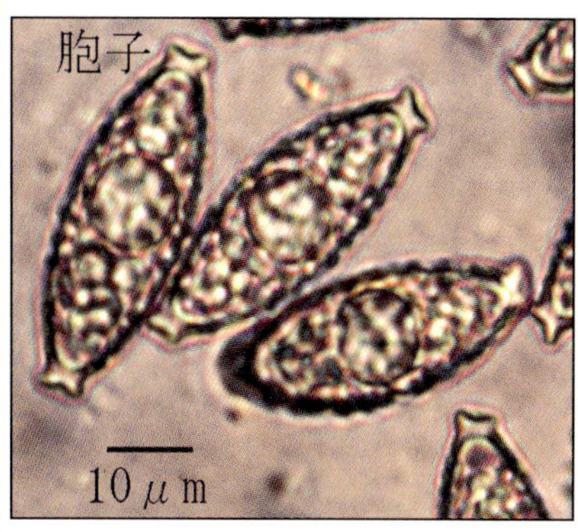

分布・生態

北米と日本に分布する。北米ではニューヨーク州だけに知られているという。北米では林中で採集されたというが、平塚市では建築物の基礎コンクリートに沿った地上に 2 年連続して発生し、1996.05.06、採取（本資料）。その後、大和市でも採集された。大和市では山道の土止めの腐木に付いて生えていたものが同種と判断された。恐らく分布はもっと広いと考えられるが稀な種類であることは確かである。

メモ

北米、ヨーロッパに分布するナミコブシトネタケ（城川新称）*Gyromitra leucoxantha* は胞子が酷似しており同種かも知れないと思われる。しかし、Seaver ・Cup-Fungi（1928）は *G.leucoxantha* は子嚢盤面が波状程度で、本種のように著しい瘤状隆起が無い点で区別しており、Index Fungorum も別種として扱っているので、ここでは一応別種扱いとした。

文献：59,64

オオコブミチャワンタケ（仮称）*Scutellinia* cf. *chiangmaiensis*

T.Schum.

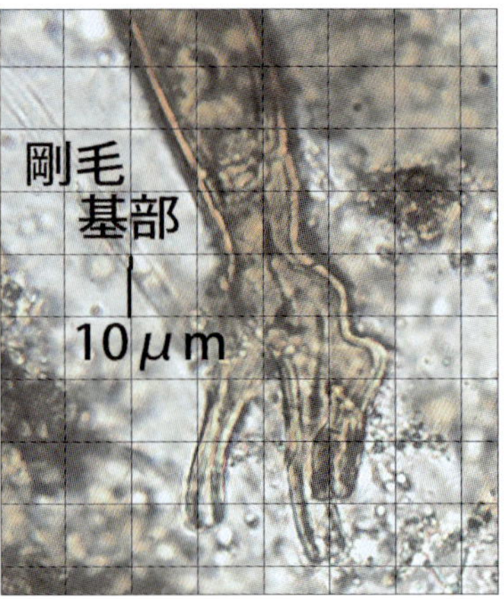

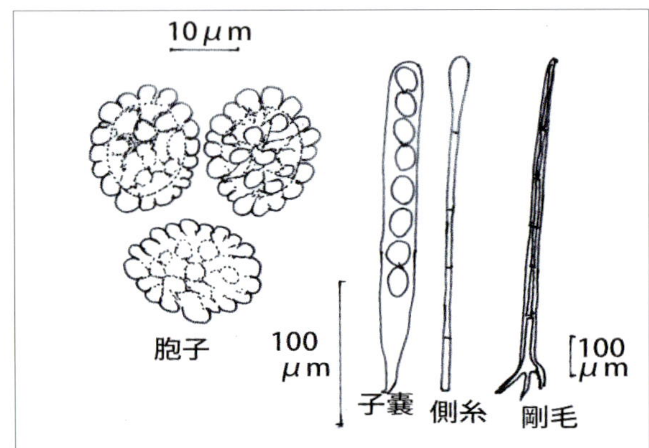

剛毛の基部の分岐は不規則で、無分岐から3分岐まで様々である

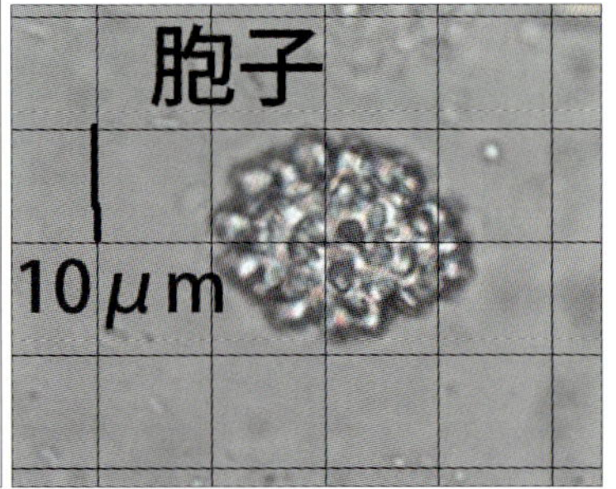

肉眼形質　円形の浅い皿形で子嚢盤の径10mm以下、橙赤色、縁には濃褐色の剛毛が列生し、側面にも剛毛が散生する。縁部剛毛の長さは0.8mm以下。

顕微鏡形質　胞子は広楕円形、15~18×10~12μm、目立った疣瘤に覆われ、疣瘤の間は細く低い畝がある。疣瘤は高さ、幅ともに4μm以下、畝は1μm以下。子嚢は円筒状、230~280×20~24μm、8個の胞子を入れる。側糸は赤色内容物を含み、直線状で隔壁があり、ほぼ270×4μm、頂部は膨らみ径ほぼ7μmである。子嚢盤縁部の剛毛は800×35μm以下、厚壁で多数の隔壁があり、頂部は次第に尖り、基部は単一もあるが2~3分岐するものもある。**分布・生態**　タイ（基準産地）、インド、ヒマラヤに記録がある。本資料は、平塚市びわ青少年の家周辺の腐植土に発生、2015.06.18、採集。

メモ　アラゲコベニチャワンタケ類の一種である。本資料は胞子の疣瘤が目立ち、地上生であり、子嚢盤縁部の剛毛が1mm以下でやや短く、胞子サイズは20μmを超えないことなどから標記種と想定した。文献では胞子の網状構造が重視されているが、畝は低く細いので網状は分かり難い。しかし、疣瘤の大きさだけでも近似種から識別できる。

文献：101

アミミコベニチャワンタケ（仮称）

Scutellinia* cf. *pennsylvanica (Seav.) Denison

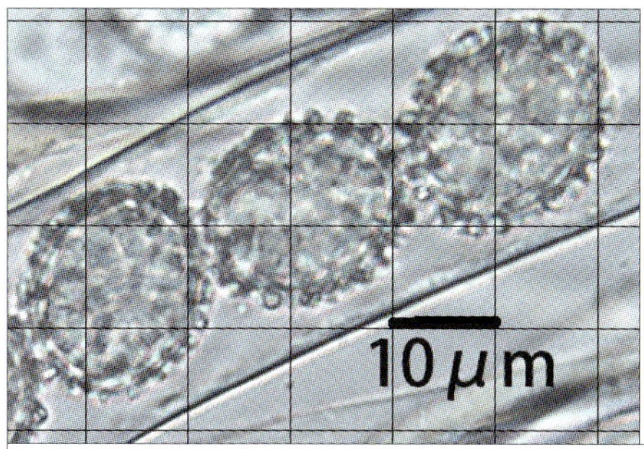

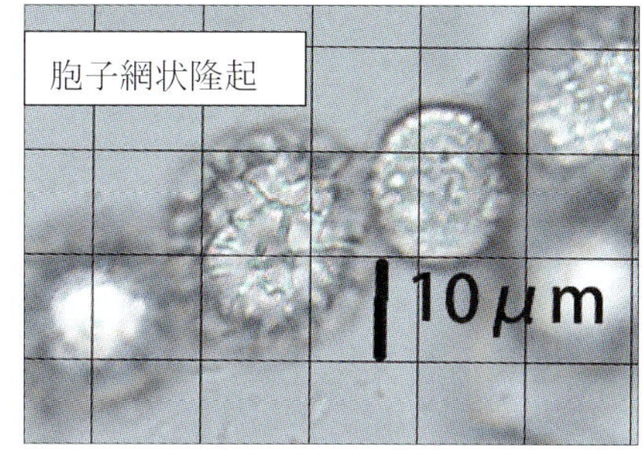

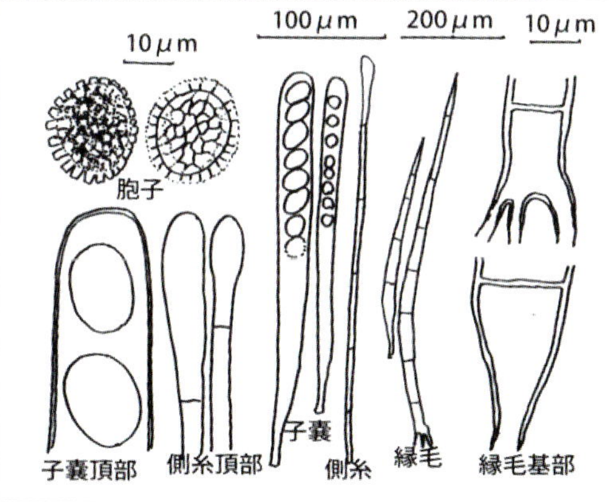

肉眼形質　子嚢盤は浅い皿型、径15mm以下、橙赤色～紅赤色、縁部および托外皮には不揃いの濃褐色の剛毛が生え、縁部の毛は密生して長く 1.5mm に達する。托外皮の毛は縁部の毛より短くて散在。

顕微鏡形質　胞子は楕円形、19~22×12~13μm、高さほぼ 2.5~3μm で切型の疣瘤と不規規則な網状隆起に覆われる。子嚢は円筒状、ほぼ 300×16μm、8 胞子を入れる。側糸は糸状でほぼ 320×3μm、頂部はゆるやかに膨らんで幅ほぼ 8μ、隔壁があり、ときに分岐する。托外皮層はほぼ径 100μm の球形～楕円体状の細胞で構成され、縁部の褐色剛毛（縁毛）は不揃いで長いものは 1.5mm を超え、厚壁で隔壁があり、頂部は尖り、基部は多分岐もあるが 2 分岐、無分岐も混じる。

分布・生態　南北アメリカ、インドに分布。材上まれに地上に発生。平塚市・横浜で確認、本資料は平塚市霧降りの滝付近の林間裸地に発生、2008.07.17、採取。

メモ　本種はアメリカ（主として中南米）に分布が知られている。本資料標本はその特徴によく一致するので標記種を想定した。地上発生は稀というが資料は地上発生である。胞子の網状隆起を強調して標記の仮称とした。文献：101

コブミアラゲコベニチャワンタケ（新称）*Scutellinia badio-berbis*

(Berk. ex Cooke) O.Kuntze

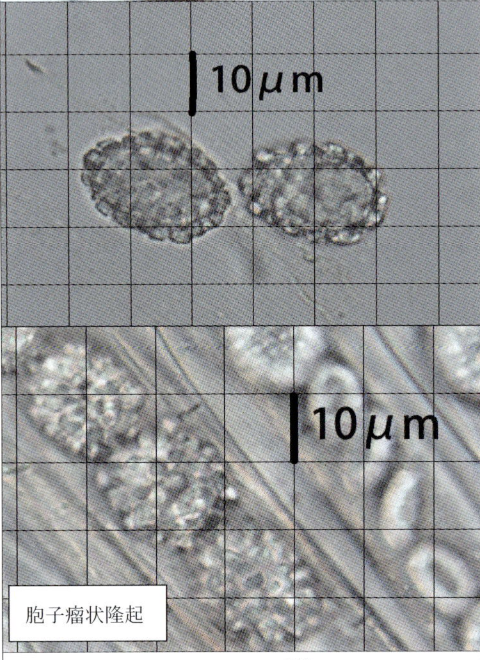

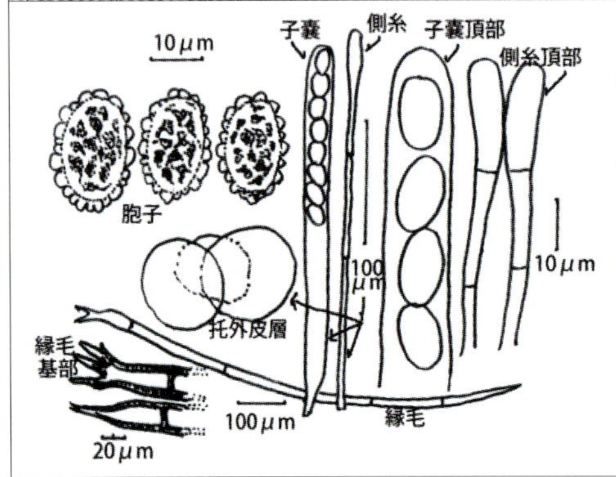

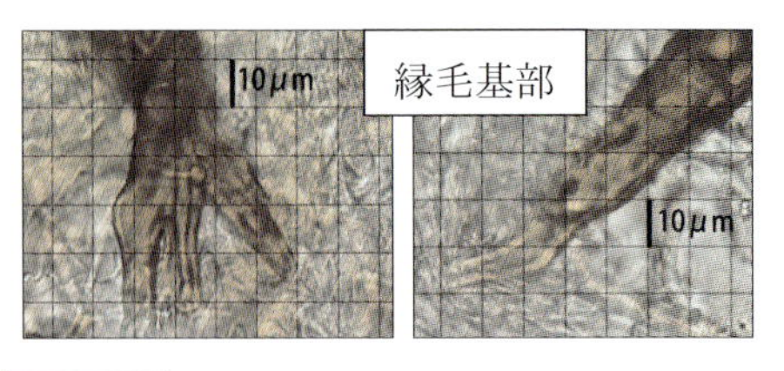

肉眼形質　子嚢盤は径 10mm 以下の浅い皿形で橙赤色〜暗紅色、縁部は暗褐色の剛毛（縁毛）が密生し、托外皮にはより短い毛が散在する。

顕微鏡形質　胞子は楕円形、19~22×10~11μm、高さ 2.5~3μm の疣状隆起物に覆われ、その隆起物から連絡の畝状隆起が出る。子嚢は円筒形、ほぼ 300×18μm、8 胞子を入れる。側糸はほぼ 300×3μm の糸状で、隔壁があり、頂部はゆるやかに膨らみ、径ほぼ 8μm。子嚢盤縁部および托外皮の剛毛は黒褐色、厚壁で隔壁があり、長さは不揃いであるが、縁部の長い毛は 1mm を超え、径はおよそ 35μm、基部は 3~4 裂するものから単一のものまである。托外皮外層は径 50~130μm の球嚢細胞で構成される。

分布・生態
アフリカ、ニュージーランド、オーストラリア、タイ、日本（栃木県・群馬県）に記録がある。本資料は横浜市寺家ふるさと村の腐木に発生、2014.06.20、採取。信頼できる本種の記録はすべて材上生であるという。

メモ　アラゲコベニチャワンタケ属 *Scutellinia* は何れも外見が酷似するが、本種は縁部剛毛が 1mm を超え、その基部は多分岐であり、胞子の瘤状隆起が明瞭なので他種と識別できる。和名がないので標記和名を提唱する。文献：101

コベニチャワンタケ　*Scutellinia cubensis* (Berk.& M.A.Curtis) Gamundi

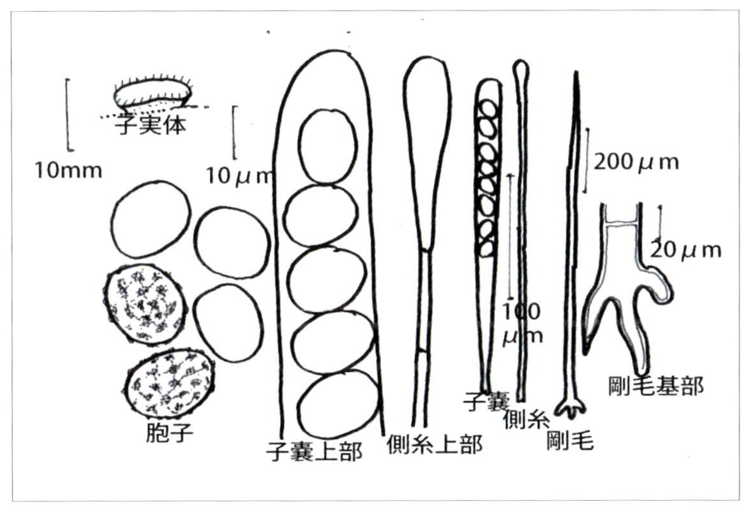

肉眼形質

子実体は径10mm程度、橙赤色、子嚢盤の縁部には暗褐色の剛毛が列生し、側部にも散生する。剛毛は長短あり、長いものは1mmを超える。

顕微鏡形質

胞子は広楕円形、15~17 × 11~13μm、不規則な、高さ1μm程度のごく低い疣とその間を細い畝が連絡する。子嚢は円筒状、250 × 15μm、8胞子を入れる。側糸は先端やや膨大し、径6~8μm、長さ280μm、隔壁がある。子嚢盤縁部の剛毛の基部は無分岐もあるが多くは1 ~3 分岐する。

分布・生態　中南米、インドネシア、インドなど熱帯～亜熱帯に分布、腐植土に生える。日本にも記録があるが日本産菌類集覧では日本分布は疑問としている。本資料は多摩市、2015.11.08、採取。

メモ　類似種が多く同定は難しいが、剛毛は1mmを超え基部は3分岐するものもあり、胞子が長さ20μm以下の広卵形で、疣が低くて目立たない特徴から本種と同定した。神奈川県周辺各地の*Scutellinia*標本30点を検討した中で本種と見なされる標本は1コロニーだけであったから、分布数は比較的少ないものと思われる。文献：101

マルミアラゲコベニチャワンタケ（新称）*Scutellinia trechispora*

(Berk.et Br.)Lamb.

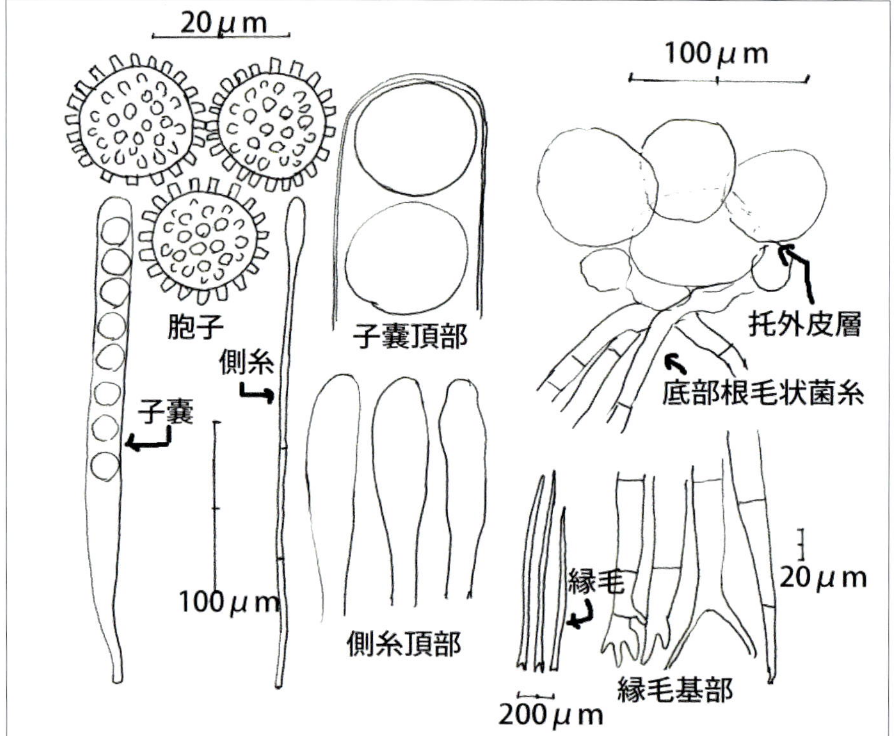

肉眼形質

子実体は皿形、径 10mm 以下。子嚢盤は帯褐赤色～深紅色、縁部と托外皮には褐色、黒褐色の長さ不揃いの毛がある。縁部の毛は托外皮層の毛より長く、1.5mm を超えるものもある。皿の底部には根毛状菌糸束がある。

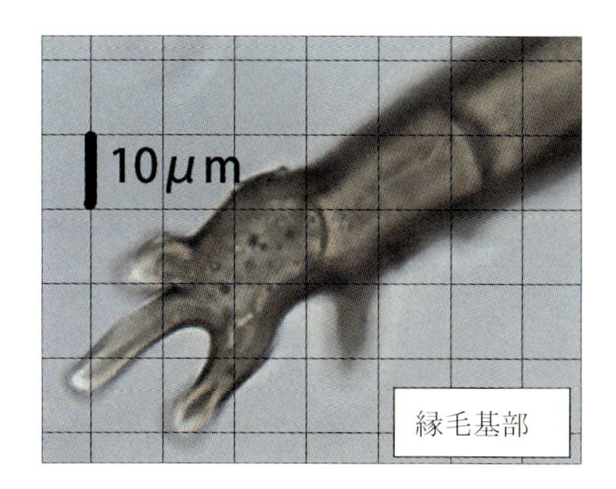

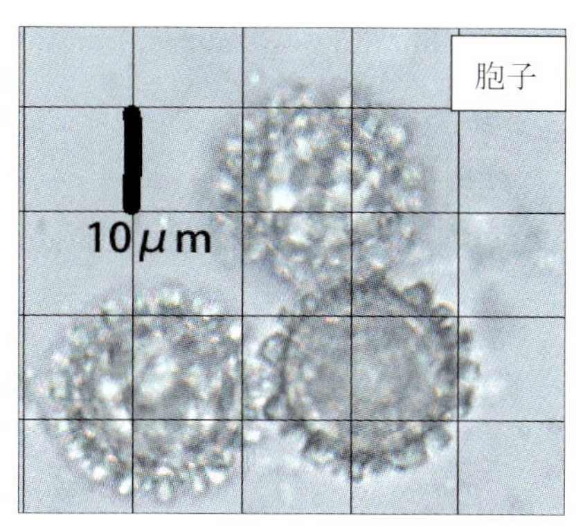

顕微鏡形質

胞子は球形、径 15~17μm、先端が切型の高さ 2.5μm 程度の刺状突起に覆われ、突起連絡の畝状隆起はない。子嚢は円筒状、ほぼ 300×20μm、8 胞子を入れる。側糸は糸状でほぼ 320×3μm、頂部はゆるやかに膨らんで幅ほぼ 8μm。托外皮層は厚さほぼ 300μm で径 30~80μm の球形～楕円体状の細胞で構成され、縁部と托外皮層の褐色剛毛（縁毛）は厚壁で隔壁があり、頂部は尖り、基部は 2 分岐するものが多いが多分岐や無分岐も混じる。根状菌糸束の菌糸は径ほぼ 10μm、隔壁がある。

分布・生態

ヨーロッパ、アメリカ、日本に分布し、湿った腐植土や裸地に生える。本資料は神奈川県横浜市寺家ふるさと村、2015.06.20、採取。

メモ

日本産菌類集覧（勝本；2010）には採録されていないが、鎌倉市広沢緑地などでは最も普通種であることが確認されている。球形胞子なのでマルミを冠した標記和名を提唱する。

文献：101

ビロードチャワンタケ（新称）*Jafnea fusicarpa* (W.R. Gerard) Korf

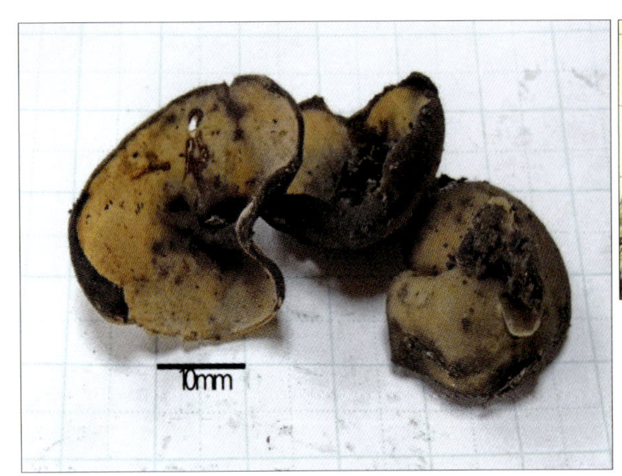

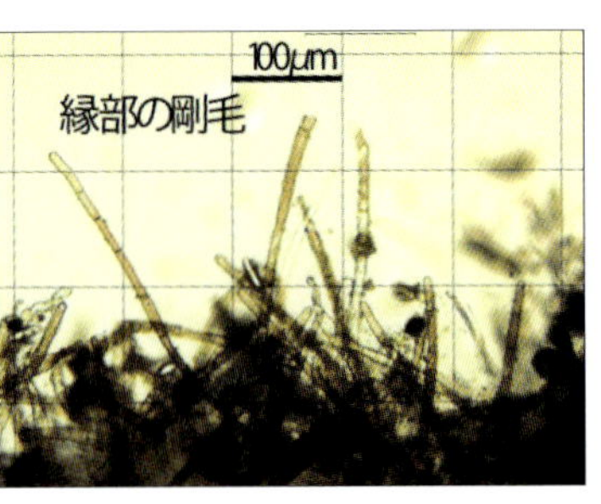

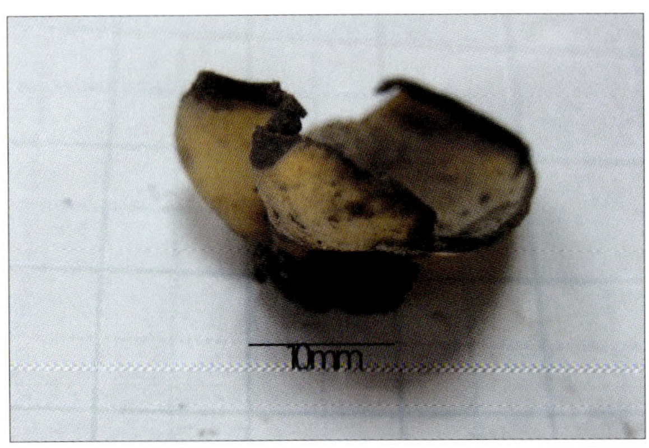

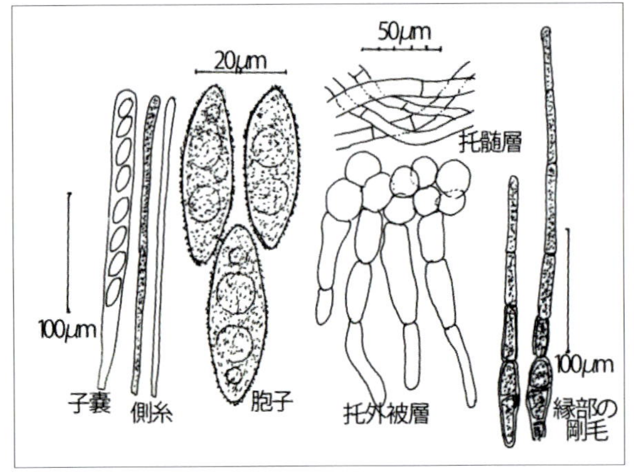

肉眼形質

径 30mm 以下の茶碗形で、外面、子実層面ともに褐色～淡焦げ茶色、縁部は暗褐色の剛毛が密生しやや縁どり状に濃色である。基部は短い根状部が地中に入る。

顕微鏡形質

胞子は紡錘形、35~40×11~13μm、全面に微疣があり、油球（大2個、小2~3個）を含み、非アミロイド。子嚢は円筒形、280~300×16~18μm、8胞子を入れ、ヨード反応はない。側糸は幅 6~8μm、濃褐色・淡褐色・無色のものが混じる。托髄層は径 5~10μm の錯綜菌糸、托外被層は径 20~30μm の球形細胞で構成され、表面には 130×25μm 以下の毛がある。縁部の剛毛は 350×20μm 以下、褐色で隔壁があり、基部は厚壁である。

分布・生態　林縁地上に生える。埼玉県、京都府で確認されている。稀ではあるが国内広く分布するものであろう。本資料は神奈川県相模原市、2012.10.13、採取。**メモ**　本種は、大形で粗面、油球を持つ胞子や縁部の剛毛など顕著な特徴があるので、検鏡により本種を特定するのは比較的容易である。青木実が日本きのこ図版№.532 にビロウドチャワンタケの名で紹介しているが日本産菌類集覧（勝本）では和名なしとされている。青木と同じ発音のビロードチャワンタケを和名として提唱したい。文献：㊱,68,95

ウツロイモタケ　*Hydnocystis japonica* (Kobayasi) Trappe

Protogenea japonica Kobayasi

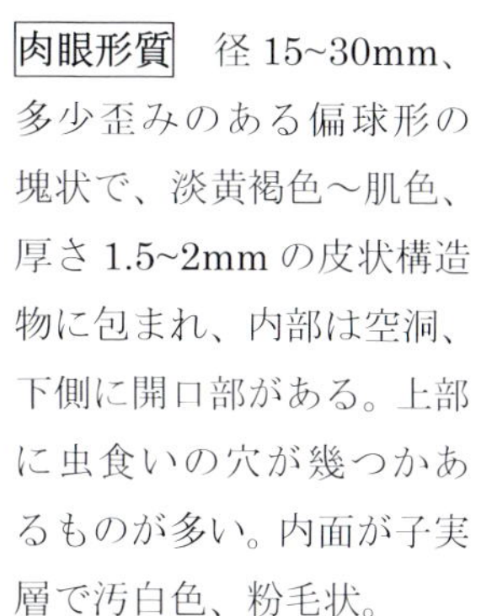

肉眼形質　径 15~30mm、多少歪みのある偏球形の塊状で、淡黄褐色～肌色、厚さ 1.5~2mm の皮状構造物に包まれ、内部は空洞、下側に開口部がある。上部に虫食いの穴が幾つかあるものが多い。内面が子実層で汚白色、粉毛状。

顕微鏡形質

胞子は球形、径ほぼ 30μm、無色。子嚢は 350~400×30~35μm。子嚢周辺には纏綿状に幅 4~6μm の側糸がある。托外皮の実質は径 10~25μm の球形～楕円形の細胞で構成。

分布・生態　鹿児島県、神奈川県で分布記録がある。神奈川県では県内広く確認されるが稀である。本資料は神奈川県葉山町のスギ林林縁のやや裸地化した雑草地に半地下生状で散生。2009.10.25 採取。

メモ　同好者のネット情報では和歌山でもスギ林縁で観察したという。神奈川県では県内各地に分布する本種が鹿児島、神奈川、和歌山の各県だけの分布とは考えにくいので、やがて、全国的に見つかると思われる。本種は日本きのこ図版 530 に青木実の記載がある。文献 44 に記載のある *Hydnocystis piligera* が同種のように見える。文献：44

タチゲシロトリュフ（新称）　*Tuber rapaeodorum* Tul. & C.Tul.

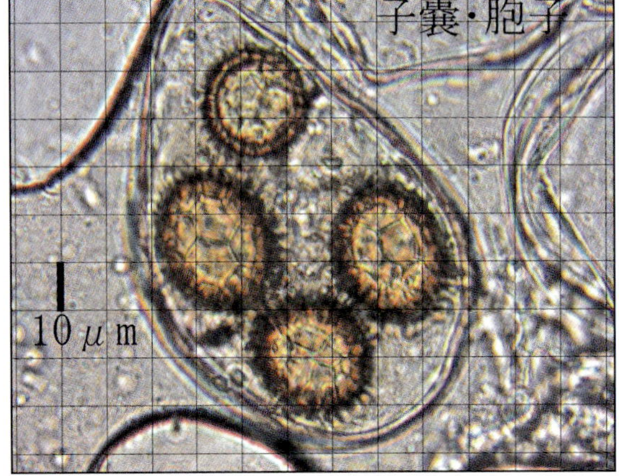

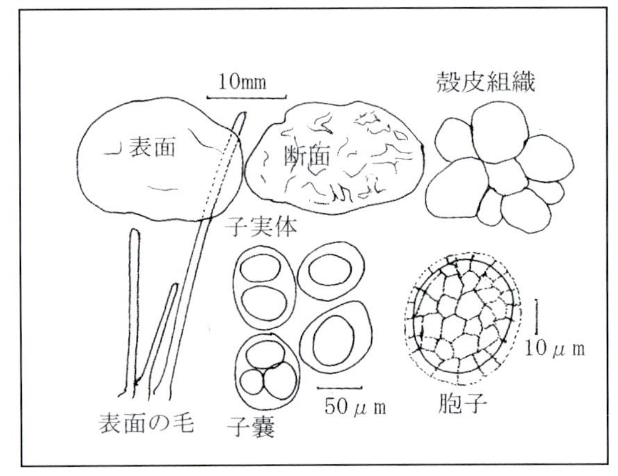

肉眼形質

淡黄褐色を帯びる汚白色、径20mm 以下の塊状偏球体で多少凹凸がある。断面は 0.2mm 以下の殻皮と、黄土色〜淡紫褐色を帯びるグレバと、不規則、白色の脈状に走る無性部からなる大理石模様である。

顕微鏡形質

胞子は茶褐色、広楕円形、25~40×15~30μm、表面は規則的な網状構造で網の長径は 5~10μm、胞子の長径に 5~7 個がある。子嚢は類球形~広楕円形で 1~3 個の胞子を入れる。表面に開出する毛は細い糸状、60~100×3μm、無色、かなり密に分布。殻皮は石垣状組織で構成細胞は多角形、10~25×5~15μm。

分布・生態　ヨーロッパ、央アジア、日本に分布する。本資料は神奈川県平塚市の人為的雑木林の林床で 2010.06.24、採取。

メモ

吉見昭一が本種について「シロトリュフ」という名を用いているが商品の「白トリフ」と混乱し不適当と思うので標記の和名を提唱した。本種は子実体表面に開出毛（長さ100μm 以下）があるという特徴を示した。文献：52

ウロイボセイヨウショウロ *Tuber* sp.

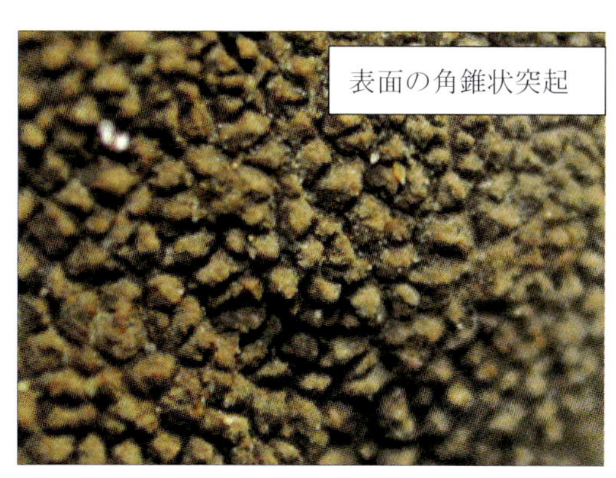

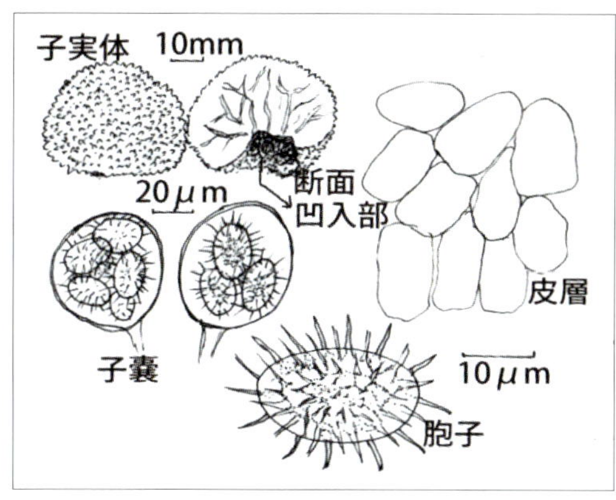

肉眼形質

底部が凹入する塊状類球形、暗茶褐色～黒褐色、径 50mm 以下、幅 0.3~0.5mm の角錐状突起に覆われる。グレバは初め白く、次第に褐色、黒褐色になり、白色の入り組んだ筋が大理石模様を呈する。

顕微鏡形質

未熟胞子は無色、成熟胞子は黒褐色、楕円形、20~30×15~18μm（毛を含めず）、全面に粗い長さ 4~7μm の刺状の毛が密生する。毛の基部間は低い畝状に隆起してやや網目状になる。子嚢は類球形～広楕円形の嚢状、径 60~70×50~60μm、3~8 個の胞子を入れる。皮層は偽柔組織からなり、細胞は類球形～広楕円形、径 5~10μm である。

分布・生態

国内に広く分布すると思われる。広葉樹林縁に発生する。本資料は神奈川県大磯町、2014.11.20、採取。

メモ

本種は黒褐色系で、角錐状突起に覆われ、底部が凹入し、胞子は明らかな網目状ではなく刺状～毛状であることが特徴である。イボセイヨウショウロ *T. indicum*（広義）もやや似るがそれは凹入部はなく、角錐状突起は幅 2~3mm で明らかに大きく肉眼で識別できる。本種について大久保彦が中国で記載され、中国、フランスに分布が知られる *T. pseudoexcavatum* と同定し、標記の和名を提唱したが、その後、DNA 解析により近縁の別種であるとする研究がなされたので、現在、学名不詳である。　文献：72

クロヒメサラタケ（新称） ***Dactylospora stygia*** (Berk.&Curt.) Hafellner

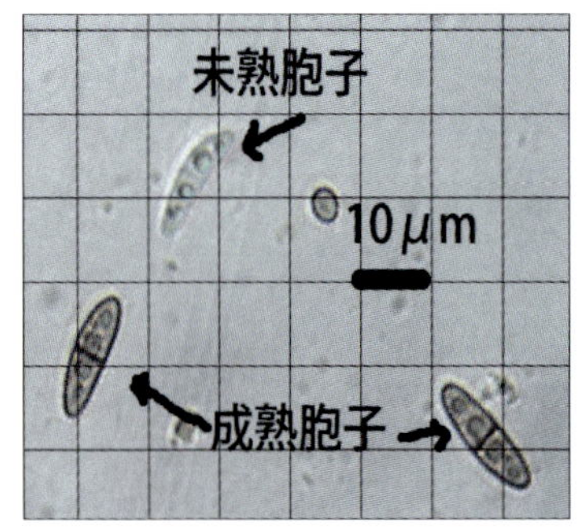

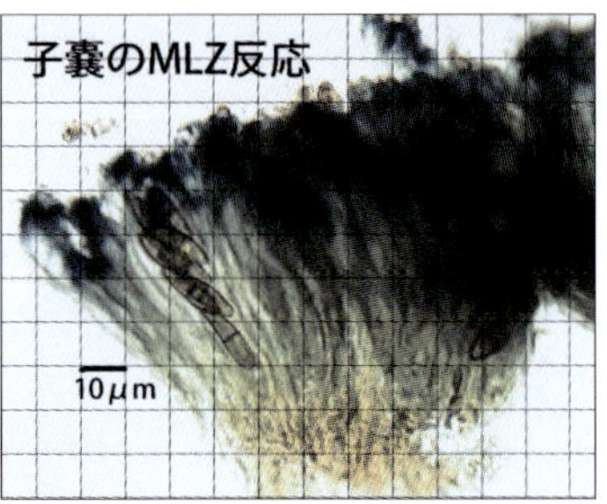

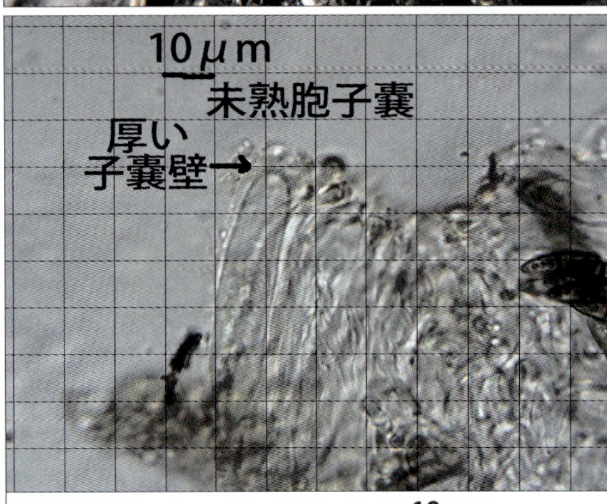

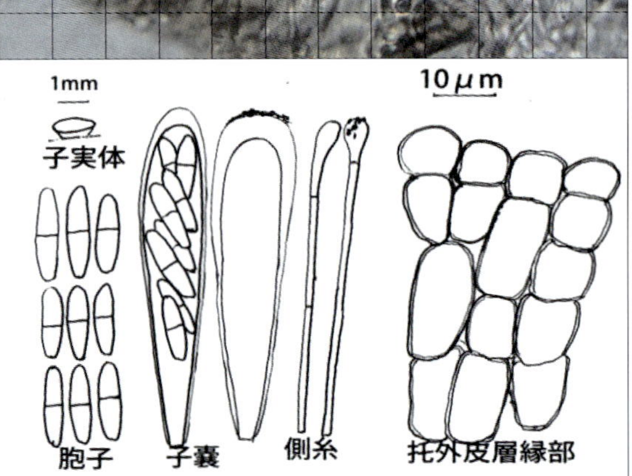

肉眼形質　径 1~1.5mm、黒色、皿型で、基質に広く固着する。

顕微鏡形質　胞子は楕円形～狭楕円形、15~20×4.5~5μm、中央に 1 隔壁があり、褐色。未熟胞子は青みを帯びる。若い子実層で胞子未形成の子嚢は無色、未熟胞子の子嚢は淡いコバルト色を示す。子嚢は棍棒状、70~80×13~16μm、8 胞子を入れる。子嚢壁は厚く、特に頂部は厚さが 5μm を超える場合もある。ややゼラチン化しており、相互に接着し、分離し難い。新鮮な子実体では子嚢壁の大部分がMLZ 液で強いアミロイド反応を示す。側糸は糸状で、子嚢とほぼ同長、頂部は膨らみ径ほぼ 4μm、隔壁がある。子実層の表面（子実上層）に褐色で無定型の物質を被る。托外皮の外層はほぼ径 10μm の類球形、髄層は長方形の細胞で構成される。

分布・生態　ほぼ世界的に分布があり、広葉樹材に群生する。日本では群馬県に記録がありまれという。本資料は横浜市、2014.01.06、採取。メモ　子嚢壁が特異な性質を持つ菌であるから、他種との識別は比較的容易であろう。文献：102

参考文献（77，86は欠番。〇は和文）

① 青島清雄・林 康夫（1964）日本未記録のVuilleminia属（シロペンキタケ属－新称）．日菌報 vol. 4. №6

② 青島清雄・林 康夫・古川久彦（1963）Asteron & Asterostromaについて．日菌報 vol. Ⅳ. №5

③ 池田良幸（2005）北陸のきのこ図鑑．橋本確文堂

④ 池田良幸（2013）新版 北陸のきのこ図鑑．橋本確文堂

⑤ 池田良幸（2014）追補 北陸のきのこ図鑑．橋本確文堂

⑥ 伊藤誠哉（1955）日本菌類誌2巻4号．養賢堂，東京

⑦ 伊藤誠哉（1959）日本菌類誌2巻5号．養賢堂，東京

⑧ 今関六也・本郷次雄（1958）原色日本菌類図鑑（Ⅰ）保育社

⑨ 今関六也・本郷次雄（1971）続原色日本菌類図鑑（Ⅱ）保育社

⑩ 今関六也・本郷次雄（1987）原色日本新菌類図鑑（Ⅰ）保育社

⑪ 今関六也・本郷次雄（1989）原色日本新菌類図鑑（Ⅱ）保育社

⑫ 今関六也(1986)熱帯系のニオウシメジ---関東に出現．神奈川キノコの会会報くさびら№8. 神奈川キノコの会

⑬ 今関六也・大谷吉雄・本郷次雄（2011）日本のきのこ 増補改定版．山と渓谷社

⑭ 上田俊穂ほか（2002）山渓フィールドブックス「きのこ」．山と渓谷社

⑮ 大谷吉雄（1989）日本産盤菌綱菌類目録と文献 横須賀市博物館研究報告（自然科学）．№37

⑯ 川村清一（1970）原色菌類図鑑第四巻 風間書房，pp 474

⑰ 城川四郎（1996）猿の腰掛類きのこ図鑑 地球社

⑱ 城川四郎（1997）キノコ類標本目録．平塚市博物館資料 №46

⑲ 菊原伸夫（1987）日本産ヒダナシタケ類の分類．生地研

⑳ 工藤伸一（2009）東北きのこ図鑑 家の光協会

㉑ 小山昇平（1994）信州のキノコ 信濃毎日新聞社

㉒ 幸 由利香ほか4名（2014）非赤枯性溝腐病と病原菌チャアナタケモドキに関する最近の知見．千葉農林総研研報 6：125-131

㉓ 高橋春樹（2001）更新H. P，八重山諸島のきのこ．New taxa

㉔ 竹橋誠司ほか2名（2010）北海道産ハラタケ類の分類学的研究．NPO法人北方菌類フォーラム

㉕ 丹沢大山総合調査団編（2007）丹沢大山総合調査学術報告書 丹沢大山動植物目録．財団法人平岡環境科学研究所，神奈川県

㉖ 長沢栄史監修（2003）フィールドベスト図鑑 日本の毒きのこ．学習研究社

㉗ 根田 仁・佐藤大樹（2008）亜熱帯日本産ハラタケ型菌類（1）Lentinus & Panus、日菌報 42-91

㉘ 富士尭（1988）クリイロツムタケ くさびら 神奈川キノコの会，10：46.

㉙ 帆足美人（2007）平塚市博物館収蔵のナヨタケ属菌不明種“ウメネズイタチタケ”について 神奈川県自然資料．神奈川県立生命の星・地球博物館，28：41-44

㉚ 本郷次雄（1989）本郷次雄教授論文選集．滋賀大学教育学部生物学研究室

㉛ 宮本敏澄・五十嵐恒夫・高橋邦秀（1998）日本新産種 Collybia biformia と C. pinastris について短報．Mycoscience 39：205-209.

㉜ 村田義一（1979）北海道産摺菌類記 Hemipholiota heteroclite．日本菌学会会報 20：320

㉝ 村田義一（1979）北海道産摺菌菌類記 *Psathyrella spadicea*，日本菌学会会報 20：134

㉞ 吉見昭一（1990）菌類分類学講座 腹菌類の分類．国立科学博物館分館研修研究館

㉟ 吉見昭一（2009）腹菌類資料集．関西菌類談話会

㊱ 吉見昭一（1973）日本きのこ図版　ビロードチャワンタケ．№803．日本きのこ同好会

㊲ 吉見昭一遺稿（2008）ミクロの世界 第一歩．吉見一子

38 A. E. Bessette，W，C. Roody，A. R. Bessette，D. L. Dunaway（2007）Mushrooms of the Southeastern United States，Syracuse University Press

39 A. Bernicchia & Perez Gorjon（2011）Fungi Europaei Corticiaceae s. l., Libreria editrice Giovanna Biella

40 A. Bernicchia & S. P. Gorjon（2010）Corticiaceae s. 1.，Fungi Europaei

41 A. Cappelli（1984）Agaricus Fungi Europaei. Italia

42 A. E. Bessette（1997）Mushroom of Northeastern North America，Syracuse University Press

43 A. E. Bessette（2000）North American Boletes，Syracuse University Press

44 A. Montecchi & M. Sarasini（2000）Funghi Ipogei D' Europa，Centro Studi Micologici

45 Alan E. Bessette，Arleen，R. Bessettte，David，W. Fischer（1996）Mushrooms of Northeastern North America，Syracuse University Press

46 A. E. Bessette，W. C. Roody，A. R. Bessette，D. L. Dunaway（2007）Mushrooms of the Southeastern United States，Syracuse University Press

47 Amer Montecchi & Mario Sarasini（2000）Funghi ipogei D'Europa,

48 Annarosa Bernicchia（2005）Fungi Europaei Polyporaceae s. l., Edizioni Candusso

49 Anton Hausknecht（2009）A monograph of the genera Conocybe fayod Pholiotina fayod in Europe，Edizioni Candusso，Italia

50 Bo Liu（1984）The Gasteromycetes of China，J. Cramer

㊿ 佐々木廣海・木下晃彦・奈良一秀（2016）地下生菌識別図鑑　誠文堂新光社

52 D. N. Pegler，B. N. Spooner（1993）British Truffles，Royal Botanic Gardens，Kew

53 D. N. Pegler，T. Laessoe &B. M. Spooner（1995）British Puffballs，Eapthstars&Stinkhorns，Royal Botanic Gardens，Kew

54 E. C. Vellinga &T. Boekhou（1990）Flora Agaricina Neerlandica 2，Rotterdam

55 E. J. H. Corner（1950）A Monograph of Clavaria and Allied Genera，Oxford university Press

56 E. J. H. Corner（2005）Supplement to A Monograph of Clavaria and Allied Genera，Bishen Sing Mahendra Pal Singh

57 Erhard Ludwig（2001）Pilzkompendium，Band 1，Beschreibungen，Berchtesgaden

58 Erhard Ludwig（2007）Pilzkompendium，Fungicon-Verlag

59 F. J. Seaver（1978）The North American Cup-Fungi（Operculates），Lubrecht &

Cramer

60 Fread J. Seaver（1978）The North American Cup-Fungi（Inoperculates）, Lubrecht & Cramer

61 H. Suhara, N. Maekawa, S. Ushijima, K. Kinjo, Y. Hoshi（2010）Asterostroma species from mangrove forests in Japan, Mycosciens, 51：75-80

62 Haruki Takahashi（2007）Tylopilus fuligineoviolacens. Mycoscience 48：90～99

63 Hisahiko Furukawa（1974）Taxonomic Studies of the Genus Odontia and its Allied Genera In Japan. 林業試験場研究報告 No. 261

64 J. Breitenbach, F. Kränzlin（1984）Fungi of Switzerland Vol. 1, Switzerland

65 J. Breitenbach, F. Kränzlin（1986）Fungi of Switzerland Vol. 2, Switzerland

66 J. Breitenbach, F. Kränzlin（1991）Fungi of Switzerland Vol. 3, Switzerland

67 J. Breitenbach, F. Kränzlin（1995）Fungi of Switzerland Vol. 4, Switzerland

68 Korf,（1960）Jafnea, a new genus of the Pezizaceae.（Nagaoa, 7：3-9）

69 L. Ryvarden & I. Melo（2014）Poroid fungi of Europe, Synopsis Fungorum 31, Fungiflora

70 L. Ryvarden & R. L. Gilbertson（1993）European polypores. Part 1, Fungiflora, Norway

71 L. Ryvarden & R. L. Gilbertson（1994）European polypores. Part 2. Fungiflora, Norway

72 L. et G. Riousset, G. Chevalier, M. C. Bardet（2001）Truffes d' Europe et de Chine, Inra Paris

73 Luis Alberto Parra Sanchez（2008）Agaricus L. Fungi Europaei, Italia

74 M. Candusso & G. Lanzoni（1990）Lepiota, Fungi Europaei., Italia

75 M. E. Noordeloos（1992）Fungi Entoloma s. l., Libreria editrice Giovanna Biella

76 M. J. Larsen, L. A. Cobb-poulle（1990）Phellinus, A survey of the world taxa, Fungiflora, Norway

78 M. Nunez & L. Ryvarden（2001）East Asian Polypores Vol. 2, Fungiflora

79 M. Nunez & L. Ryvarden（2000）East Asian Polypores Vol. 1, Fungiflora

80 M. Nunez & L. Ryvarden（1997）The genus Aleurodiscus（Basidiomycotina）, Synopsis fungorum 12, Norway

81 Mario Sarasini（2005）Gasteromiceti epigei, A. M. B. Centro Studi Micologici

82 Meinhard Moser（1983）Keys to Agaricus and Boleti. Phillips

83 Nitarou Maekawa（1994）Taxonomic study of Japanese Corticiaceae II. Tottori Mycological Institute

84 Oswald Hilber（1982）Die Gattung Pleurotus. J. Cramer, Germany

85 P. Neville & S. Poumarat（2004）Fungi Europaei Amaniteae, Edizioni Candusso

87 R. A. Maas Geesteranus（1971）Hydnaceous Fungi of the eastern old world. North-Holland Publishing Company

88 R. H. Petersen & E. Nagasawa（2005）The genus Xerula in temperate east Asia, Rep. Tottori Mycor. 43：1-49

89 R. L. Gilbertson & L. Ryvarden（1986）North American Polypores. Vol 1, Fungiflora

Oslo, Norway
90 R. L. Gilbertson & L. Ryvarden (1987) North American Polypores. Vol. 2, Fungiflora Oslo. Norway
91 R. W. G. Dennis (1981) British Ascomycetes. J. Gramer, England Fungiflora, Norway
92 R. Courtecuisse & M. Uchida (1991) Anew Asiatic species of Pluteus with dotted pileus, and its variations, Trans Mycol. Soc. Japan 32 : 113-124, 1991
93 Rattan (1977) The Respinate Aphyllophorales of the North Western Himalayas. J. Cramer
94 Richard P. Korf (1959) Japanese Dicomycete Notes 1 ~ 8, Bull. Nat. Sci. Nus., Vol. 4, Oct. 1959, 1 (3) : 205-217
95 Rifai (1968) The Australian Pezizales in the herbarium of the Royal Botanic Gardens
96 Rolf Singer (1986) The Agaricus in Modern Taxonomy. Koeltz Sientific Book.
97 S. S. Rattan (1977) The Resupinate Aphyllophorales of the North Western Himalayas. J. Cramer
98 Sarjit S Nils Hallengerg (1985) The Lachnocladiaceae and Coniphoraceae of North Europe
99 Shuji Ushijima, E. Nagasawa, S. Kigawa, N. Maegawa (2015) A new species of Dactylosporina from Japan Mycoscience. Vol. 56, issue 1
100 Taiga Kasuya (2003) Two new records for Japan, Lepiota calcicola and Melanophyllum eyrei (Agaricaceae) Mycoscience 44 : 327-329
101 Trond Schumacher (1990) The genus Scutellinia (Pyronemataceae), Opera Botanica 101, Copenhagen
102 Tuyoshi Hosoya (2005) Enumeraation of Remarkable Japanese Discomycetes (2), Bull. Natn. Sci. Mus., Tokyo, Ser. B, 31 (2), pp. 49-55, June, 22, 2005
103 W. C. Coker & J. N. Couch (1927) The Gasteromycetes of the Eastern United States and Canada, New York
104 William C. Coker, Alma H. Beers (1951) The stipitate Hydnums of the eastern United States. Verlag Von J. Cramer
105 Y. Ota &T. Hattori (2014) Taxonomy and phylogentetic position of Fomitiporia torreyae, a causal agent of trunk rot of Sanbu-sugi, a cultivar of Japanese ceder (Cryptomeria Japonica) in Japan, Mycologia January/February vol. 106
106 Yasuo Hayashi (1974) Studies on the Genus Peniophora and Allied Genera in Japan. 林業試験場研究報告書 No.260、林野弘済会
107 Zhao Jiding & Zhang Xiaoqing (2000) Flora Fungorum Sinicorum. Vol. 18 Ganodermataceae, Science Press of China

和名索引（末尾の＊は別称を示す）

学名索引（イタリックは主な異名）

主な異名と学名との対応表

主な異名	学名	頁
Acanthophysium mirabile	Aleurodiscus mirabilis	194
Anomoporia albolutescens	Anomoloma albolutescens	163
Bovista aspera	Lycoperdon asperum	114
Clitocybe trogioides	Singerocybe alboinfundibulifo	16
Collybia biformis	Gymnopus biformis	40
Coriolopsis glabrorigens	Trametes glabrorigens	154
Coriolopsis trogii	Trametes trogii	157
Craterellus cinereus	Cantharellus cinereus	129
Cyclomyces tabacinus	Inonotus tabacinus	181
Discina gigas	Gyromitra gigas	218
Discina parma	Gyromitra parma	222
Discina perlata	Discina ancilis	223
Hyphoderma puberum	Peniophorella pubera	140
Inonotus dryadeus	Pseudoinonotus dryadeus	182
Inonotus radiatus	Xanthoporia radiata	183
Laricifomes officinalis	Fomitopsis officinalis	165
Lepiota calcicola	Echinoderma calcicola	91
Morganella purpurascens	Lycoperdon purpurascens	116
Neolentinus suffrutescens	Neolentinus lepideus	144
Oudemansiella brunneomarginata	Mucidula brunneomarginata	35
Phellinus conchatus	Phellinopsis conchata	185
Phellinus ferreus	Fuscoporia ferrea	176
Phellinus ferruginosus	Fuscoporia ferruginosa	177
Phellinus linteus	Tropicoporus linteus	184
Phellinus lonicerinus	Sanghuangporus lonicerinus	190
Phellinus torulosus	Fuscoporia torulosa	178
Phellinus umbrinellus	Fomitiporella cavicola	173
Phellinus wahlbergii	Fuscoporia wahlbergii	179
Pholiota heteroclita	Hemipholiota heteroclita	99
Piptoporus quercinus	Buglossoporus quercinus	164
Pleurotus petaloides	Hohenbuehelia petaloides	13
Polyporus badius	Picipes badius	146
Polyporus varius	Cerioporus varius	147
Protogenea japonica	Hydnocystis japonica	233
Psathyrella silvestris	Cystoagaricus silvestris	94
Psathyrella spadicea	Homophron spadiceum	95
Spongipellis pachyodon	Sarcodontia pachyodon	141
Vararia pallescens	Dichostereum pallescens	202
Xerula amygdaliformis	Hymenopellis amygdaliformis	31
Xerula chiangmaiae	Hymenopellis chiangmaiae	32
Xerula japonica	Hymenopellis japonica	34
Xerula orientalis	Hymenopellis orientalis	33
Xylobolus ahmadii	Acanthofungus ahmadii	196

コメント・標本所在一覧

コメント所在-----神奈川キノコの会会報「くさびら」より（号-ページ）
標本所在　　　　神-----神奈川県立生命の星・地球博物館
　　　　　　　　平-----平塚市博物館

種　和　名	コメント	標　本
アオサビシロビョウタケ（石川仮称）	32-18	神・平
アカエノベニヒダタケ（新称）		
アカコウヤクタケモドキ（新称）		神・平
アカダマタケ	32-19	平
アカチャアシグロタケ（仮称）	38-75	神・平
アカチャニクハリタケ（仮称）		
アクイロウスタケ	33-22	
アケビタケ（青木仮称）		平
アシグロタケ		神
アシグロベニヒダタケ（青木仮称）	38-22	平
アシグロミドリカレバタケ（青木仮称）		平
アシブトカノシタ（仮称）		平
アシマダラヌメリカラカサタケ（仮称）		平
アネモネタマチャワンタケ		神
アミキアシグロタケ（新称）	38-75	神・平
アミミコベニチャワンタケ（仮称）		平
アミメヒメムキタケ（仮称）		
ウコンカラカサタケ		平
ウサギタケ		神・平
ウスイロコブミノカヤタケ（新称）		
ウスイロドングリタケ	36-17	平
ウスカワコメバタケ	20-19	神・平
ウスキコウヤクタケモドキ(新称)	31-13	
ウスキサンゴタケ（仮称）	37-11	神
ウスキマルミノチャヒラタケ（仮称）		神・平
ウスゲシロコウヤクタケ（新称）	34-18	神・平
ウスチャカワタケ		神・平
ウズマキウズモレチャワンタケ（新称）	24-13	
ウツギサルノコシカケ	34-19	神・平
ウツロイモタケ		神
ウラキイロアナタケ（新称）	27-14	
ウラスジチャワンタケ		平
ウロイボセイヨウショウロ（仮称）		
エゾシハイタケ		神
エゾヒヅメタケ		神・平
エブリコ		神・平
オオコブミチャワンタケ（仮称）	38-14	平
オオシトネタケ		
オオシャグマタケ(ホソヒダシャグマアミガサタケ)		神
オオナガバタケ	38-74	神・平
オオハダイロシメジ（青木仮称）	30-24	神
オオヒラタケ(アワビタケ)	32-21	平
オオミノイタチハリタケ（ヘソカノシタ）	38-18	平
オオミノコフキタケ		神
オキナツエタケ		
オクヤマベニヒダタケ（仮称）		
カエンオチバタケ（カバイロオチバタケ）	38-76	平
カノシタ		平
カバノニセホクチタケ	30-21	神・平
カマクライロガワリキヒダタケ	35-15	
カラマツカタハタケ		神・平
カワキタケ		平
カワラタケモドキ(クリイロカワラタケ)		神
キアカゲシメジ（青木仮称）	34-22	平
キアシグロタケ		神・平
キイロウラベニガサ		神
キイロウラベニタケ		
キイロダンアミタケ	34-18	
キイロヒメベニヒダタケ（仮称）		神・平
キコブタケ	34-18	神
キヌハダタケ		神・平
キノハダアシグロタケ	38-77	神
キヒダコゲチャウラベニタケ（仮称）	36-15	平
キヒダタケ		平
キリフリクロヒメムキタケ（仮称）	31-16	平
クチキカバイロホウライタケ（仮称）		平
クリイロツムタケ（青木仮称）	38-22	平
クレナイセイタカイグチ（ヒゴノセイタカイグチ）	37-15	
クロガネアナタケ	32-20	神・平
クロゲチャブクロ	36-17	平
クロスジウラベニガサ（青木仮称）	30-24	平
クロニクイロアナタケ		
クロニセホウライタケ	27-9	平
クロヒメサラタケ（新称）	36-10	
クロムツノウラベニタケ（青木仮称）	34-23	平
ケナシウスチャヒメムキタケ（仮称）		平
コオオホウライタケ（仮称）	24-16	
コガネカワラタケ		神・平
コガネヌメリタケ		平
コカンバタケ		神
コケシコナカラカサタケ（仮称）		平
コツブダンゴタケ		神
コナカラカサタケ	25-11	平
コノハシメジ		平
コフキサルノコシカケ		神
コブシトネタケ（新称）		平
コブミアラゲコベニチャワンタケ（新称）	25-11	
コベニチャワンタケ	38-14	平
コミノヒメムキタケ（仮称）		平
コムジナタケ		
コルクタケ		神・平
サカズキカワラタケ		神
サカズキホウライタケ		神
サクラタケ		平
ササクレウラベニガサ		
サビアナタケ		神・平
サビハチノスタケ	36-13	
ザラエノモリノカサ（仮称）	38-66	神・平
ザラツキウラベニガサ		平
シジミタケ（アクゲシジミタケ）	33-23	平
シモフリムクエタケ（青木仮称）		
シャグマアミガサタケ		
シロアミタケ		神・平
シロアミヒラタケ		神
シロウロコタケ		神
シロカレハシメジ（青木仮称）	28-20	神
シロキクザタケ（石川・青木仮称）	25-8	

種和名	コメント	標本
シロゲカヤタケ（長沢仮称） シロケシメジモドキ（青木仮称）	38-77	平
シロシバフタケ（青木仮称）		神・平
シロペンキタケ	33-18	神
スガダイラヒメムキタケ（仮称）		平
スギカワタケ（石川・青木仮称）		神・平
スギノオチバタケ		神・平
セピアコナカブリモドキ	20-24	
タカネイタチタケ		平
タチカタウロコタケ（新称）	38-17	神・平
タチゲシロトリュフ（新称）		平
チウロコタケモドキ	36-12	神・平
チェンマイツエタケ		平
チクビホコリタケ(オキナホコリタケ)(ワタゲホコリタケ)	36-18	平
チチブクロヒメムキタケ（仮称）	29-23	
チビハリタケ（新称）	38-19	平
チャアナタケ		
チャアナタケモドキ	29-16	神・平
チャウロコハラタケ（新称）		平
チャムクエタケモドキ		平
チョウジタケ		神
ツチヒメムキタケ（仮称）		
ツチヒラタケ	34-20	
ツノシメジ		
ツバマツオウジ（仮称）	34-19	
ツリバリサルノコシカケ		神
トガリサクラタケ（仮称）	32-22	平
トガリヒメフクロタケ（仮称）		
トガリミコフキサルノコシカケ（仮称）		神
トゲシロホウライタケ（青木仮称）	38-78	神
トゲホウライタケ（石川・青木仮称）		平
トゲミノカラカサタケ		平
トゲミフチドリツエタケ	37-32	平
ナミコブシトネタケ（新称）	37-9	
ニオウシメジ		平
ニカワオシロイタケ		平
ニカワラッシタケ（ニカワアミタケ）	37-14	平
ニクコウヤクタケ		神・平
ニセキッコウスギタケ		平
ニセヘラバタケ		
ニセマツカサシメジ		
ニセモリノカサ		
ネッタイアシグロタケ	38-78	神・平
ネッタイツブホコリタケ（コゲホコリタケ）		平
ハイイロイタチタケ（ウメネズイタチタケ）	38-78	
ハイイロオニタケ		平
ハイイロカワタケ	36-12	神
ハイクロヒメムキタケ（仮称）		平
ハイチャカレバタケ（青木仮称）	25-15	平
ハグロチャツムタケ（青木仮称）	38-79	平
ハゴロモイタチタケ		
ハダイロニガシメジ（青木仮称）		平
ハダイロハリホウライタケ（仮称）		平
ハヤマクロヒメムキタケ（仮称）		平
ヒイロウラベニイロガワリ		神
ヒイロチャヒラタケ	27-12	平
ヒカゲオチエダタケ（ヒカゲオチバタケ）	38-79	神
ヒシミノシメジ（新称）	27-10	神
ヒメカラカサタケ		神
ヒメシロヒヅメタケ		神・平
ヒメツノタケ		神・平
ヒメハリタケ（コツブシロカノシタ）		神・平
ヒョウモンウラベニガサ	32-24	平
ヒョウモンクロシメジ	38-20	平
ビロードウラベニタケ(青木仮称)	27-13	
ビロードチャワンタケ（新称）		平
ビロードムクエタケ（新称）青木命名		神
ヒロハアマタケ		
フクロシトネタケ		
フサスジウラベニガサ		
フサツキコメバタケ		神・平
フタイロシメジ		神
フタマタホウキタケ（新称）	38-18	平
フチドリツエタケ		神
フチドリツブエベニヒダタケ（仮称）		
フチドリヒメベニヒダタケ（仮称）		
フチドリベニヒダタケ	24-10	
フチヒダウラベニガサ		平
ブナノモリツエタケ		
ベニヒダタケ		平
ヘラバタケモドキ		
ホオノキチャワンタケ（仮称）	36-11	
ホシアンズタケ		平
ホシゲコウヤクタケ（新称）		神・平
ホソミノアカダマタケ	30-20	神・平
マクラタケ	26-16	神・平
マダラホウライタケ	38-79	平
マツカサキノコモドキ		
マルミアラゲコベニチャワンタケ（新称）	37-8	神・平
マルミノツエタケ		平
マルミノヘラバタケモドキ（新称）		神・平
マンナワヒメムキタケ（仮称）	33-24	平
ミツヒダサクラタケ（仮称）	32-22	平
ミナミウスカワタケ（新称）		神・平
ミヤマイチメガサ（ヌメリツバコガサタケ（仮称））	23-9	
ミヤマウラギンタケ		神・平
ミヤマシメジ	28-20	平
ミヤマチャアナタケ(仮称)		神・平
ミヤマベニヒダタケ（青木仮称）		神
ムラサキニガイグチ	35-16	平
メシマコブ		神・平
モクレンキンカクチャワンタケ（仮称）	36-11	平
モモイロダクリオキン		
モリノコフクロタケ		神
モルガンツチガキ		神
ヤケコゲタケ	31-14	神・平
ヤコウタケ		
ヤナギノアカコウヤクタケ		神
ヤブアカゲシメジ		神・平
ヤマジノカレバタケ	38-80	神
ヤリノホコウヤクタケ（新称）	37-10	神
ユキホウライタケ		神・平
ユキラッパタケ	38-80	平
レモンチチタケ（井上仮称）	21-3	
ワカクサウラベニタケ		平

おわりに

編集委員会一同

図鑑で未知のキノコを調べる者にとって待ちに待った図鑑である。

著者である城川四郎からキノコ学習図鑑の構想を伺った折りに、最初の印象は我々の同定レベルは間違いなく上向くことになると確信した。

日常のキノコとの付き合いを見ると、〈知ってるキノコ〉を増やすことに重点を置き、同定のプロセスを楽しむゆとりが残念ながら不足している。つまり現物でこれだと示される種を外観で覚えることに重点があり、同定プロセスを楽しむつもりも、ゆとりもないままに日常が過ぎている。裏を返せば種を決める本質となる形質を理解しないままに外観でこれだ‼に終始してしまっていないだろうか。

同定するとは、比較する行為、或はその結果、未知のものが既知のものと似ている又は同じであると証明することである。生物の個体は決して全く同一のものはなく、私たちは分類および命名された範囲のある種などの単位に基づいて、未知のものを同定していく。

つまり同定が〈比較する行為〉とすれば比較の基になるのが図鑑類であり、この『検証キノコ新図鑑』である。巷の図鑑類では見かけない、しかし決して稀有ではなく日常的に出会う種を対象としたのが『検証キノコ新図鑑』である。肉眼的には大変似ているが、顕微鏡観察により区別できるキノコにも出会える図鑑である。仮称のキノコも詳しく記載されており、新種や新産種を探している方々にはぜひ手元に置いて頂きたい図鑑を目指した。

「はじめに」にあるように、神奈川キノコの会の野外勉強会や会員の自主活動で採集されたものの内、わからなかったキノコや分かり難いキノコを記載し実態を解明し解説した。城川が永年会長として神奈川キノコの会会報『くさびら』に連載されてきた「今シーズン印象に残ったキノコたち」に取り上げられた種を中心に纏められた図鑑である。

種を決める重要な形質が明示的に表記された、これぞキノコ図鑑となっている。

この図鑑を活用することにより外観で判断するのではなく、本質をふまえた形質を比較することにより、一層理解が深まり、更には比較を習慣化するきっかけにしていただけるものと確信する。

同好会の活動目標の一つは、図鑑の理解力向上にあると云える。この図鑑の理解もその試金石になると思う。

振り返ると、図鑑編集委員会として都合 9 回の WG 会議を積み重ねて纏め上げてきた。集合の都合からも横浜駅に近いかながわ県民センターのミーティングルームを活用して、昼食を挿み意見交換や激論を交わしながら、読者にとっての使い易さを追求してきた。

幸いにして、㈱筑波書房鶴見代表取締役の全面的なご支援やご提言を戴き、無事に出来上がったことに深く謝辞を申し上げたい。

著者を囲む編集委員会：

赤堀暉生、飯田　強、井上幸子、城川四郎、後藤康彦、清水芳治、平野達也、三村浩康

著者紹介

城川 四郎（きがわ　しろう）

1926年、福岡で生まれる。1945年、三重農林専門学校（現三重大学生物資源学部）卒業。

1946～1986年、三重県・神奈川県の高等学校教諭、校長歴任。1986～2016年、神奈川川キノコの会会長。

著書：きのこ狩りを楽しむ本（学習研究社）、猿の腰掛類きのこ図鑑（地球社）、山渓ハンディ図鑑　樹に咲く花「分担執筆」（山と渓谷社）、神奈川県植物誌2001「分担執筆」（神奈川県立生命の星・地球博物館）など。

編集者紹介

神奈川キノコの会

（1）1978年5月13日、故今関六也先生のご指導の基に発足し創立39年を迎えました。キノコに親しみ、キノコを学び、キノコを楽しむ老若男女約200名が会員です。

（2）キノコに関心を持ち、会費（年3000円）を納める人なら誰でも入会歓迎です。

（3）主な活動は、会誌「くさびら」の発行（年1回）と博物館（神奈川県立生命の星・地球博物館、横須賀市自然・人文博物館、平塚市博物館）との共催を含む野外勉強会（年15回）などです。

（4）様々なキノコと出会い、その解明努力を通して、キノコ採りを知的でセンスを要するスマートな活動に高めて行きたいと願っています。

（5）入会窓口は 〒230-0076　横浜市 鶴見区 馬場 2-28-6

神奈川キノコの会 会長 三村浩康

検証キノコ新図鑑

2017年5月28日　第1版第1刷発行

著　者◆城川 四郎
編　集◆神奈川キノコの会
発行者◆鶴見 治彦
発行所◆筑波書房
東京都新宿区神楽坂 2-19 銀鈴会館 〒162-0825
☎03-3267-8599
郵便振替 00150-3-39715
http://www.tsukuba-shobo.co.jp

定価はカバーに表示してあります。
印刷・製本＝中央精版印刷
ISBN978-4-8119-0510-5　C0645